KB111958

과학기술학 편람
5

THE HANDBOOK OF SCIENCE AND TECHNOLOGY STUDIES
(3rd Edition)
by Edward J. Hackett, Olga Amsterdamska, Michael Lynch, Judy Wajcman

This Korean edition was published by National Research Foundation of Korea
in 2019 by arrangement with The MIT Press
through KCC(Korea Copyright Center Inc.), Seoul.

학술명저번역 623

과학기술학 편람 5

The Handbook of Science and Technology Studies, 3rd ed.

에드워드 J. 해킷 · 올가 암스테르담스카 · 마이클 린치 · 주디 와츠먼 엮음 |

김명진 옮김

아카넷

이 번역서는 2009년도 정부재원(교육과학기술부 인문사회연구역량강화사업비)으로 한국연구재단의 지원을 받아 연구되었음 (NRF-2009421H00003)

This work was supported by National Research Foundation of Korea Grant funded by the Korean Government (NRF-2009421H00003)

차례 | 5권

차례 | 1권

차례 | 2권

차례 | 3권

차례 | 4권

V.

새로 출현한 테크노사이언스

주디 와츠먼

편람의 5부는 새롭게 출현해 현재 전 세계 STS 학자들의 관심을 사로잡고 있는 몇 가지 새로운 경향과 관심사들을 다룬다. 오늘날의 삶이 기술에 의해 점점 더 많이 매개되면서, STS 학자들은 인간활동의 거의 모든 측면을 건드려왔다. 실제로 만약 STS 학술대회들(과학의 사회적 연구학회[4S]나 유럽 과학기술 연구학회[EASST] 같은)에 참석하는 사람들의 수적 증가가 관심의 지표가 된다면, 이 분야는 분명 번창하고 있고 그 범위를 넓혀가고 있다. 우리 공동체가 횡단해온 모든 분야를 다루는 것은 도저히 불가능하므로, 여기서는 적어도 주된 경향을 대표하는 선별된 일련의 주제들을 제시하기로 한다.

의료기술—몸을 위한 기술—에 대한 관심의 증가는 STS의 최근 역사에서 가장 두드러진 특징 중 하나이다. 마지막 5부에 수록된 일곱 개의 장 중에서 세 개가 이 영역에 해당한다. 그리고 주목할 만한 점으로 산업 기계류나 작업장 기술은 독립된 장의 주제를 이루고 있지 않다. 이 영역들은 STS의 형성에 중요한 역할을 했지만, 테크노사이언스의 더 새로운 발전들이 자연스럽게 좀 더 많은 관심, 열정, 우려를 자아냈다. 이는 STS에 전적으로 새로운 영역은 아니다. 예를 들어 의료기술에 관한 페미니스트 학술연구는 적어도 1970년대로 거슬러 올라가며, 남성적인 의료 전문성에 대한 비판과 새로운 재생산 기법에 관한 폭넓은 문헌도 마찬가지이다. 수년 전에 도너 해러웨이의 사이보그 이미지가 그토록 선견지명 있게 포착해낸 것처럼, 생명공학은 자아, 몸, 기계 사이의 관계를 변화시킬 잠재력을 갖고 있다. "자연"을 변경시키는 능력과 이것이 우리의 표준적인 자연과 문화 범주를 재고하는 데 던지는 함의는 5부의 첫 네 개 장에서 중심 주제를 이룬다.

첫 세 개 장은 생의학 테크노사이언스라는 새로운 분야를 다룬다. 애덤 헤지코와 폴 마틴이 첫 번째 장에서 언급하는 것처럼, 인간 유전체 프로젝트의 결과로 새로운 유전체학 지식이 의료를 변화시킬 거라는 믿음이 널리 퍼져 있고, STS 학자들은 이러한 새로운 기술발전에 우선순위를 두어왔다. 지난 15년 동안 유전체학 지식과 기술의 확장은 많은 분야들과 STS의 거리를 더욱 가깝게 만들었다. 예를 들어 의료인류학자, 사회학자, 생명윤리학자들은 자신들의 연구 관심을 발전시키면서 STS의 시각과 개념들에 이끌렸다. 그들이 탐구했던 주제 중 하나—이는 편람의 5부에 실린 모든 논문과 관련이 있다—는 "기대의 동역학"이었다. 희망, 약속, 과장광고가 현재의 혁신과 사회기술적 변화를 형성하는 하나의 자원으로서 "미래"를 구성하는 데 일조한다는 것이다. 다시 말해 그러한 기대는 미래를 현재로 동원하는 데 일조하고 유전체 해독 이후의 생명공학 속에 배태되는 방식에서 수행적이다. STS의 시각은 그러한 발전에 관한 혁명적 주장들에 회의적 시선을 던지며, 사회과학 그 자체가 어떻게 사회기술적 미래의 형성에 참여하는가를 반성한다. 그들의 말에 따르면, 생의학에서의 극적 변화에 관한 과학적 주장과 임상 실천에서 실제로 일어나는 일 사이에는 여전히 대단히 큰 간극이 있다. 마지막으로 그들은 자신의 정치적 함의를 인지하고 있는 경험적 근거를 가진 연구가 거버넌스와 규제의 문제가 뜨거운 쟁점이 되고 있는 이 영역에 반드시 필요하다고 주장한다. 앞으로의 연구는 희망컨대 유전체학에 대한 기대가 어떤 영역에서는 실현되었지만 다른 영역에서는 그렇지 못했던 이유에 대해 더 나은 이해를 제공해줄 것이다.

린다 호글의 개설에서 의료기술은 진단, 치료, 재활, 예방, 실험의 목적에 쓰이는 다양한 기구, 장치, 요법, 절차들뿐 아니라 그것을 에워싼 정보, 조직, 경제, 정치 시스템까지도 포함하는 것으로 간주된다. 이처럼 폭넓은 시각은 기술이 어떻게, 누구에 의해 쓰일 것인가를 결정하는 데서 작동하는 권력관계를 드러낸다. 호글은 오늘날의 매우 방대한 STS 연구에 의지해 의료기술이 어떻게 정체성과 주체성, 표준화 과정, 국지적 의미와 활용, 전 지구적 교환체계에 영향을 주고 그로부터 영향을 받는지를 보여준다. 예를 들어 임상적 의사결정에 쓰이는 영상 및 정보기술 연구는 진리 주장이 어떻게 사실로 확립되는지를 보여준다. 이런 식으로 기술은 그것이 사용되는 상황 속에—예를 들어 정상성의 관념을 안정화시키는 데—능동적으로 개입하는 것으로 생각할 수 있다. 여기서 결정적으로 중요한 문제는 예를 들어 생체공학과 보철이 어느 정도까지 몸에 대한 기존의 문화적 관념을 잠재적으로 변화시키고 새로운 정체성과 주체성을 만들어내는가 하는 것이다.

만약 한 가지 분명한 것이 있다면, 그것은 21세기의 의료 기법, 지식의 형태, 실천들이 STS 학자들에게 계속 중심적인 관심사로 남아 있을 거라는 점이다.

마거릿 록이 쓴 장은 생의학기술이 어떻게 "자연적" 몸의 경계를 이동시키고 새로운 형태의 생명사회성과 주체성을 만들어내는가 하는 유사한 주제들을 다룬다. 그녀는 두 가지 특정한 생의학기술—장기수급 및 이식과 단일 유전자 질환 및 복합성 질환에 대한 유전자검사—에 대한 상세한 탐구를 통해 이러한 쟁점들에 접근한다. 장기이식의 경우 자아와 타자의 생명작용이 잡종화되고 있고, 이는 정체성에 어려운 쟁점을 야기하며 인간의 신체와 그 일부의 소유권에 관한 독특한 문제들을 제기한다. 유전자검사 결과는 공유된 유전에 기반한 친족관계 및 민족적 유대를 불안정하게 하는 분자적 계보를 잠재적으로 만들어낸다. 두 가지 사례 모두에서 통상적인 경계의 재설정은 개인의 체화, 정체성 및 가족이나 다른 사회집단과의 관계에 대한 규범적 기대에 도전한다. 여기서 유전자결정론—사람들의 유전자 구성을 근거로 이들을 구별(해서 인종적 내지 다른 형태의 불평등을 강화)하는 경향의 증가—에 대한 우려는 일부 저자들이 이처럼 새로운 집단 정체성의 긍정적 효과를 강조하고 있음에도 불구하고 골치 아픈 쟁점이었다. 민족지연구들은 이처럼 새로운 생의학기술이 "잡종적이고 탈근대적인 몸, 유동적인 주체성, 변화하는 인간의 집단성"을 만들어내고 있음을 분명하게 보여준다. 이는 미래의 연구에 많은 재료를 제공해줄 것이다.

STS 공동체 내에서 환경적 주제의 중요성은 지난 10년간 놀라울 정도로 빠르게 성장해왔다. 논쟁이 활기 있게 전개되고 있는 두 가지 주된 영역은 인간이 유발한 기후변화와 유전자변형 작물과 관련된 것이다. 스티븐 이얼리가 지적하는 것처럼, 이러한 영역들은 그 자체로 연구주제가 될 뿐 아니라 그것을 연구하는 것이 후기 근대성에서 "자연적인 것"의 지위에 대한 핵심적 통찰을 제공해주기 때문에 STS에 대단히 중요하다. 그는 이러한 환경 쟁점들에 STS의 렌즈를 들이댐으로써, "자연에 대해 아는" 바로 그 작업이 그로부터 생겨난 지식을 형성한다는 것을 볼 수 있다고 주장한다. 결과적으로 이 과정은 그러한 지식이 다른 공공적 맥락에서 얼마나 효과적이거나 그렇지 않은지에 결정적으로 영향을 미친다. 예를 들어 기후변화에 관한 STS 문헌은 지식과 정책 자문 사이 관계의 복잡성을 잘 보여준다. 국제적 시각에서 본 위험과 안전성 평가, 그리고 과학적 증거의 해석은 유전자변형 작물과 식품에 관한 논쟁에서도 핵심을 이뤘다. 이는 STS 학자들에게 특히 흥미로운 사례인데, 대중의 저항이 특히 유럽에서 각국 정부가 기술의 도입을 놓고 다양한 대중 자문을 시작하는 결과를 가져왔기 때문이다. 이는 지난 10년간 "기술영향평가"에서의 중대한 실행을 나타낸다.

결국 환경적 주제들에 관한 STS 연구는 오늘날의 사회가 자연에 대해 권위 있게 아는 문제에 어떻게 대응해왔는지를 보여준다. 그러한 연구는 STS가 정책, 사회이론, 그리고 사회변화와 맺고 있는 관계의 최전선에 위치해 있다.

최근 STS에서 나온 가장 흥분되는 발전 중 하나는 금융의 사회적 연구의 발전이다. 현대사회에서 금융기관이 점하고 있는 현저하면서도 점차 영향력이 커지고 있는 위치는 이를 대단히 중요한 주제로 만들고 있다. 알렉스 프레다가 쓴 장은 1990년대 중반 이후 학자들이 어떻게 과학지식과 실천적 행동 사이의 연결에 대한 STS의 개념화를 금융정보가 트레이딩룸에서 표준화되고 확립되는 방식에 적용하는 데 관심을 갖게 되었는지 얘기해준다. 이러한 연구의 지속적 기여 중 하나는 "가격 데이터—금융경제학과 경제사회학 모두에서 문제없는 것으로 간주되는—가 인간 행위자와 기술적 인공물 모두를 포함하는 상호작용 그물 속에서 구성"됨을 보여준 것이다. 이러한 연구 중 일부는 실험실연구의 현장연구 전통을 트레이딩룸에

곧바로 적용했고, 또 다른 갈래는 행위자 연결망 이론에 의해 좀 더 직접적으로 영향을 받아서 경제이론 그 자체가 어떻게 수행적 성격을 갖는지를 탐구했다. 세계경제에서 가장 중요한 행위자들 중 하나를 연구하는 데 중점을 둔 금융의 사회적 연구는 분명 미래에 STS 학자들이 관계 맺을 수 있는 주요 분야 중 하나로 계속 남을 것을 약속하고 있다.

끝에서 두 번째 장은 오늘날 우리가 살아가는 방식의 대다수 측면들을 매개하는 정보통신기술의 확산을 다룬다. 인터넷, 그리고 더 나아가 휴대전화는 전 세계적으로 널리 쓰이고 있다. 파블로 보츠코스키와 리 리브루에 따르면, 이러한 기술들은 커뮤니케이션학의 발전에 중심적인 위치를 점했지만, 매체 및 정보기술이 STS의 주된 연구 초점이 된 것은 지난 10여 년에 불과하다. 한때 별개였던 이러한 분야들 사이에는 오늘날 수많은 중요한 가교들이 존재한다. 저자들은 커뮤니케이션학의 많은 학자들이 매체 및 정보기술의 독특한 사회기술적 성격을 이론화하기 위해 해석적 유연성이나 기술의 사회적 형성 내지 구성과 같은 STS 개념들로 이끌려왔다고 주장한다. 이것이 특히 적절했던 이유는 인과성 관념, 기술발전의 과정, 기술변화의 사회적 결과 같은 다양한 문제설정들이 STS와 커뮤니케이션학 양쪽 모두의 학자들을 사로잡아 왔기 때문이다. 예를 들어 STS는 초기에 설계와 생산의 과정에 초점을 맞추는 경향이 있었던 반면, 커뮤니케이션학은 소비에 좀 더 관심이 많았다. 두 분야는 현재 생산과 소비 사이의 연결을 추궁하면서 이러한 두 영역을 연결하는 개념들을 발전시키고 있다. 저자들의 결론처럼 동시에 "문화자료이면서 물질문화"인 매체 및 정보기술이라는 독특한 영역은 현재 STS와 커뮤니케이션학 사이에 일어나고 있는 더욱 생산적인 대화를 위한 훨씬 더 풍부한 분야가 될 것이다.

나노기술은 여러 과학 및 공학 분야의 틈새에서 형성되고 있는 아주 작은 규모의 현상과 관련된 신생 분야이다. 편람의 마지막 장에서 대니얼 바번, 에릭 피셔, 신시아 셀린, 데이비드 H. 거스턴은 이 새롭고 복잡한 노력이 연구, 평가, 정책에 제기한 독특한 도전들을 탐구한다. 그들이 묘사하는 접근법은 기술에 대한 실시간 분석과 연구의 방향 및 실천의 "예측적 거버넌스"를 중심에 두고 있다. STS 학술연구, 이해당사자 집단, 정책결정자, 대중을 과학자 및 엔지니어 공동체와 한데 합치는 것은 R&D 과정의 훨씬 초기단계에서 STS의 "사실(is)"과 "당위(ought)"를 융합시킬 것이다. 이러한 수렴의 결과를 예측하기는 어려운데, 그 이유는 연구 그 자체가 분석의 대상을 재형성할 것이고, 나노기술이 그 자체로, 또 생명공학, 정보기술, 인지과학과의 상호작용을 통해 계속 변화하고 있기 때문이다. 어떤 불확실성이 있든 간에, 나노기술은 앞으로 여러 해 동안 STS가 직면하게 될 지적, 정치적, 윤리적 도전의 혼합을 예시할 것이다.

32.
유전체학, STS, 사회기술적 미래의 형성

애덤 M. 헤지코, 폴 A. 마틴

> 우리는 이제 의사가 당신의 구강 내에서 몇 개의 세포를 면봉으로 닦아 내어 DNA 서열해독 기계에 집어넣으면 컴퓨터가 당신의 독특한 유전자 구성—당신을 당신이게끔 만드는 3만여 개의 유전자 전부—에 대한 완전한 해독결과를 출력해낼 그러한 미래를 내다볼 수 있습니다.[1)]

인간 유전체 프로젝트(HGP)의 영향으로 전 세계의 선진국 정부들은 신경제(New Economy)의 일부로 생명공학 일반과 특히 유전체학을 장려하는 시책을 펴고 있다. 예를 들어 2003년 영국에서 발간된 유전학 백서「우리가 물려받은 유산, 우리 앞의 미래—국가보건제도(NHS)하에서 유전학의 잠재력 실현」은 유전학 지식의 증대를 경제발전의 개념들 내에 명시적으로 위치시켰다.(Department of Health, 2003) 유전학과 유전체학의 진보는 경제적 번영에 대한 희망을 제시함과 동시에 폭넓은 사회적 우려를 불러일으켰고, 이는 새로운 규제체제와 연구 프로그램으로 제도화되었다. 지난 15년 동안 "유전체와 관련된" 것으로 분류할 수 있는 지식과 기술의 확장은 이러한 발전들에 대해 논평하는 문헌의 증가와 나란히 이뤄져 왔다. 그래서

1) Tony Blair, MP, "Science Matters," speech to the Royal Society, April 10, 2002.

(그중에서 특히) 생명윤리학, 인류학, 의료사회학, STS 등이 광범한 분석과 비판을 제기해왔고, 이러한 기술들이 발전하는 방식, 그것의 사용을 떠받치는 가정들, 그것이 개인과 사회 모두에 대해 미칠 수 있는 영향에 도전장을 내밀었다.

새로운 유전체학 지식이 생의학을 변화시키는 과정에 있다는 생각은 이제 널리 퍼져 있고 점차 당연한 것으로 받아들여지고 있다. 앞서 언급한 유전학 백서가 좋은 예이다. 유전체학이 갖는 변화의 힘은 생의학을 둘러싼 논쟁에서 지배적인 관점을 이루고 있으며, 사회과학의 연구의제에 정보를 제공하고 이를 형성하는 데서 중요한 역할을 하고 있다. 예를 들어 영국에서 사회과학에 대한 지원을 담당하는 기구인 ESRC는 세 곳의 유전체학 센터에 연구비를 지원하고 있는데, 그런 지원의 정당성을 유전체학이 갖는 변화의 힘에서 찾고 있다. "최근 유전자에 대한 과학연구의 비약적 발전과 식물, 동물, 인간의 유전체를 조작하는 능력의 증대는 유전체학이 미칠 사회적, 경제적 영향에 대한 우리의 이해를 훨씬 뛰어넘고 있다." (Anon., 2005; 아울러 Harvey et al., 2002도 보라.)

그러나 이처럼 "혁명적"이라고 하는 기술적, 사회적 변화들 중 많은 것들이 현실 속에서 실제로 얼마나 일어나고 있는가에 대해 의심이 커지고 있다.(Nightingale & Martin, 2004) 현재까지 과학에서의 진보를 임상으로 번역하는 데서는 상대적으로 거의 진전이 이뤄지지 않았고, 사회적 변화의 규모도 특정한 틈새시장으로 제한돼 있다. 이러한 진전의 결여는 유전체학 연구에 대해 중요한 함의를 가지며 사회과학에도 어려운 질문을 제기하고 있다. 이 장에서 우리는 STS 학자들이 어떻게 유전체학의 발전과 영향을 분석하고 이해해왔는지 평가해보고자 한다. STS는 이러한 변화들에 관해 우리에게 무엇을 가르쳐주었고, 그 과정에서 우리는 STS에 관해 무엇을 배웠는가? 이러한 질문에 답하면서 우리는 기대의 동역학에 관한 최근의 연구에 입각해 사회기술적 미래의 형성에서 사회과학이 담당하는 역할에 관해 성찰해보고자 한다.

우리의 분석 범위

이러한 질문들에 답하려 시도하는 과정에서 우리는 두 가지 결정적이면서 잠재적으로 불화를 일으키는 질문들을 만나게 된다. 유전체학이란 무엇인가? 그리고 STS란 무엇인가? 유전체학은 토머스 로더릭이 1986년에 내린 정의인 "유전체의 지도를 그리고, 서열을 해독하고, 분석하는 과학 분야"(Hieter & Boguski, 1997)로부터 유전물질에 대한 산업적 규모의 서열 해독을 포함하는 것이면 뭐든 다 되는 식으로 (말장난을 좀 쳐보자면) 돌연변이를 일으킨 것 같다. 이 질문에 대한 우리의 답변은 대체로 연대기적인 것이다. 우리가 설정한 시간틀은 1980년대 후반에 HGP가 출범한 이후 15년 동안이다. 분석의 맥락을 제공하기 위해 이전 시기의 생명공학과 유전학 연구에 관한 논의도 간략하게 포함시킬 테지만 말이다. 기술적으로 우리의 초점은 인간 유전체에 대한 상세한 서술 및 조사와 관련된 과학기술에 맞춰져 있으며, 재생산기술, 복제, 줄기세포 같은 여러 관련 기술들은 의도적으로 제외했다. 하지만 "전통적인" 단일유전자 질환들이나 양수검사처럼 상당히 긴 역사를 가진 기술들을 다룬 광범한 문헌을 건드리지 않고 유전체 해독 이후의(postgenomic) 유전자검사만 논의하겠다는 것은 지나치게 엄격해 보인다. 결국 우리의 초점은 이데올로기적인 것이기보다는 실용적인 것으로 봐야 할 것이다.

STS 연구의 범위를 정의하는 문제와 관련해, 첫 번째로 나온 STS 『편람』

에 대한 반응 중 일부는 우리 분야가 분류나 경계설정이 어려운 지적 공동체임을 말해주었다. 일부 문헌 영역들은 명백히 "생명윤리학"(기술의 응용에 관한 비경험적 진술)이나 법학연구로서 손쉽게 제외할 수 있다 하더라도, 인류학은 어떻게 할 것인가? 수많은 인류학자들이 이 분야에 중요한 기여를 했으면서 동시에 STS와의 긴밀한 동일시에는 저항해왔다. 우리의 해법은 사안에 따라 그때그때 작업을 하면서 특정 저자가 어떤 분야에 속해 있는지에 관해 폭넓은 결론을 내리는 것은 피하고, 온라인 데이터베이스나 수작업을 통한 탐색을 이용해 우리의 기준에 맞는 논문과 책들을 찾는 것이었다. STS 연구를 정의함에 있어 우리는 몇 가지 (희망컨대 논란의 여지가 없을) 가정들이 성립하는지를 확인했다. 경험적 초점, 과학기술 발전의 단순한 응용이 아닌 그것의 내용에 대한 관심, 그러한 작업이 갖는 정치적 함의에 대한 인식, 그것이 통상의 권위에 어떻게 도전하는가 등이 그런 가정들이다. 어떤 저자들에게 STS적 접근은 사회학이 하나의 분야로서 갖는 일관성에 유전체학이 제기한 위협에 대처할 수 있는 유일한 길인 반면 (Delanty, 2002), 다른 저자들에게 STS는 그러한 쟁점을 탐구할 수 있는 길로 거의 간주되지도 않고 있다.(Willis, 1998) 이 장이 첫 번째 입장을 확인시켜줄 수 있을지는 의심스럽지만, 두 번째 입장은 설득력 있게 논박할 수 있기를 바란다.

유전체학의 발전에서 기대의 역할에 대한 이해

기대의 사회학에 관한 최근의 연구(Brown et al., 2000)는 희망, 약속, 과장광고가 현재의 혁신과 사회기술적 변화를 형성하는 하나의 자원으로서 "미래"를 구성하는 데 일조하는 역동적 패턴을 탐구해왔다. 이 연구들은 기술에 대한 기대가 특정한 문화적 은유, 서사적 각본, 약속의 의제를 통해 미래를 현재 속으로 동원하는 데서 어떻게 수행성을 갖는지를 탐구해왔고(Van Lente, 1993; Michael, 2000; Wyatt, 2000), 아울러 그러한 기대가 일련의 사회기술적 인공물—유전체 해독 이후의 생명공학을 포함하는—에 배태되고 체현되는 방식도 조사해왔다.(Hedgecoe & Martin, 2003) 이러한 작업은 신기술의 발전 초기단계에서 기대가 가장 크고 또 가장 기술결정론적인 성향을 띨 수 있음을 보여주었다.(Akrich, 1992)

생명공학과 유전체학의 발전은 인체에 대한 새로운 생물학 지식을 중심에 둔 사회기술적 체제 건설의 일부분으로 이해할 수 있다. 새로운 치료법, 진단법, 임상적 실천, 산업, 거버넌스 체제를 만들어내려면 다수의 행위자들과 상당한 정도의 지원을 동원해야 하는데, 이를 위해서는 높은 기대가 필수적이다. 오랜 준비 기간과 대규모의 사회적, 문화적, 조직적, 정치적, 문화적 변화가 요구될 수 있음을 감안하면 더욱 그렇다. 현재까지는 유전자검사처럼 새롭게 등장하고 있는 기술들을 둘러싼 혼종적인 사회기술적 연결망의 건설이 불균등한 모습을 보여왔다. 어떤 변화는 빠르게 일어나는 반면 새롭게 등장하고 있는 체제의 다른 요소는 다루기가 까다로운 것으로 드러났다. 이 장에서는 과학기술에 대해 이처럼 새롭게 등장하고 있는 접근법에 대해 상세하게 논의하지 않는다. 대신 기대의 동역학에 관한 문헌으로부터 얻은 개념들을 활용해, 유전체학에 관한 STS 연구가 특정한 사회기술적 미래의 창조에서 사회과학의 가능한 역할에 대해 무엇을 말해주는지를 성찰적으로 탐구해보도록 하겠다.

맥락중심 접근 대 변화중심 접근

이 장을 위해 문헌들을 검토하는 과정에서 이 분야의 연구들이 유전체학에 관한—그 이전에는 유전학과 생명공학에 관한—두 가지 주요 사고양식 중 하나에 부합한다는 것이 분명해졌다. 우리는 이를 맥락중심 사고양식과 변화중심 사고양식이라고 이름 붙였다. 이러한 두 가지 접근법이 분명히 구분가능함에도 불구하고, 이들은 엄밀한 담론 형태라기보다는 "목소리"들이나 "사용역(使用域)"들로 생각하는 편이 더 낫다. 동일한 저자가 어떤 논문에서는 변화중심으로 사고할 수도 있고 다른 논문에서는 맥락중심으로 사고할 수 있다. 우리의 목표는 유전체학에 관한 STS 문헌을 두 개의 경쟁하는 진영으로 양분하는 것이 아니라 우리가 이러한 기술발전을 집단적으로 묘사하고 분석해온 방법을 탐구하는 것이다.

유전체학에 대한 변화중심 접근법은 과학기술 발전이 어떤 식으로건 혁명적인 것이며, 이전까지 진행되던 것으로부터의 단절을 내포한 것이라고 본다. 그러한 변화는 기술적 수준과 사회적 수준 모두에서 제안된다. 유전체학의 지지자들이 그러한 입장을 취할 수 있는 것은 분명하지만, 꼭 그들만 그런 것은 아니다. 생명공학에 대한 초기의 많은 비판들의 핵심적인 특징이자 오늘날에도 많은 저작들에서 여전히 찾아볼 수 있는 특징은 이처럼 새롭게 등장하는 기술들의 잠재력에 대한 우려에 기초한 반대 입장인데, 생명공학이 지닌 힘에 대한 이러한 감각은 기술의 비판자들과 지지자들이 공유하는 것이다. 변화중심 입장은 생명공학과 유전체학이 널리 만연한 기술이 될 거라는 기대를 고조시킨다. 이는 다음과 같은 관점에 잘 요약돼 있다. "유전학 실천과의 직접적, 개인적 조우는 피할 수 없는 일이 되어가고 있"으며 "시민권, 친족관계, 대중참여, 개인의 정체성, 사회적 귀속, 건강이 갖는 의미가 유전자 기술에 비추어 모두 재구성되고 있음이 분명하다."는 것이다.(Waldby, 2001: 781)

이러한 관점과는 반대로, 다른 사람들은 "이처럼 변화에 초점을 맞추는 것이 '새로운' 유전학과 그것의 폭넓은 사회적 맥락이 갖는 정태적이고 반동적인 측면에 관심이 덜 쏠리게 하는 결과를 낳을 위험이 있다."며 우려를 표한다. "특히 유전자검사, 선별검사, 대중자문에서의 새로운 발전이 자율성, 참여, 불확실성을 침식할 수 있다는 점에서 그렇다."(Kerr, 2003b: 44) 이러한 관점은 유전체학이 혁명적 성격을 가졌는지에 대해 기술적, 사회적 측면 모두에서 의문을 제기한다. 이는 현대적 기법들의 토대를 이루는 역사적 뿌리와 함께 오늘날 유전체학의 담론과 활동 속에 여전히 숨어 있는 어두운 요소들(우생학이나 인종주의 같은)을 강조한다.

변화중심 입장 내부에서 보면 유전체학이 사회에 미치는 강력한 영향을 반드시 부정적으로 볼 필요는 없다. 예를 들어 노바스와 로즈(Novas & Rose, 2000: 507)의 주장에 따르면 이런 일도 충분히 가능하다.

> 유전학적 사고 형태는 유전적 위험과 관련해 인생을 어떻게 영위하고, 목표를 어떻게 세우며, 미래를 어떻게 계획해야 하는가에 대한 윤리적 문제설정과 뒤엉키게 되었다. 이러한 인생 전략에서는 유전학적인 개성의 형태가 주체를 자율적이고 신중하고 책임 있고 자기실현하는 존재로 구성하는 자아의 형태와 생산적인 동맹 및 결합을 이룬다.

그러한 변화는 과학과 사회의 영역을 넘어, 생의료화(biomedicalization)라는 개념과 함께 사회과학 그 자체까지도 확장될 수 있다. 여기서의 핵심 주제는 현대세계에서 유전체학에 부여된 설명적 역할의 증가이다. 이 개념은 “사회학 내부의 세부전공 사이에, 좀 더 폭넓게는 사회과학 내부의 여러 분야 사이에 새로운 대화를 위한 가교 역할을 하는 개념틀”을 제공해준다.(Clarke et al., 2003: 184) 맥락중심 입장에서 보면 이런 종류의 연구는 아무리 미묘한 차이를 강조하더라도 유전체 해독 이후 연구의 독창성(도덕적, 과학적 측면 모두에서)에 관한 주장을 “그대로 믿는” 것이다. 맥락중심주의자들은 HGP와 그것의 후속 기술들의 뿌리를 좀 더 장기간에 걸친 역사적 발전에서 찾을 필요가 있다고 본다. 이러한 시각에서 보면 “낡은” 우생학과 “새로운” 유전학 사이에 경계선을 긋는 것은 훨씬 더 어렵다. 물론 변화중심 입장에서 씌어진 그러한 저술이 자신들의 담론이 갖는 성찰적 영향을 인식하고 있는 것도 충분히 가능하다. “모든 광고는 좋은 광고라는 말이 시사하는 것처럼, 이 글에서 우리의 프로젝트는 어쩔 수 없이 생의료화를 구축하고 촉진할 것이다.”(Clarke et al., 2003: 184)

뿐만 아니라 맥락중심이나 변화중심 사용역으로 생각하는 것은 기대에 대한 고려 속에 훌륭한 성찰성의 요소를 도입한다. 왜냐하면 유전체학에 대한 이러한 특정한 사고방식들은 그 기술의 미래 발전에 대해 특정한 기대를 부추기는 경향을 갖기 때문이다. 마이클 포튠(Fortun, 2005: 157)은 맥락중심적 어조로 씌어진 자신의 이전 연구에 대해 이렇게 썼다. “당시 나는 다분히 과거의 재생산이라는 측면에서 미래를 읽어냈다. 유전자 환원주의의 증가, “사회적”인 것으로 혹은 적어도 그냥 “유전적”은 아닌 것으로 더 잘 이해되는 인간 조건들에 대한 생물학화(biologization)의 증가, 비정상에 대한 낙인찍기(혹은 그보다 더 나쁜 현상)의 증가가 그것이었다.” 포튠은 자신의 이전 입장(그리고 유전체학 전반에 관한 수많은 STS 저술)에 만족하지 못하고, 유전체과학과 과학자 공동체 내에서 그것을 놓고 벌이는 사회적, 윤리적 토론 모두가 변화의 힘을 갖는다는 것을 받아들였다. 이는 STS의 규범적 측면과 그것이 생명윤리와 맺는 관계를 둘러싼 논쟁에 신선한 성찰적 기여를 제공하긴 하지만, 맥락중심 입장을 배제하면서 변화중심 입장을 받아들이는 것은 STS 학술연구의 중요한 주제를 회피하는 것이다.

우리가 말하려는 바는 이러한 쟁점들에 대해 올바른 접근 혹은 잘못된 접근이 있다는 것이 아니다. 사실 우리가 품고 있는 목표 가운데 하나는 유전체학에 관한 STS 연구의 강점이 부분적으로 이 분야가 동일한 기술을 바라보는 이러한 두 가지 상이한 방식을 포괄할 수 있는 능력을 갖춘 데 있음을 보이는 것이다. 변화중심 접근에 대한 우리의 묘사를 규범적인 것으로, 즉 유전체학 지지자들의 혁명적 주장을 "그대로 믿는" STS 학자들에 대한 비판으로 해석하려는 유혹이 있을 수 있다. 아마 그럴지도 모른다. 만약 그렇다면, 우리가 저자로서 해온 작업의 절반 이상이 변화중심 사용역에 속하는 것으로, 새로운 유전자 기술에 의해 야기되는 사회적 변화뿐 아니라 그처럼 변화를 일으키는 새로운 기술이 등장하는 방식에 초점을 맞춰왔음을 언급해둘 필요가 있겠다. 만약 그런 작업이 남의 말을 지나치게 잘 믿는 멍청이임을 나타내는 표식이라면, 도로시 넬킨과 폴 래비노(그중에 두 사람만 꼽자면)도 "공동 변화중심주의자"가 될 테고 적어도 우리는 좋은 동무가 될 것이다.

STS와 유전체 미래의 구성

이러한 분석을 실제로 수행하기 위해, 유전체학에 관한 STS 문헌들을 특정한 영역, 기관, 행위자 집단들과 관련된 몇 개의 제목 아래 나눌 것이다. 그중에는 아래와 같은 것들이 포함된다.

- 새로운 과학지식의 생산(과학자)
- 새로운 지식의 임상 응용(임상의학자, 연구자, 의사)
- 유전체학 지식의 상품화와 상업적 이용(산업)
- 유전체학의 재현과 문화(언론, 대중들)
- 새로운 유전체 정체성의 창출(환자, 환자단체, 시민)
- 유전체학의 거버넌스(정부, 규제기구)

여기서 강조해둘 것은, 이러한 영역들이 서로 중첩되고 상호연결되어 있으면서도 유전체 과학기술이 만들어지고 사용되는 사회적 장소와 과정들—실험실, 회사, 병원, 언론, 자아를 포함하는—을 나타낸다는 점이다. 이러한 영역들 각각에 대하여 우리는 STS 문헌들에서 다음과 같은 질문들을 던진다. 유전체학의 부상에는 어떤 사회기술적 기대와 변화가 연관되어 있는가? 유전체학에서 새롭고 고유한 것으로 간주되는 점은 무엇이며, 사회기술적 변화의 정도는 어떠할 것으로 믿어지고 있는가? 주어진 지면을 감안하면 우리의 분석이 모든 것을 포괄할 수는 없지만, 이러한 영역들 각각에서 주요한 연구들은 다루어보려 한다. 이 과정에서 우리는 서로 다른 저자들이 미래에 관한 아이디어들에 접근하며 그 자체로 유전체학에 대한 특정한 기대를 (재)생산해온 방식을 부각시킬 수 있기를 바란다.

새로운 과학지식의 생산

STS 탐구의 주된 초점이 새로운 과학지식의 생산에 있었다는 것은 전혀 놀라운 사실이 아닐 것이다. 그리고 이 장의 초점을 감안할 때 이러한 지식생산의 중심 되는 장소가 인간 유전체 프로젝트("생물학에서의 달착륙 계획")와 이를 둘러싼 기술이라는 점 역시 놀라운 일이 아니다. 우리가 여기서 분석을 구조화하는 방식의 측면에서 볼 때 HGP는 좋은 출발점이다. STS적 사고의 변화중심 갈래와 맥락중심 갈래 사이의 긴장이 너무나 분명하게 드러나기 때문이다.

물론 HGP를 보는 가장 명백한 방식은 이러한 이분법에서 빠져나와 이를 과학의 사회적 조직의 흥미로운 사례로 보는 것이다. 브라이언 발머가 서로 다른 국가들이 활용하는 정책 및 지도작성 전략을 탐구할 때(Balmer, 1994, 1995, 1996a), 또 HGP 그 자체가 서로 다른 사회세계들 간의 경계물이 되는 방식을 연구할 때(Balmer, 1996b) 취했던 접근법이 바로 이것이다. 발머의 연구는 영국의 상황이나 그보다는 좀 덜하지만 오스트레일리아의 상황에 초점을 맞추는 경향이 있었지만, 유사한 얘기를 미국에 기반을 둔 유전체 연구의 조직에 대해서도 해볼 수 있다.(Hilgartner, 2004) 이와 유사하게 인간 유전체 다양성 프로젝트(Human Genome Diversity Project)에 관한 제니 리어던의 연구는 이 연구를 둘러싼 윤리적, 정치적 논쟁을 (결론이라기보다는) 원재료로 삼아(Reardon, 2001), 유전체학과 인종과학을 둘러싼 더 폭넓은 쟁점들을 탐구하는 사례연구를 제공했다.(Reardon, 2004) 이 주제는 이후 여러 명의 인류학자들이 이어받아 연구했다.(MaCann-Mortimer et al., 2004; Ventura Santos & Chor Maio, 2004)

이와 동시에 다른 학자들은 오늘날의 유전체 연구 기획을 좀 더 폭넓은 역사적 맥락 속에 위치시키는 방식으로 탐구하면서(Allen, 1997), 이를 HGP가 유전체 은유의 발전과 새로운 생물학 지식의 성격에 지적 뿌리를 깊숙이 내리고 있음을 강조하는 접근법과 연결시켰다. 이러한 종류의 아이디어들은 릴리 케이가 했던 것과 같은 역사적 작업에서 탐구되었다. 케이는 초기의 유전학 "거대과학"의 자금지원과 조직을 탐구했고(Kay, 1993),

인간 유전체의 서열해독을 지적 가능성으로 만들어준 20세기 중반의 이데올로기적 변화를 기술했다.(Kay, 1995, 2000) 이러한 주제들은 이블린 폭스 켈러의 작업과 궤를 같이한다. 켈러는 유전암호라는 아이디어를 풀어헤치면서 그에 수반된 정보 은유가 발전해서 인간 유전학에 대한 과학자들의 접근을 형성한 방식을 분석했다.(Keller, 1995; 2001) 좀 더 최근에는 마이클 포툰이 HGP의 기원과 이를 "거대과학"으로 분류하는 것에 관한 역사적 신화들에 도전장을 내밀었다.(Fortun, 1997)

그러나 HGP에 관한 좀 더 폭넓은 문헌들 내에서 지배적인 주제는 변화중심, 즉 유전체학 지식이 어떻게 생명과학에 혁명을 일으키고 있는지에 맞춰져 있으며, 이러한 사고의 갈래는 STS 문헌들에 잘 반영돼 있다. 때때로 이는 명시적으로 드러나지만(Glasner, 2002), 특정 기술을 중심으로 흥미로운 이야기를 들려주는 STS적 방식 때문에 근본적 변화가 일어나고 있다는 인상을 받는 일이 더 잦다. 반드시 그런 것은 아니지만(Keating & Cambrosio, 2004), 개별 유전체 기술에 대한 연구는 맥락중심이기보다는 변화중심으로 치우치는 경향을 띤다. 예를 들어 STS에서의 연구는 중합효소 연쇄반응(PCR)처럼 HGP의 성공에 결정적으로 중요한 개별 실험실 기법의 발전을 탐구했을 뿐 아니라(Rabinow, 1996b; Jordan & Lynch, 1998), 유전체 지도작성에서 정보기술(IT)의 역할, 자동화, 유전체가 지적 재산권 실행에 미친 영향도 들여다보았다.(Hilgartner, 1995; Hine, 1995; Fujimura, 1999; MacKenzie, 2003; Keating et al., 1999) 이처럼 기술에 초점을 맞춘 연구들은 환자단체와 같은 새로운 사회조직이 유전체학 지식의 생성에서 어떻게 중요해졌는지를 탐구한 연구에 의해 보완되었다.(Rabinow, 1999; Kaufman, 2004)

좀 더 폭넓은 수준에서, 조앤 후지무라의 연구는 암 유전학이라는 아이디어가 연구공동체 내에 어떻게 뿌리를 내리고 발전했는지, 그리고 이러한 지적 변화가 어떻게 실험실 실천과 장비라는 측면으로 물화되었는지를 탐구했다.(Fujimura, 1987, 1988, 1996) 마찬가지로 유전체학이 범죄과학과 같은 비의료과학에 미친 영향도 상당한 주목을 받아왔다.(Jasanoff, 1998; Lynch, 1998, 2002; Derksen, 2000; Halfon, 1998; Daemmrich, 1998)

개별 기술에 초점을 맞추는 STS 학자들의 성향(아마도 사례연구 접근법의 중요성으로부터 도출되었을)이 가져온 한 가지 가능한 결과는 맥락중심 주제를 희생해 변화중심 주제에 높은 우선순위를 두는 것이다. 유전체 프로젝트에 관해 과학논쟁이 벌어지고 그것이 생의학과 우리 자신에 대한 이해를 재형성하면서 생겨난 종류의 기대는 새로운 기술발전을 탐구하는 사회과학 연구에 의해 암묵적으로 뒷받침되고 있다. 유전암호와 같은 은유가 오랜 역사적 기원을 가졌다는 사실은 HGP의 진보에서 새로운 디지털 기술의 역할이 강조되면서 뒷전으로 밀려난다. 우리는 유전체 연구를 둘러싸고 과학영역 내에서 높은 기대가 존재하고 있으며, 이는 많은 양의 새로운 지식생성, 현재 진행 중인 산업화의 규모, 생물학 연구에 주어지는 공공자금의 수준에 의해 뒷받침을 받고 있다는 주장을 받아들이지만, 이와 동시에 그것이 반드시 생명과학에서(그리고 그것이 미칠 사회적, 윤리적 함의에 있어서) 혁명이라는 용어로 이해될 필요가 있는지는 분명치 않아 보인다. 나중에 보겠지만, HGP 논의가 만들어낸 종류의 변화에 대한 기대가 임상 실천으로 순조롭게 번역되는 경우는 찾아보기 어렵다.

유전체학 지식의 상품화와 상업적 이용

조금은 놀랍게도, STS 학자들은 새로운 유전학 및 유전체학 지식의 상업적 활용에 대해 상당히 적은 관심만을 쏟아왔다. 과학과 사회의 시각에서 생명공학을 본 가장 초기의 몇몇 연구들은 생명의 상품화 문제를 분석의 중심에 두었지만(Yoxen, 1983), 이러한 관심은 어떤 체계적 방식으로 좀 더 진척되지 못했다. 대신 분석의 주된 초점은 생명과학 일반의 발전, 특히 유전체학과 "거대생물학"의 부상과 연관된 지식생산 시스템에서의 변화에 맞추어졌다.

『편람』 이전 판에서 에츠코비츠와 웹스터는 과학 전반을 가로질러 나타나고 있는 지식의 점증하는 자본화를 묘사했지만, 이러한 변화는 이전의 패턴을 연장한 것에 불과하다는 결론을 내렸다.(Etzkowitz & Webster, 1995) 그러나 이러한 관점과 달리 다른 학자들은 생명과학의 경우 생명공학과 유전체학의 발전이 지식생산의 사회적 관계에 대대적인 변화를 야기하고 있다고 주장했다. 유전자와 생명 형태에 대한 특허 출원, 산업체와의 연계 증가, 대중의 정보접근 제약(Hilgartner, 1998), 비밀주의 증가(Wright & Wallace, 2000) 등을 통해서 말이다. 이는 새로운 연구 실천과 관계(Owen-Smith & Powell, 2001), 공공-민간 경계의 이동, 보상체계의 변화(Packer & Webster, 1996), "훌륭한 과학"이라는 규범 침식을 포함해 많은 중요한 결과를 가져오고 있으며, 중대한 이해충돌을 낳고 있는 것 같다.(Andrews & Nelkin, 2001) 한쪽 극단에서는 HGP에서 공공자금을 지원받는 요소들이 국제적 제약 연구의 경계와 이해관계 내에서 작동하는 것으로 볼 수 있다는 주장도 가능하다.(Loeppky, 2005)

상대적으로 적은 양의 STS 학술연구만이 새로운 유전체학 지식의 상업적 활용과 생명공학 산업 내에서 유전체학 부문의 발전을 탐구해왔다.(Glasner & Rothman, 2004) 아마도 유전체학의 상업적 발전에 대한 가장 상세한 탐구는 STS 공동체 외부에서 나온 것 같다. PCR과 같은 현대 생명공학의 기법들이 어떻게 발전되고 회사들은 새로운 유전체 기술을 어떻게 활용하는지를 보여준 폴 래비노의 연구가 좋은 예이다.(Rabinow, 1996b; Rabinow & Dan-Cohen, 2005) 이러한 연구들에 대한 래비노의 기여는 상업적 회사와 과학자들에 대해 최악을 가정하지 않는 경향, 너무나 많은 STS 학술연구의 특징을 이룬다고 일각에서 말하는 이른바 "다수자의(majoritarian)" 시각을 받아들이지 않으려는 경향에 있다.(Fortun, 2005) 순더 라잔은 유전체학 내부에서 가치의 창출—지식 흐름의 동역학—을 분석했고, 이는 특히 특정한 유전체 미래에 대한 추측에 근거한(Fortun, 2001) 새로운 형태의 생명자본주의(biocapitalism)를 나타낸다고 주장한다.(Sunder Rajan, 2003, 2005) 이와는 대조적으로, 구체적인 산업, 기술, 회사를 다룬 좀 더 상세한 사례연구들은 유전체학 지식생산 및 사용의 국지적 성격과 기존 연결망과 제도들의 핵심적 역할을 강조해왔다. 특히 제약산업 내에서 복잡하고 혼종적인 IT 네트워크의 발전과 통합은 유전체학의 상업적 발전을 가능케 하는 측면도 있고 제약하는 측면도 있다.(Groenewegen & Wouters, 2004) 조울증에 대한 진단검사를 상업적으로 개발하려는 시도는 이 질병 범주를 안정화시키는 문제로 인해 심각하게 제약을 받았다.(Lakoff, 2005) 유전자치료의 상업화 사례에서 회사들의 전략은 잠재적 응용과 이것이 기존의 시장 및 임상 실천과 어떻게 부합하게 만들 수 있을지에 대한 특정한 전망에 의해 형성되었다.(Martin, 1995)

앞 절에서 보았던 것처럼, 이 영역의 많은 STS 연구는 새로운 형태의 상품과 교환의 등장뿐 아니라 지식생산의 변화를 그려내는 데도 관심을 가져온 것처럼 보인다. 이 과정에서 STS 연구는 혁신가들이 촉진해온 일단의 지배적 기대, 즉 이러한 변화가 과거와의 분명한 단절을 나타낸다는 주장을 공유했다. 그러나 서론에서 언급했듯이, 이러한 변화가 실제로 얼마나 일어나고 있는지에 대한 의문이 점차 커지고 있다.(Nightingale & Martin, 2004) 일단 연구의 초점이 과학지식의 생산과 상품화에서 산업, 회사, 기술의 개발로 넘어가고 나면, 변화는 훨씬 더 제약되는 것처럼 보인다. 새로운 회사와 인공물들은 이미 존재하는 사회기술적 연결망 속에 배태돼 있고, 유전체 지식의 번역과 응용은 우연적이고 지역마다 특유하며 다른 다양한 행위자와 자원들의 동원과 공동구성에 크게 의지한다. 이와 유사한 모습이 유전체학의 임상적 활용을 들여다본 연구들에서도 나타나고 있다.

새로운 지식의 임상 응용

HGP를 정당화하는 데 사용된 주된 논증 가운데 하나는 그것이 임상 실천에 미치게 될 영향이었다. 이는 부분적으로 암과 같은 다양한 질병들에 대한 "치료법"에 관한 것이었지만, 생의학 관련 논쟁에서 강력하게 제기된 주제는 유전체학이 질병의 분류에 미칠 영향이었다. 여기에는 (암이나 심장병처럼) 흔히 볼 수 있는 질환들을 (부분적으로) 유전적으로 정의되는 다수의 하위 유형들로 "쪼갤" 수 있을 거라는 희망이 주로 작용했다.(Bell, 1977) STS가 분류에 대해 다룬 것은 이 분야에서 나온 에드워드 욕슨의 초기 연구까지 거슬러 올라갈 수 있고(Yoxen, 1982), 이후 다양한 증상들에 초점을 맞춘 연구들이 나왔다. 예를 들어 낭포성 섬유증(cystic fibrosis, CF)은 활발한 탐구가 이뤄진 주제였고, CF의 분류에서 유전학의 역할을 놓고 논쟁이 전개되기도 했다.(Kerr, 2000, 2005; Hedgecoe, 2003) 이 논쟁은 변화중심 입장과 맥락중심 입장 사이의 논쟁의 축도임과 동시에 CF 선별검사 프로그램(Koch & Stemerding, 1994)과 이 질환에 대한 유전자치료의 사회적 형성(Stockdale, 1999)을 보여주는 축도로서의 구실을 했다. STS 학자들은 또한 정신분열증(Hedgecoe, 2001; Turner & Turner, 2000), 척수성 근위축증(Gaudillière, 1998), 심장병(Hall, 2004), 다낭성 신장질환(Cox & Starzomski, 2004), 마르팡증후군(Heath, 1998)의 병인에서 유전학의 역할도 살펴보았다. 이런 연구에서 분명히 도출할 수 있는 점은 질병에 대한 유전학적 재분류가 본래 예측불가능하며 명확성과 단순성을 기대한 경우에는 실망할 수밖에 없다는 사실이다. 심지어 단일유전자 질환 가운데 가장 간단하다고들 하는 낭포성 섬유증조차 분류학의 골칫거리가 되었고, 시간이 지나면서 이웃 질환들을 통합하는 방향으로 확장되었다. 이 질병의 경계는 어떤 맥락에서는 줄어드는 반면, 다른 맥락에서는 계속 확장되고 있다.

BRCA1과 BRCA2 유전자에 초점을 맞춘 유방암 유전자검사의 사례에서도 이와 유사한 복잡성을 찾아볼 수 있다. 이 연구는 과학적 논평의 전통적 표현을 빌려 유전자 발견을 위한 "경주"를 그려냈고, 그 과정이 어떻게 일어났는가뿐 아니라(Dalpe et al., 2003) 그러한 경쟁(특허와 유전자검사 사용허가라는 측면에서 포착된)이 임상에 미친 폭넓은 영향도 보여주었다. 암 병동에서 환자, 환자 대표, 임상 실천에 미친 영향(Parthasarathy, 2003; Bourret, 2005), 그리고 유전자 프라이버시(Parthasarathy, 2004)와 유전자검사 문화의 국가 간 차이에 미친 영향(Parthasarathy, 2005; Gibbon, 2002)이 그것이다. BRCA1과 2 유전자와 유방암 사례가 복합성 질환에 대한 유전자검사와 관련된 기대를 요약한 것으로 볼 수 있다면, 낭포성 섬유증의 경우와 마찬가지로 STS는 그러한 검사의 실시와 관련해 단순화된 가정에 주의를 당부하고 있다. 이와 연관해 넬리스(Nelis, 2000)는 네덜란드와 영국에서 유전자검사 서비스에서의 불확실성 관리를 비교연구했는데, 여기서 그녀는 기대의 구성과 미래의 관리가 국지적 연결망의 구조에 의해 형성된다고 주장했다.

그간의 연구는 (질환이 아닌) 특정 기술에 초점을 맞춤으로써 새로운 형태의 검사나 치료법이 임상에 도달하는 데 얼마나 많은 노력이 소요되는지를 보여주었다.(Martin, 1999; Hedgecoe, 2003; Hedgecoe & Martin, 2003; Hedgecoe, 2004) 이는 부분적으로 STS 연구가 (가령 의료사회학과는 달리) 임상 실천보다는 지식에 초점을 맞추는 경향을 가지고 있기 때문이지만, 설사 임상적 개입이 제법 오래전부터 가능해진 경우에도 실험실, 병원, 환자들이 이를 보는 방식에는 여전히 상당한 정도의 유연성이 존재한다.(Rapp, 2000) 새로운 분자 기법들은 기존의 임상 실천들을 몰아내 버리는 일종의 혁명을 일으킨 것이 아니라 그러한 실천들 속에 통합되었다.(Nukaga, 2002) 이러한 연구에서 탐구한 질환의 범위나 이러한 기술들이 임상으로 도입될 때 직면한 한계들은 HGP를 정당화하는 데 사용되었던 기대들 중 현재까지 실현된 것이 극소수에 불과하며, 새로운 임상 기법들 거의 대부분이 기존의 유전자 틈새시장에 국한되어 있다는 점을 부각시킨다.

유전체학의 재현과 문화

유전체학을 둘러싼 논쟁이 실험실, 병원, 기업의 중역 회의실을 떠나 폭넓은 문화와 대중적 담론으로 들어가면 공공연하게 정치적인 색채를 띠게 된다. 대중의 과학이해(PUS)의 경우, 유전체학에 관해 제기된 기대는 다른 영역에서의 기대와 다르다. PUS의 경우 기대는 과학기술에 대한 것이라기보다 과학기술을 향한 사람들의 반응과 행동에 관한 것이 된다. 우리가 PUS의 "결핍 모델"을 사람들이 유전체학에 대해 어떤 반응을 보일까에 관한 전형적 기대를 구성하는 것으로 본다면, STS가 이 모델에 도전하는데서 해온 역사적 역할과 인간유전학이 대중논쟁에서 크게 주목을 끌어온

점을 감안할 때, 이 분야의 연구가 대중이 유전체학에 어떤 반응을 보일까에 대한 단순화된 믿음을 약화시키고 의문을 제기해온 것은 그리 놀라운 일이 못 된다.

STS 내에서 유전체학에 대한 변화중심 접근이 과학기술 발전에 대단히 비판적일 수 있음을 보여주는 아마도 가장 명백한 증거는 도로시 넬킨의 작업일 것이다. 넬킨은 현대 유전학이 언론과 대중문화에 그려지는 방식을 지속적으로 비판해왔다.(Nelkin, 1994; Nelkin & Lindee, 1995, 1999) 넬킨의 저작은 분명 현대 유전학의 발전을 그 이전에 이뤄진 발전과 뭔가 다르다고 받아들이는 입장에서 쓰였다. 넬킨이나 애비 리프먼(Lippman, 1994, 1998) 같은 학자들은 역사적 깊이가 결여돼 있고 방법론적 문제가 있다는 측면에서 비판받을 수 있겠지만(Condit, 1999, 2004), 정치적 긴급성이나 비판적 동력의 측면에서는 그렇지 않다.

물론 유전학의 문화적 재현에 대해 역사에 뿌리내린 분석을 수행하면서 비판적인 글을 쓰는 것도 얼마든지 가능하며(Turney, 1998; Smart, 2003), 전반적으로 STS 연구자들은 자기 분야의 뿌리를 이루는 질적 방법론을 고수하면서 이 문제를 연구하는 다른 사회과학이 종종 사용하는 설문조사 접근법을 피하는 경향을 보여왔다.(Davison et al., 1997) 앤 커와 동료들이 수행한 광범한 연구는 특별히 언급해둘 만하다. 그들은 인터뷰와 포커스 그룹을 활용해 유전학자들(Cunningham-Burley & Kerr, 1999; Kerr et al., 1997, 1998a)과 비과학자들(Kerr et al., 1998b, c)이 유전학에서의 발전 및 그와 연관된 윤리적 쟁점들을 바라보는 상이한 방식들을 탐구했다. 이처럼 엄격한 경험적 근거는 몇몇 사회이론가들이 인간유전학에 대해 문제를 제기한 방식을 비판한 후속 논문의 기반을 제공해주었고(Kerr & Cunningham-Burley, 2000) 인간 유전체학의 정치적 생명에 관한 개념을 발전시키는 토대가 되었다.(Kerr, 2003a, b, c) 이 연구와 그 외 연구들(Barns et al., 2000; Irwin, 2001)에서 핵심 요소 중 하나는 유전학 기술의 발전에 관한 논의에 유전학에 관한 비과학자의 견해를 통합시키는 것이다. 이는 대중 구성원들이 복잡한 과학적 개념들을 **이해할** 능력이 있을 뿐 아니라 이러한 신기술의 규제를 둘러싼 논쟁에도 의미 있는 방식으로 기여할 수 있음을 보여주었다.

유전체학에 대한 기대를 접하면 대중의 문화와 전문직의 문화는 서로 나뉘는 경향이 있다. 전문직 종사자들(과학자들과 STS 기반이 아닌 사회과학자들 모두)의 관심은 대중과 기술에 대한 전통적 모델에 뿌리를 두고 있고, 이때 윤리적 기대는 주변화되고 단순화된 해법이 제안된다. STS를 통해 오랫동안 강조되어왔던 대중의 문화가 현장 과학자들 사이에서 그토록 인지도가 떨어진다는 사실은 그간의 노력이 다소간 실패한 것으로 간주할 수도 있다. 그러나 우리가 변화중심 입장을 취하건 맥락중심 입장을 취하건 간에 언론과 대중적 담화에서 유전체학이 점점 더 자주 등장하고 있는 점은 분명해 보인다. STS는 대중이 어떻게 반응하는가에 따라 자신들의 기대를 재정향하는 것을 거부한 과학자와 정책결정자들이 어떻게 저항과 심지어 실패를 야기했는지를 보여주었고(Robins, 2001), 그럼으로써 사회가 새로운 기술에 어떻게 대응해야 하는가에 관한 정치적 논의에 이 영역의 연구가 직접 투입될 수 있는 기회를 얻었다. 맥락중심주의자들은 이런 기회를 가령 인종차별적 과학에 대한 대중의 두려움을 부각시키는 계기로 생각할 것이다.(Duster, 2001) 반면 다음 절에서 논의할 것처럼, 변화중심주의자들은 특정한 비전문가 집단들이 어떻게 자신들의 사회적 필요를 충족시키기 위해 유전학 지식을 변형해 받아들이는지를 보여줄 것이다. 요컨대 문제는 유전체학이 폭넓은 문화와 대중들을 변화시키는가 그렇지 않은가가 아니라, 이러한 맥락이 이 영역에서 연구를 하고 있는 STS 학자들에게 대중적 정치논쟁에 관여할 수 있는 독특한 기회를 제공한다는 데 있다.

새로운 유전체 정체성의 창출

최근 생명과학의 사회적 연구 분야에서 가장 영향력 있는 논증의 갈래 중 하나는 생명사회성(Rabinow, 1996a) 및 생물학적 시민권 개념과 관련돼 있다. 이러한 개념들의 유래는 공식적으로 STS 영역 바깥에 있는 것으로 볼 수 있다. 그러나 이러한 개념들은 새로운 유전체 정체성의 창출에 관한 논쟁에서 많은 부분을 형성해왔다.

초기에 이 분야의 연구가 초첨을 맞춘 주제는 새로운 재생산기술과 주로 희귀한 단일유전자 질환을 대상으로 하는 유전자검사 서비스의 발전을 다룬 연구에서 유래했다.(Rapp, 1998, 2000) 최근에는 좀 더 흔한 복합성 질환들을 들여다보는 연구도 시작되었다. 핑클러는 유전적으로 유방암 위험을 안고 있는 여성들의 경험에 근거해서, [과학] 연구결과의 발표가 새로운 유전자 결정론, 친족관계의 의료화, 친족관계의 중요성과 의미에 대한 생각의 변화로 이어지고 있다고 주장했다.(Finkler, 2000; Finkler et al., 2003) 특히 그녀는 새로운 유전학의 경험이 어떻게 건강한 사람을 증상이 없는 환자로 바꿔놓을 수 있는지를 보여주었고, 건강과 질병을 결정하는 요인들 중 사회적 요인보다 생물학적 요인에 더 큰 강조점을 두었다. 그러나 맥락중심 접근법 내에서 작업을 하고 있는 커는 이런 부류의 연구들이 경험적 증거를 결여하고 있고, 인생의 선택을 형성하는 데서 생물학 지식의 역할에 너무 많은 비중을 둔 결과 유전학의 역할을 과도하게 강조하고 있다고 비판했다.(Kerr, 2004)

새로운 유전학이 개인의 자아감각에 대체로 부정적인 영향을 미치는 것으로 보는 입장에 대해, 노바스와 로즈는 유전적 위험의 지식이 숙명론을 낳는 것이 아니라 자신과 자신의 미래에 대한 새로운 관계와 일단의 새로운 의무 및 생물학적 책임을 야기한다고 주장한다.(Novas & Rose, 2000) 이는 다시 근이영양증이나 헌팅턴병 환자단체에 체화된 것과 같은 새로운 개인적, 집단적 정체성을 만들어내고 있다. 이는 지배적인 의학 담론뿐 아니라 낙인과 배제의 관념에도 도전할 수 있다. 래비노는 이러한 새로운 주체성의 생성을 푸코의 생명권력(biopower) 개념—생명과 그 메커니즘은 계산가능한 것이 되고 이런 지식이 신체와 인구집단을 규율하는 데 이용되는—과 구분해 "생명사회성"이라고 불렀다. 이와 같은 시각은 명시적으로 변화중심적 입장을 취하며, 오늘날의 유전체학을 우생학에 대한 전통적 우려로부터 떼어놓는다. 물론 이 말은 윤리적 쟁점이 존재하지 않는다는 뜻이 아니라 단지 새로운 종류의 윤리적 쟁점이 있다는 뜻일 뿐이다.(Rose, 2001)

언급해둘 것은 유전자 가계 검사의 발전 같은 그 외의 비의료적 유전자 기술들 역시 새로운 형태의 집단적, 개인적 정체성을 만들어내고 있다는 점이다.(Tutton, 2004; Nash, 2004) 이로부터 도출할 수 있는 주장은, 유전적 감수성과 위험의 개념에 기반한 새로운 정체성의 등장, 그리고 새로운 선별검사와 공중보건 프로그램을 통해 공동구성되고 있는 권리와 책임의 체화된 규율과 재현이 새로운 형태의 생물학적 내지 유전적 시민권을 구성한다는 것이다.(Rose & Novas, 2004) 개인들은 자신과 가족을 보호하기 위해 유전적 위험을 알고 관리해야 하는 의무를 이행함으로써 자신을 건강하고 책임 있는 시민으로 구성하는 것으로 간주된다.(Petersen 2002; Polzer et al., 2002) 이러한 두 가지 입장 사이에 있는 것이 타우식, 랩, 히스의 연구이다. 그들은 "미국작은키모임(Little People of America)" 환자단체에 대한 연구에서, 유전자 기술에서 도출되는 자기정체성의 긍정적, 부정적 선택지들을 지적하기 위해 "유연한 우생학(flexible eugenics)"이라는 개념을 사용해 (수술이나 유전자검사 같은) 다양한 기술적 개입을 탐구했다.(Taussig et al., 2003) 마찬가지로, 칼롱과 라베하리소아도 사람들이 그러한 유전체 정체성의 부과에 저항하는 다양한 방식을 지적했다.(Callon & Rabeharisoa, 2004)

따라서 새로운 유전학과 유전체학 지식이 독특하고 새로운 형태의 정체성, 주체성, 시민권의 구성에 일조한다고 볼 수 있긴 하지만, 그러한 변화가 대단히 좁게 정의된 틈새(희귀 유전병 환자단체) 바깥에서 얼마나 일어나고 있는지, 또 과거와의 분명한 단절을 나타내는지는 여전히 불분명하다는 것이 우리의 생각이다. 그렇기 때문에 우리는 유전체학이 사회적 정체성에 미치는 영향에 대한 기대를 다룰 때 STS 학자들이 조심스러운 태도를 취해야 한다고 생각한다.

유전체학의 거버넌스

유전체 기술의 거버넌스와 규제에 관한 연구는 재조합 DNA(rDNA)와 생명공학의 발전을 둘러싼 논쟁과정에서 제기된 윤리적, 법적, 사회적 쟁점들(ELSIs)과 이러한 우려에 대한 정치적 대응을 다룬 초기연구에 의해 근본적으로 형성되어왔다. 몇몇 주목할 만한 예외를 빼면(Nelkin & Tancredi, 1980, 1994; Duster, 1990), 이러한 연구 중에서 STS 시각에서 이뤄진 것은 거의 없었고, 그중 대부분은 새롭게 등장하는 유전자 기술에 의해 야기된 잠재적 위험과 사회문제들을 비판하는 대체로 규범적인 의제를 가진 것들이었다. 아울러 정치적, 제도적 대응의 측면에서, 또 이 영역에서 지원을 받은 학술연구의 유형에서 미국과 유럽 국가들 간에 중요한 국가별 차이가 나타났다. 대체로 말해 미국의 ELSI 연구는 생명윤리학자와 법률가들에 의해 지배되어온 반면, 영국에서는 사회과학자들이 핵심적인 역할을 해왔다. 그에 따른 한 가지 결과는 미국에서 이 영역의 STS 연구가 상대적으로 결핍돼 있다는 것이다.

1980년대와 1990년대 초에 걸쳐 초기 rDNA 연구와 1세대 생명공학 제품들을 통제하기 위해 고안된 많은 제도적 메커니즘과 규제체제가 자리를 잡았고, 수많은 STS 학자들이 그것이 생겨나는 과정을 상세하게 분석했다.(Bennett et al., 1986; Wright, 1994, 1996; Gottweis, 1995, 1998) 이는 중요한 연구들이지만, 엄밀하게 말해 이 장에서 다루는 범위를 벗어난다. 반면 유전체학으로의 전환과 유전자 선별검사, 유전자치료 같은 새로운 기술의 발전이 이러한 체제에 야기한 좀 더 최근의 변화들에 대해서는 훨씬 더 적은 관심만이 기울여졌다. 유전체학과 후기유전체학(postgenomics)이라는 넓은 분야를 보면서 고트바이스는 "… 유전체학의 과학은 현대 생물학과 의학의 실천, 제약산업, 사회와 문화에 수많은 근본적 변화들을 도입하고 있다."고 주장했다.(Gottweis, 2005: 202) 계속해서 그는 이러한 도전과 공식적 정책 대응 사이에 간극이 있으며, 이는 결국에 가서 의료 생명공학에 대한 신뢰의 위기로 이어질 수 있다고 주장했다.

유전체학의 거버넌스를 좀 더 자세하게 탐구한 소수의 연구들은 대부분 영국에 기반을 두고 있다. 솔터와 존스는 영국에서 인간유전학을 관장하는 체제 전반에 나타난 최근의 변화를 연구해왔다. 특히 그들은 법정 규제기구와 비법정 전문가 자문위원회로 구성된 복잡한 시스템의 생성과정을 그려내 왔다. 이 시스템은 1990년대 말 유전자변형식품에 대한 대중의 거부 이후 조성된 중대한 신뢰의 위기 속에서 재구성되었고, 대중참여와 투명성 제고의 언어에 기반을 둔 열린 정부의 담론을 정당화 전략으로 채택했다.(Jones & Salter, 2003) EU 수준에서 인간유전학의 규제를 다룬 유사한 연구에서, 솔터와 존스(Salter & Jones, 2002)는 비슷한 압력이 작용한 결과 정책결정자들이 과거에 비해 상대하는 이해당사자 및 대중의 폭을 넓혔고 논쟁을 중개하는 데서 전문 생명윤리학자의 역할을 더욱 강조하게 되었음을 보여주었다. 최근 문헌 목록에 보태진 중요한 연구는 생명공학의 거버넌스와 규제(생명윤리 같은 비공식적 형태를 포함하는)에 대한 재서노프의 세 나라 비교연구이다. 이는 이 영역에서 앞으로의 STS 연구에 중요한 기반을 제공해주고 있다.(Jasanoff, 2005)

특정한 유전체 및 유전자 기술의 거버넌스에 대한 연구도 있다. 여기에는 영국의 유전자 데이터베이스(Martin, 2001; Petersen, 2005)와 유전자검사(Martin & Frost, 2003)뿐 아니라 유전자 프라이버시의 미국/영국 비교연구(Parthasarathy, 2004)도 포함돼 있다. 특히 이는 특정 혁신이 어떻게 규제체제와 공동구성되며, 지역의 정치적, 문화적, 제도적 요인들에 의해 어떻게 형성되는지를 보여주었다. 지난 10년 동안 영국에서 유전학 및 생명공학과 연관된 것처럼 보이는 새로운 형태의 거버넌스와 대중참여를 탐구하는 데 상당한 주의가 기울여져 왔다.(Tutton et al., 2005; Kerr, 2004; Purdue, 1999) 이러한 연구는 정책결정자들이 대중을 구성하고 참여시키는 방식에서 중요한 변화가 일어났음에도 불구하고 기존에 확립된 권력관계가 계속해서 재생산되고 있음을 시사해준다. 뿐만 아니라 이 영역의 정책 토론에서 흔히 볼 수 있는 특징인 선택과 책임의 서사는 사회적 우선순위와 과학연구의 목표라는 좀 더 폭넓은 문제들로부터 관심이 멀어지게 하는 방식으로 새로운 유전자 기술과 연관된 문제들을 틀짓는 것으로 보인다.(Kerr,

2003c) 더 나아가 앤 커는 새로운 형태의 유전적 시민권에 대해 얘기하는 것은 시기상조라고 주장한다. 서로 다른 행위자들의 새로운 권리와 책임이 어떻게 정의되고 실제로 행사될지에 관한 많은 질문들이 아직 답변하지 못하고 남아 있기 때문이다.(Kerr, 2003a)

따라서 유전체학이 생명공학을 관장하는 제도적 질서에서의 모종의 중대한 변화와 연관되어오긴 했지만, 그것이 완전히 새로운 체제를 촉발한 것은 아닌 듯 보인다. 대중의 신뢰 상실을 포함해 중요한 변화의 동인을 추가로 찾아낼 수 있으며, 이는 새로운 정책 담론과 대중참여의 실험으로 이어져 왔다. 기존에 확립된 전문성과 제도적 장벽의 분할을 허무는 데서 나타나는 어려움은 우리가 새로운 형태의 시민권의 등장을 목도하고 있는 생각에 의문부호를 던지고 있다.

결론

유전체학에 관한 STS 문헌들의 개설을 통해 이 장에서 목표했던 것은 두 가지 폭넓은 질문에 답하는 것이었다. 유전체학의 부상에는 어떤 사회기술적 기대와 변화가 연관되어 있는가? 유전체학에서 새롭고 고유한 것으로 간주되는 점은 무엇이며, 사회기술적 변화의 정도는 어떠할 것으로 믿어지고 있는가? 과학이 제공하는 일견 간단해 보이는 사실들에 의문을 제기하도록 우리를 가르치는 분야가 으레 그럴 것으로 기대되는 것처럼, STS에 관한 연구는 우리가 너무나 자명해 보이는 질문들을 지탱하는 가정들에 도전하도록 자극한다. 어느 정도는 STS 학술연구 내부에 존재하는 강한 맥락중심적 시각이 유전체학이 미치는 변화의 충격에 관한 주장에 의문을 제기하면서 이러한 두 가지 질문의 어법뿐 아니라 이 장의 본질 그 자체에도 의심을 던지고 있다고 할 수 있다. STS 학자들로서 우리가 타고난 본능은 기술적 변화나 사회적, 윤리적 영향의 측면 모두에서 과학기술 발전이 갖는 새로움을 가정하는 것일 수 있다. 그러나 이 분야가 과학사와 맺고 있는 강한 연계는 맥락중심 가정들이 흐를 수 있는 도관을 제공하면서 모든 기술발전이 혁명을 함축한다는 자동적 믿음에 도전하고 있다. 우리는 우리 자신의 배경 때문에 사회학자들의 기여가 아마도 지나치게 강조되었을 수 있음을 인정하지만, 그럼에도 이 장에서 그려낸 STS 학술연구의 상은 이 분야에서 연구 중인 사람들에게 폭넓게 인정받을 수 있어야 한다고 느끼고 있다.

앞서 언급했던 것처럼, 이 장의 요지는 이처럼 유전체학을 보는 서로 다른 방식들 사이에서 판결을 내리는 것이 아니다. 이 영역에서 논쟁의 풍부함, 사례연구의 다양성, 연구의 엄격함은 부분적으로 이처럼 동일한 자료를 보는 상이한 방식들의 존재로부터 비롯된 것이다. 대신 우리는 타우식, 랩, 히스와 뜻을 같이해 이렇게 주장하고 싶다. 유전체학의 사회적 함의에 대해 "우생학의 정치사에 대한 현장 지식은 우리에게 지성의 비관주의에 대한 근거를 제공하지만, 이러한 실천들의 개방성에 관한 민족지 시각은 의지의 낙관주의에 대한 근거를 일부 제공할 수 있다."(Taussig et al., 2003: 72-73)고 말이다. 앤드류 웹스터는 폭이 더 넓은 접근법을 취했다. 그는 좀 더 큰 사회적 경향들, 즉 현대사회의 좀 더 "유동적인(liquid)" 성격 내에서 인지된 유전체학의 새로움을 현대사회의 유연한 경계와 대단히 다양한 가능한 새로운 배치와 연결시켰다. 그러한 맥락이 미치는 한 가지 영향은 "유전체학이 본질상 필연적으로 변화를 유발할 거라는" 생각에서 벗어나 "… 유전체학 연구가 사회 속에서 '가능성들'을 닫아버리거나 열어주는 것으로 표현되거나 표현될 수 있는 방식에 우리가 주목할 수 있게 해주

는" 것이다.(Webster, 2005: 237)

분명한 것은 종류 여하를 막론하고 수많은 STS 학술연구가 유전체학에 관한 과학적 주장에 대해 회의적 태도를 유지하고 있으며, 상세하고 면밀한 주장이 담긴 경험연구를 가지고 이러한 입장을 정당화하고 있다는 사실이다. 인간 유전체 프로젝트의 발족 당시에 제기된 기대들은 임상에서 어떤 중요한 의미로 아직 실현되지 못했고, 관련 산업이나 개인의 정체성에 유전체학이 미치는 영향이 일부 논평자들이 주장하는 만큼 크게 미칠지도 결코 분명치 않다. 그럼에도 불구하고, 위에서 개관한 특정 영역들에서는—특히 새로운 과학지식의 생산과 연관된 영역에서—유전체학이 변화를 일으킬 수 있음을 입증해왔다. 아마 이제 우리에게 필요한 것은 유전체학에 대한 기대가 어떤 영역들에서는 실현되고 있는데 다른 영역들에서는 그렇지 못한 이유가 무엇인지를 이해하는 것일 터이다.

참고문헌

Akrich, M. (1992) "The De-Scription of Technical Objects," in W. Bijker & J. Law (eds), *Shaping Technology/Building Society: Studies in Sociotechnical Change* (Cambridge, MA: MIT Press).

Andrews, L. & D. Nelkin (2001) *Body Bazaar: The Market for Human Tissue in the Biotechnology Age* (New York: Crown).

Anon. (2005) Editorial, *ESRC Genomics Network Newsletter* 2: 3. Available at: http://www.cesagen.lancs.ac.uk/resources/newsletter/networknewsletter.htm.

Balmer, Brian (1994) "Gene Mapping and Policy Making: Australia and the Human Genome Project," *Prometheus* 12(1): 3–18.

Balmer, Brian (1995) "Transitional Science and the Human Genome Mapping Project Resource Centre," *Genetic Engineer and Biotechnologist* 15(2&3): 89–97.

Balmer, Brian (1996a) "Managing Mapping in the Human Genome Project," *Social Studies of Science* 26(3): 531–573.

Balmer, Brian (1996b) "The Political Cartography of the Human Genome Project," *Perspectives on Science* 4(3): 249–282.

Barns, I., R. Schibeci, A. Davison, & R. Shaw (2000) "'What Do You Think About Genetic Medicine?' Facilitating Sociable Public Discourse on Developments in the New Genetics," *Science, Technology & Human Values* 25(3): 283–308.

Bell, John (1997) "Genetics of Common Disease: Implications for Therapy, Screening and Redefinition of Disease," *Philosophical Transactions of the Royal Society of London B* 352: 1051–1055.

Bennett, D., P. Glasner, & D. Travis (1986) *The Politics of Uncertainty: Regulating Recombinant DNA Research in Britain* (London: Routledge & Kegan Paul).

Bourret, P. (2005) "BRCA Patients and Clinical Collectives: New Configurations of Action in Cancer Genetics Practices," *Social Studies of Science* 35(1): 41–68.

Brown, N. & M. Michael (2003) "A Sociology of Expectations: Retrospecting Prospects and Prospecting Retrospects," *Technology Analysis and Strategic Management* 15: 3–18.

Brown, N., B. Rappert, & A. Webster (eds) (2000) *Contested Futures: A Sociology of Prospective Technoscience* (Aldershot, U.K.: Ashgate).

Brown, N. (2003) "Hope Against Hype: Accountability in Biopasts, Presents and Futures," *Science Studies* 16(2): 3-21.

Callon, M. & V. Rabeharisoa (2004) "Gino's Lesson on Humanity: Genetics, Mutual Entanglements and the Sociologist's Role," *Economy and Society* 33(1): 1-27.

Calvert, J. (2004) "Genomic Patenting and the Utility Requirement," *New Genetics and Society* 23(3): 301-312.

Clarke, A., L. Mamo, J. R. Fishman, J. K. Shim, & J. R. Fosket (2003) "Biomedicalization: Technoscientific Transformations of Health, Illness, and U.S. Biomedicine," *American Sociological Review* 68: 161-194.

Condit, Celeste (1999) *The Meanings of the Gene: Public Debates About Human Heredity* (Madison: University of Wisconsin Press).

Condit, Celeste (2004) "The Meaning and Effects of Discourse About Genetics: Methodological Variations in Studies of Discourse and Social Change," *Discourse and Society* 15(4): 391-407.

Cox, S. M. & R. C. Starzomski (2004) "Genes and Geneticization? The Social Construction of Autosomal Dominant Polycystic Kidney Disease," *New Genetics and Society* 23(2): 137-166.

Cunningham-Burley, Sarah & Anne Kerr (1999) "Defining the 'Social': Towards an Understanding of Scientific and Medical Discourse on the Social Aspects of the New Human Genetics," *Sociology of Health and Illness* 21: 647-668.

Daemmrich, A. (1998) "The Evidence Does Not Speak for Itself: Expert Witnesses and the Organization of DNA-Typing Companies," *Social Studies of Science* 28(5/6), (Oct.-Dec.): 741-772.

Dalpe, R., L. Bouchard, A. J. Houle, & L. Bedard (2003) "Watching the Race to Find the Breast Cancer Genes," *Science, Technology & Human Values* 28(2): 187-216.

Davison, A., I. Barns, & R. Schibeci (1997) "Problematic Publics: A Critical Review of Surveys of Public Attitudes to Biotechnology," *Science, Technology & Human Values* 22(3): 317-348.

Delanty, G. (2002) "Constructivism, Sociology and the New Genetics," *New Genetics and Society* 21(3): 279-289.

Department of Health (2003) *Our Inheritance, Our Future: Realising the Potential of Genetics in the NHS* (London: H. M. Stationery Office).

Derksen, L. (2000) "Towards a Sociology of Measurement: The Meaning of

Measurement Error in the Case of DNA Profiling," *Social Studies of Science* 30(6): 803-845.

Duster, T. (1990) *Backdoor to Eugenics* (New York: Routledge).

Duster, T. (2001) "The Sociology of Science and the Revolution in Molecular Biology," in J. R. Blau (ed), *The Blackwell Companion to Sociology* (London and New York: Blackwell): 213-226.

Etzkowitz, H. & A. Webster (1995) "Science as Intellectual Property," in S. Jasanoff, G. E. Markle, J. C. Petersen, & T. Pinch (eds), *Handbook of Science and Technology Studies* (Thousand Oaks, CA: Sage): 480-505.

Finkler, K. (2000) *Experiencing the New Genetics: Family and Kinship on the Medical Frontier* (Philadelphia: University of Pennsylvania Press).

Finkler, K., C. Skrzynia, & J. P. Evans (2003) "The New Genetics and Its Consequences for Family, Kinship, Medicine and Medical Genetics," *Social Science and Medicine* 57(3): 403-412.

Fortun, Michael (1997) "Projecting Speed Genomics," in M. Fortun & E. Mendelsohn (eds), *The Practices of Human Genetics: Sociology of the Sciences Yearbook*, vol. XXI (Netherlands: Kluwer): 25-48.

Fortun, Michael (2001) "Mediated Speculations in the Genomics Futures Markets," *New Genetics and Society* 20: 139-156.

Fortun, Michael (2005) "For an Ethics of Promising or: A Few Kind Words About James Watson," *New Genetics and Society* 24(2): 157-173.

Fujimura, Joan (1987) "Constructing 'Do-able' Problems in Cancer Research," *Social Studies of Science* 17: 257-293.

Fujimura, Joan (1988) "The Molecular Biological Bandwagon in Cancer Research," *Social Problems* 35(3): 261-283.

Fujimura, Joan (1996) *Crafting Science: A Sociohistory of the Quest for the Genetics of Cancer* (Cambridge, MA: Harvard University Press).

Fujimura, Joan (1999) "The Practices of Producing Meaning in Bioinformatics," in M. Fortun & E. Mendelsohn (eds), *The Practices of Human Genetics: Sociology of the Sciences Yearbook*, vol. XXI (Netherlands: Kluwer): 49-87.

Garland, A. (1997) "Modern Biological Determinism: The Violence Initiative, the Human Genome Project, and the New Eugenics," in M. Fortun & E. Mendelson (eds), *The Practices of Human Genetics: Sociology of the Sciences Yearbook*, vol.

XXI (Netherlands: Kluwer): 1–23.

Gaudillière, J.-P. (1998) "How Weak Bonds Stick: Genetic Diagnosis Between the Laboratory and the Clinic," in P. Glasner & H. Rothman (eds), *Genetic Imaginations: Ethical, Legal and Social Issues in Human Genome Research* (Aldershot, U.K.: Ashgate): 21–40.

Gibbon, Sarah (2002) "Family Trees in Clinical Cancer Genetics: Re-examining Geneticization," *Science as Culture* 11(4): 429–457.

Glasner, Peter (2002) "Beyond the Genome: Reconstituting the New Genetics," *New Genetics and Society* 21(3): 267–277.

Glasner, Peter & Harry Rothman (2004) "From Commodification to Commercialisation," in *Splicing Life? The New Genetics and Society* (Aldershot, U.K.: Ashgate).

Gottweis, H. (1995) "German Politics of Genetic-Engineering and Its Deconstruction," *Social Studies of Science* 25(2): 195–235.

Gottweis, H. (1998) *Governing Molecules: The Discursive Politics of Genetic Engineering in Europe and in the United States* (Cambridge, MA: MIT Press).

Gottweiss, H. (2005) "Emerging Forms of Governance in Genomics and Postgenomics: Structures, Trends, Perspectives," in R. Bunton & A. Petersen (eds), *Genetic Governance: Health, Risk and Ethics in the Biotech Age* (London: Routledge): 189–208.

Groenewegen, P. & P. Wouters (2004) "Genomics, ICT and the Formation of R&D Networks," *New Genetics and Society* 23(2): 167–185.

Halfon, S. (1998) "Collecting, Testing and Convincing: Forensic DNA Experts in the Courts," *Social Studies of Science* 28(5/6) (Oct.–Dec.): 801–828.

Hall, E. (2004) "Spaces and Networks of Genetic Knowledge Making: The 'Geneticisation' of Heart Disease," *Health and Place* 10(4): 311–318.

Harvey, M., A. McMeekin, & I. Miles (2002) "Genomics and Social Science: Issues and Priorities," *Foresight* 4(4): 13–28.

Heath, D. (1998) "Locating Genetic Knowledge: Picturing Marfan Syndrome and Its Traveling Constituencies," *Science, Technology & Human Values* 23(1): 71–97.

Hedgecoe, Adam (2001) "Schizophrenia and the Narrative of Enlightened Geneticization," *Social Studies of Science* 31(6): 875–911.

Hedgecoe, Adam (2003a) "Expansion and Uncertainty: Cystic Fibrosis: Classification and Genetics," *Sociology of Health and Illness* 25(1): 50–70.

Hedgecoe, Adam (2003b) "Terminology and the Construction of Scientific Disciplines: The Case of Pharmacogenomics," *Science, Technology & Human Values* 28(4): 513–537.

Hedgecoe, Adam (2004) *The Politics of Personalised Medicine: Pharmacogenetics in the Clinic* (Cambridge, U.K.: Cambridge University Press).

Hedgecoe, Adam & Paul Martin (2003) "The Drugs Don't Work: Expectations and the Shaping of Pharmacogenetics," *Social Studies of Science* 33(3): 327–364.

Hieter, P. & M. Boguski (1997) "Functional Genomics: It's All How You Read It," *Science* 278: 601–602.

Hilgartner, Stephan (1995) "Biomolecular Databases: New Communication Regimes for Biology?" *Science Communication* 17(2): 240–263.

Hilgartner, Stephan (1997) "Access to Data and Intellectual Property: Scientific Exchange in Genome Research," in National Academy of Sciences, *Intellectual Property and Research Tools in Molecular Biology: Report of a Workshop* (Washington, D.C.: National Academy Press): 28–39.

Hilgartner, Stephan (1998) "Data Access Policy in Genome Research," in A. Thackray (ed), *Private Science* (Philadelphia: University of Pennsylvania Press): 202–218.

Hilgartner, Stephan (2004) "Making Maps and Making Social Order: Governing American Genomics Centers, 1988–1993," in J.-P. Gaudillière & H.-J. Rheinberger (eds), *From Molecular Genetics to Genomics: The Mapping Cultures of Twentieth-Century Genetics* (London and New York: Routledge): 113–127.

Hine, C. (1995) "Information Technology as an Instrument of Genetics," *Genetic Engineer and Biotechnologist* 15(2–3): 113–124.

Irwin, A. (2001) "Constructing the Scientific Citizen: Science and Democracy in the Biosciences," *Public Understanding of Science* 10: 1–18.

Jasanoff, Sheila (1998) "The Eye of Everyman: Witnessing DNA in the Simpson Trial," *Social Studies of Science* 28(5/6) (Oct.–Dec.): 713–740.

Jasanoff, Sheila (2005) *Designs on Nature: Science and Democracy in Europe and the United States* (Princeton, NJ, and Oxford: Princeton University Press).

Jones, Mavis & Brian Salter (2003) "The Governance of Human Genetics: Policy Discourse and Constructions of Public Trust," *New Genetics and Society* 22(1): 21–41.

Jordan, Kathleen & Michael Lynch (1998) "The Dissemination, Standardization and Routinization of a Molecular Biological Technique," *Social Studies of Science* 28 (5/6) (Oct.-Dec.): 773-800.

Kaufman, Alain (2004) "Mapping the Human Genome at Généthon Laboratory: The French Muscular Dystrophy Association and the Politics of the Gene," in J.-P. Gaudillière & H.-J. Rheinberger (eds), *From Molecular Genetics to Genomics: The Mapping Cultures of Twentieth-Century Genetics* (London and New York: Routledge): 129-157.

Kay, Lily E. (1993) *The Molecular Vision of Life: Caltech, the Rockefeller Foundation and the Rise of the New Biology* (Oxford: Oxford University Press).

Kay, Lily E. (1995) "Who Wrote the Book of Life? Information and the Transformation of Molecular Biology, 1945-1955," *Science in Context* 8: 609-634.

Kay, Lily E. (2000) *Who Wrote the Book of Life? A History of the Genetic Code* (Stanford, CA: Stanford University Press).

Keating, P. & A. Cambrosio (2004) "Signs, Markers, Profiles, and Signatures: Clinical Haematology Meets the New Genetics (1980-2000)" *New Genetics and Society* 23(1): 15-45.

Keating, P., C. Limoges, & A. Cambrosio (1999) "The Automatic Laboratory: The Generation and Replication of Work in Molecular Genetics," in M. Fortun & E. Mendelsohn (eds), *The Practices of Human Genetics: Sociology of the Sciences Yearbook,* vol. XXI (Netherlands: Kluwer): 125-142.

Keller, Evelyn Fox (1995) *Refiguring Life: Metaphors of Twentieth-century Biology* (New York: Columbia University Press).

Keller, Evelyn Fox (2001) *The Century of the Gene* (Cambridge, MA: Harvard University Press).

Kerr, Anne (2000) "Reconstructuring Genetic Disease: The Clinical Continuum Between Cystic Fibrosis and Male Infertility," *Social Studies of Science* 30: 847-894.

Kerr, Anne (2003a) "Governing Genetics: Reifying Choice and Progress," *New Genetics and Society* 22: 111-126.

Kerr, Anne (2003b) "Genetics and Citizenship," *Society* 40(6): 44-50.

Kerr, Anne (2003c) "Rights and Responsibilities in the New Genetics Era," *Critical Social Policy* 23(2): 208-226.

Kerr, Anne (2004) *Genetics and Society: A Sociology of Disease* (London: Routledge)

Kerr, Anne (2005) "Understanding Genetic Disease in a Socio-historical Context: A Case Study of Cystic Fibrosis," *Sociology of Health and Illness* 27(7): 873–896.

Kerr, Anne & S. Cunningham-Burley (2000) "On Ambivalence and Risk: Reflexive Modernity and the New Human Genetics," *Sociology* 34(2): 283–304.

Kerr, Anne, S. Cunningham-Burley, & A. Amos (1997) "The New Genetics: Professionals' Discursive Boundaries," *Sociological Review* 45(2): 279–303.

Kerr, Anne, S. Cunningham-Burley, & A. Amos (1998a) "Eugenics and the New Genetics in Britain: Examining Contemporary Professionals' Accounts," *Science, Technology & Human Values* 23(2): 175–198.

Kerr, Anne, S. Cunningham-Burley, & A. Amos (1998b) "Drawing the Line: An Analysis of Lay People's Discussions About the New Genetics," *Public Understanding of Science* 7(2): 113–133.

Kerr, Anne, S. Cunningham-Burley, & A. Amos (1998c) "The New Genetics and Health: Mobilizing Lay Expertise," *Public Understanding of Science* 7(1): 41–60.

Koch, L. & D. Stemerding (1994) "The Sociology of Entrenchment: A Cystic Fibrosis Test for Everyone?" *Social Science and Medicine* 39(9): 1211–1220.

Lakoff, A. (2005) "Diagnostic Liquidity: Mental Illness and the Global Trade in DNA," *Theory and Society* 34(1): 63–92.

Lippman, Abby (1994) "The Genetic Construction of Prenatal Testing: Choice, Consent or Conformity for Women?" in K. H. Rothenberg & E. J. Thomson (eds), *Women and Prenatal Testing: Facing the Challenges of Genetic Testing* (Miami: Ohio State University Press): 9–34.

Lippman, Abby (1998) "The Politics of Health: Geneticization Versus Health Promotion," in S. Sherwin (ed), *The Politics of Women's Health: Exploring Agency and Autonomy* (Philadelphia: Temple University Press): 64–82.

Loeppky, Roddy (2005) *Encoding Capital: The Political Economy of the Human Genome Project* (New York: Routledge Press).

Lynch, Michael (1998) "The Discursive Production of Uncertainty: The O. J. Simpson 'Dream Team' and the Sociology of Knowledge Machine," *Social Studies of Science* 28(5–6): 829–868.

Lynch, Michael (2002) "Protocols, Practices, and the Reproduction of Technique in Molecular Biology," *British Journal of Sociology* 53(2): 203–220.

MacKenzie, A. (2003) "Bringing Sequences to Life: How Bioinformatics Corporealizes Sequence Data," *New Genetics and Society* 22(33): 315–332.

Martin, Paul (1995) "The American Gene Therapy Industry and the Social Shaping of a New Technology," *Genetic Engineer and Biotechnologist* 15: 155–167.

Martin, Paul (1999) "Genes as Drugs: The Social Shaping of Gene Therapy and the Reconstruction of Genetic Disease," *Sociology of Health and Illness* 21: 517–538.

Martin, Paul (2001) "Genetic Governance: The Risks, Oversight and Regulation of Genetic Databases in the U.K.," *New Genetics and Society* 20(2): 157–183.

Martin, Paul & Rob Frost (2003) "Regulating the Commercial Development of Genetic Testing in the U.K.: Problems, Possibilities and Policy," *Critical Social Policy* 23: 186–207.

McCann-Mortimer, P., M. Augoustinos, & A. Lecouteur (2004) "'Race' and the Human Genome Project: Constructions of Scientific Legitimacy," *Discourse and Society* 15(4): 409–432.

Michael, Mike (2000) "Futures of the Present: From Performativity to Prehension," in N. Brown, B. Rappert, & A. Webster (eds), *Contested Futures: A Sociology of Prospective Techno-science* (Aldershot, U.K.: Ashgate).

Nash, C. (2004) "Genetic Kinship," *Cultural Studies* 18(1): 1–33.

Nelis, A. (2000) "Genetics and Uncertainty," in N. Brown, B. Rappert, & A. Webster (eds), *Contested Futures: A Sociology of Prospective Techno-science* (Aldershot, U.K.: Ashgate): 209–228.

Nelkin, D. (1994) "Promotional Metaphors and Their Popular Appeal," *Public Understanding of Science* 3: 25–31.

Nelkin, D., & S. Lindee (1995) *The DNA Mystique: The Gene as a Cultural Icon* (New York: W. H. Freeman).

Nelkin, D., & S. Lindee (1999) "Good Genes and Bad Genes: DNA in Popular Culture in the Practices of Producing Meaning in Bioinformatics," in M. Fortun & E. Mendelsohn (eds), *The Practices of Human Genetics: Sociology of the Sciences Yearbook*, vol. XXI (Netherlands: Kluwer): 155–167.

Nelkin, D. & L. Tancredi ([1980] 1994) *Dangerous Diagnostics: The Social Power of Biological Information* (Chicago: University of Chicago Press).

Nightingale, Paul & Paul Martin (2004) "The Myth of the Biotech Revolution," *Trends in Biotechnology* 22(11): 564–569.

Novas, Carlos & Nikolas Rose (2000) "Genetic Risk and the Birth of the Somatic Individual," *Economy and Society* 29(4): 485-513.

Nukaga, Y. (2002) "Between Tradition and Innovation in New Genetics: The Continuity of Medical Pedigrees and the Development of Combination Work in the Case of Huntington's Disease," *New Genetics and Society* 21(1): 39-64.

Owen-Smith, J., & W. W. Powell (2001) "Careers and Contradictions: Faculty Responses to the Transformation of Knowledge and Its Uses in the Life Sciences," *Research in the Sociology of Work* 10: 109-140.

Packer, K. & A. Webster (1996) "Patenting Culture in Science: Reinventing the Scientific Wheel of Credibility," *Science, Technology & Human Values* 21(4): 427-453.

Parthasarathy, S. (2003) "Knowledge Is Power: Genetic Testing for Breast Cancer and Patient Activism in the United States and Britain," in N. Oudshoorn & T. Pinch (eds), *How Users Matter: The Coconstruction of Users and Technologies* (Cambridge, MA: MIT Press): 133-150.

Parthasarathy, S. (2004) "Regulating Risk: Defining Genetic Privacy in the United States and Britain," *Science, Technology & Human Values* 29(3): 332-352.

Parthasarathy, S. (2005) "Architectures of Genetics Medicine: Comparing Genetic Testing for Breast Cancer in the USA and the U.K.," *Social Studies of Science* 35(1): 5-40.

Petersen, A. (2002) "The New Genetic Citizens," in A. Petersen & R. Bunton (eds), *The New Genetics and the Public's Health* (London: Routledge): 180-207.

Petersen, A. (2005) "Securing Our Genetic Health: Engendering Trust in U.K. Biobank," *Sociology of Health and Illness* 27(2): 271-292.

Polzer, J., S. L. Mercer, & V. Goel (2002) "Blood is Thicker Than Water: Genetic Testing as Citizenship Through Familial Obligation and the Management of Risk," *Critical Public Health* 12(2): 153-168.

Purdue, D. (1999) "Experiments in the Governance of Biotechnology: A Case Study of the U.K. National Consensus Conference," *New Genetics and Society* 18(1): 79-99.

Rabinow, Paul (1996a) "Artificiality and Enlightenment: from Sociobiology to Biosociality," in P. Rabinow, *Essays on the Anthropology of Reason* (Princeton, NJ: Princeton University Press): 91-111.

Rabinow, Paul (1996b) *Making PCR: A Story of Biotechnology* (Chicago: University of Chicago Press).

Rabinow, Paul (1999) *French DNA: Trouble in Purgatory* (Chicago and London: University of Chicago Press).

Rabinow, Paul & Talia Dan-Cohen (2005) *A Machine to Make a Future: Biotech Chronicles* (Princeton, NJ, and Oxford: Princeton University Press).

Rapp, R. (1998) "Refusing Prenatal Diagnosis: The Multiple Meanings of Biotechnology in a Multicultural World," *Science, Technology & Human Values* 23(1): 45-70.

Rapp, R. (2000) *Testing Women, Testing the Foetus: The Social Impact of Amniocentesis in America* (New York: Routledge).

Reardon, Jenny (2001) "The Human Genome Diversity Project: A Case Study in Coproduction," *Social Studies of Science* 31(3): 357-388.

Reardon, Jenny (2004) *Race to the Finish: Identity and Governance in an Age of Genomics* (Princeton, NJ: Princeton University Press).

Robins, R. (2001) "Overburdening Risk: Policy Frameworks and the Public Uptake of Gene Technology," *Public Understanding of Science* 10: 19-36.

Rose, Nikolas (2001) "The Politics of Life Itself," *Theory, Culture and Society* 18(6): 1-30.

Rose, Nikolas & Carlos Novas (2004) "Biological Citizenship," in A. Ong & S. Collier (eds), *Global Assemblages: Technology, Politics, and Ethics as Anthropological Problems* (Malden, MA: Blackwell).

Salter, B. & M. Jones (2002) "Regulating Human Genetics: The Changing Politics of Biotechnology Governance in the European Union," *Health, Risk and Society* 4(3): 325-340.

Smart, Andrew (2003) "Reporting the Dawn of the Post-genomic Era: Who Wants to Live Forever?" *Sociology of Health and Illness* 25(1): 24-49.

Stockdale, A. (1999) "Waiting for the Cure: Mapping the Social Relations of Human Gene Therapy Research," *Sociology of Health and Illness* 21(5): 579-596.

Sunder Rajan, Kaushik (2003) "Genomic Capital: Public Cultures and Market Logics of Corporate Biotechnology," *Science as Culture* 12(1): 87-121.

Sunder Rajan, Kaushik (2005) "Subjects of Speculation: Emergent Life Sciences and Market Logics in the United States and India," *American Anthropologist* 107(1):

19–30.

Taussig, K. S., R. Rapp, & D. Heath (2003) "Flexible Eugenics: Technologies of the Self in the Age of Genetics," in A. H. Goodman, D. Heath, & M. S. Lindee (eds), *Genetic Nature/Culture: Anthropology and Science Beyond the Two-culture Divide* (Berkeley: University of California Press): 58–76.

Turney, J. (1998) *Frankenstein's Footsteps: Science, Genetics and Popular Culture* (London: Yale University Press).

Turney, J. & J. Turner (2000) "Predictive Medicine, Genetics and Schizophrenia," *New Genetics and Society* 19(1): 5–22.

Tutton, R. (2004) "'They Want to Know Where They Came From': Population Genetics, Identity, and Family Genealogy," *New Genetics and Society* 23(1): 105–120.

Tutton, R., A. Kerr, & S. Cunningham-Burley (2005) "Myriad Stories: Constructing Expertise and Citizenship in Discussions About the New Genetics," in M. Leach, I. Scoones, & B. Wynne (eds), *Science and Citizens: Globalization and the Challenge of Engagement* (London: Zed Press): 101–112.

Van Lente, H. (1993) *Promising Technology: The Dynamics of Expectations in Technological Developments,* Ph.D. diss., Twente University, Enschede, Netherlands.

Ventura Santos, R. & M. Chor Maio (2004) "Race, Genomics, Identities and Politics in Contemporary Brazil," *Critique of Anthropology* 24(4): 347–378.

Waldby, C. (2001) "Code Unknown: Histories of the Gene," *Social Studies of Science* 31(5): 779–791.

Webster, Andrew (2005) "Social Science and a Post-genomic Future: Alternative Readings of Genomic Agency," *New Genetics and Society* 24(2): 227–238.

Willis, E. (1998) "The 'New' Genetics and the Sociology of Medical Technology," *Journal of Sociology* 34: 170–183.

Wright, S. (1994) *Molecular Politics: Developing American and British Regulatory Policy for Genetic Engineering, 1972–1982* (Chicago: University of Chicago Press)

Wright, S. (1996) "Molecular Politics in a Global Economy," *Politics and the Life Sciences* 15: 249–263.

Wright, S. & D. A. Wallace (2000) "Varieties of Secrets and Secret Varieties: The Case of Biotechnology," *Politics and the Life Sciences* 19: 45–57.

Wyatt, S. (2000) "Talking About the Future: Metaphors of the Internet," in N. Brown, B. Rappert, & A. Webster (eds), *Contested Futures: A Sociology of Prospective Techno-science* (Aldershot, U.K.: Ashgate).

Yoxen, E. J. (1982) "Constructing Genetic Disease," in P. Wright & A. Treacher (eds), *The Problem of Medical Knowledge: Examining the Social Construction of Medicine* (Edinburgh: Edinburgh University Press): 144 – 161.

Yoxen, E. (1983) *The Gene Business: Who Should Control Biotechnology?* (London: Pan Books).

33.

새롭게 등장한 의료기술*

린다 F. 호글

최근 열린 나노기술에 관한 학술회의에서 한 연사는 다음과 같은 시나리오를 발표했다. 어떤 사람이 약병을 열어 하루치 약을 복용한다. 이때 약병에 붙은 바이오센서가 이 사람의 생화학적 몸 상태에 관한 정보를 주치의에게 전송하고, 남은 약의 양이 공급업자에게 보고된다. 이어 건강상태를 비롯한 정보가 이 사람의 블랙베리[1]로 다시 전송되어, 이 사람이 물건을 구입하거나 일상의 패턴을 바꾸는 등의 권고사항을 따를 수 있게 하며, 다른 할 일이 없을 때는 매일매일 (혹은 그보다 더 자주) 자신의 몸 상태를 알 수 있도록 한다.

* 이 장의 내용 일부는 국립과학재단에서 지원받은 연구(과제번호 #0539130)에 기반한 것이다. 그 부분에서 표현된 모든 견해는 저자의 것이며, 국립과학재단의 관점을 반드시 반영한 것은 아니다.

1) 휴대용 개인 통신 장치.

의료기술에 관한 논의는 종종 이처럼 환상적인 미래 시나리오로 점철돼 있지만, 생의학이 삶과 노동의 다른 영역들과 얼마나 긴밀하게 연결돼 있는지 이해하기 위해 그 정도로 멀리까지 갈 필요는 없다. 사실 신문을 집어 들거나 직장에서 대화에 귀를 기울이거나 오락 프로그램을 시청하면서 숱한 형태로 제시되는 의료기술에 대한 언급을 전혀 접하지 못하는 경우는 찾아보기 어렵다. 의료기술은 건강한 사람이건, 장애인이건, 환자이건 간에 태어날 때부터 죽을 때까지 인간 경험의 모든 측면에 스며들어 있다. 의료기술은 병을 진단하고 신체기능을 대신하는 것에 더해, 몸에 관한 정보를 수집해 전파하고, 몸과 마음의 상태를 점검하고, 새로운 형태의 고통을 완화시키거나 만들어내고, 사람들을 "건강한 상태 이상으로(better than well)" 만들어줄 수 있다. 기술시스템과 그것이 제공하는 정보는 또한 가족생활과 직장생활에 영향을 주고, 의학에서 도출된 규범을 이용해 개인과 사회를 규제하고, 자원을 선별해 특정 집단에 지원하는(그리고 다른 집단에는 지원하지 않는) 데 참여한다. 결국 사회적 정체성의 의학적 형성은 의료기기, 진단도구, 데이터 전파에서 분석을 요하는 중요한 측면을 이룬다.

시나리오는 의료기술이 무엇으로 구성돼 있으며 이것이 일상생활, 상업, 거버넌스의 다른 측면들과 얼마나 긴밀하게 연결되어 있는지 생각해볼 수 있는 좋은 도구이다. 의료기술은 진단, 치료, 재활, 예방, 실험 목적으로 사용되는 다양한 장치, 기구, 요법들뿐 아니라 그것과 연관된 실천이나 절차도 포함하는 것으로 정의할 수 있다. 그러나 새로 등장한 기술들에 생명을 불어넣고 제도적, 기술적 수단과의 상호작용 속에서 특정한 종류의 연결을 만들어내는 것은 사용자, 질환과 감수성의 성격, 기술과 몸의 관계에 대한 개념화이다. 해당 과학자는 어떤 부류의 의료기술 시스템을 상상하고 있었는가? 임상의사, 정치 당국자, 보험업자, 인구 보건 계획가, 산업체의 상품 및 서비스 개발자와 공급업자들은 의료-생물기술, 통신기술, 엔지니어링 기술의 특정한 결합을 낳는 데 어떤 기여를 했고, 그 결과 어떤 새로운 지식과 실체들이 나타났는가?

기술의 다양성과 수많은 영역으로의 확장은 이 분야를 일단의 기법, 지식 형태, 실천들로 분석하고자 하는 이들에게 하나의 도전을 제기한다. 여기서 모든 기술과 용법, 역사적 전례, 오늘날 처한 딜레마를 다루는 것은 불가능하지만, 이 장에서는 의료에 대한 사회적, 역사적 연구에서 나온 대표적인 성과들을 활용해 의료기술 연구의 핵심 주제와 접근법들을 예시해 보려 한다.

이 장은 세 부분으로 구성돼 있다. 첫 번째 절은 진단, 즉 질병의 성격과 원인을 판단하는 과정에서 기술의 중심성을 다룬다. 기구들에서 나온 진단과 연구의 데이터는 그러한 판단을 내리는 데 필수적이지만, 이는 기구들이 그 속에 존재하는 전문성, 이론, 제도의 시스템과 지속적으로 상호작용을 한다. 기술은 수동적으로 정보를 제공하는 것이 아니며, 무엇이 질환의 존재와 특정한 치료 접근법의 유용성을 보여주는 증거를 구성하는지를 바꿔놓을 수 있다. 의료기술은 질병의 개념과 결합해 개인들을 문화적으로 구성된 정상성 혹은 병리성의 상태로 범주화할 수 있으며, 건강 문제를 특정한 방식으로 관리하는 것—질병의 예후와 어떤 치료법을 활용할 것인가 하는 결정을 포함해서—에 관한 의사결정의 중심적인 일부가 되어 왔다. 진단은 치료(사람들이 어디서 어떻게 치료받거나 그렇지 않을 것인지)와 예후(개연성 있는 일과 해야 하는 일)를 결정할 수 있다. 이러한 이유 때문에 STS 연구자들은 사람들의 생활과 노동에 기술이 실질적인 방식으로 영향을 미칠 때의 새로운 형태의 주체성에 관심을 갖게 되었다.

인과적 메커니즘과 질환을 좀 더 구체적으로 연결시키려는 경향은 어떤 개입이 어떤 조건하에서 효과가 있는지에 대한 더 많은 증거를 갈망하게 만든다. 두 번째 절은 새롭게 등장한 기술의 시험과 평가를 다룬다. 이는 진단의 분석을 치료법과 연결시키는 단계이기도 하다. 시험은 다양한 형태의 지식을 만들어낸다. 메커니즘, 질병, 치료법을 서로 연결시키고 비효율을 낳는 것으로 생각되는 실천과 제품의 가변성을 줄이기 위해서는 더 많은 양의 데이터와 특정한 종류의 증명이 요구된다. 새로운 제품은 규제 감독과 재정적 검토를 통과하는 시험도 거쳐야 한다. 국가, 민간 구매자, 기타 당국자들은 보건 서비스의 이용가능성과 비용에 관한 결정에 이해관계가 있기 때문이다. 여기서 요구되는 종류의 증거(예측적, 분류적, 경제적)는 시험이라는 실용적 문제로 다시 되먹임된다. 왜냐하면 정의, 프로토콜 설계, 결과 해석은 특정한 방식으로 의료 문제를 틀지을 수 있기 때문이다. 이와 동시에 제품들은 잠재적 사용자들, 그리고 새로운 기술을 도입하거나 그 사용을 가로막는 데 이해관계를 가진 이들과의 초기 상호작용을 통해 재구성된다.

마지막 절은 몸의 기술적 변형(치료, 아름다움, 생명연장을 위한 것 포함)을 다룬다. 의료는 치료, 회복, 고통의 완화에 관한 것이라고 생각되어왔지만, 다른 목표들(수명의 연장, 개인과 사회를 망가뜨리는 것으로 여겨지는 특질의 제거, 개성의 표현, 그리고 일부 사람들의 경우 완벽성의 추구와 같은)도 점점 더 많이 관여하고 있으며 일부 사례들에서는 기술이 정체성 정치와 결부되기도 한다. 인간과 기술이 어떻게 서로를 구성하는지를 이해하기 위해 STS의 많은 연구들은 그처럼 새롭게 등장한 기술과 그것이 운용되는 방식에 배태된 기대, 범주화, 희망, 욕구를 탐구하고 있다.

STS 연구에서 선별된 사례들은 이러한 주제들에 대한 다양한 접근법들을 예시해주며, 특히 재생의학과 같은 최근의 혁신들에 대한 논의는 오늘날 전 지구 경제 속에서 생물학적, 사회적 삶에 폭넓은 함의를 갖게 될 새로운 형태의 기술시스템을 예시해줄 것이다. 이 책의 다른 장들에서 장기이식과 유전자검사(34장), 유전자기술과 재생산기술(32장), 영상기술(13장), 의약품(29장)과 같은 특정 기술들을 다루고 있기 때문에, 이러한 주제들은 여기서 간단하게만 언급될 것이다.[2)]

앎의 방식: 진단, 질병 분류, 기술

찰스 로젠버그는 그가 "진단의 독재"라고 부른 것에 관한 선구적 논문에서, 진단이 담당하는 중추적 역할과 의료가 점점 기술적으로 변하고 전문화, 관료화되어가면서 진단이 재구성되어온 방식에 주목했다. 그는 존재론적으로 실재하는 특이 질병 단위라는 가정에 근거해 합의된 질병 범주들이 의료의 핵심 조직 원리가 되었다고 주장했다.(Rosenberg, 2002) 개념들이 관료적 시스템 속에 성문화되어 비용을 통제하고, 일탈을 관리하고, 특정한 환자 역할을 정당화하는(하지만 다른 환자 역할은 그렇게 하지 않는) 방식이 되었다. 그 결과로 나타난 환자와 질환에 대해 당연시되는 범주화들이 궁극적으로 임상과 환자 진료를 구조화한다. 집합적으로 의료기술이라 불리는 다양한 기구, 기법, 정보, 커뮤니케이션 시스템들은 지식이 생산되고 표준화되는 방식에서 필수적인 일부를 이룬다.

기구들은 몸의 생물학적, 사회적 지위를 확립하고, 시간과 상황의 변화

2) 모든 기술과 주제들을 빠짐없이 다루는 것은 불가능하다. 독자들에게는 기술, 보건의료 전달 시스템, 전문직 실천, 역할과 조직 간의 상호작용을 예시하는 의료기술 연구와 개설 논문들을 참고 삼아 제시할 것이다.

에 따라 이를 점검하고, 발견한 사실을 폭넓은 연결망에 걸쳐 있는 다양한 유형의 전문가들에게 보고하기 위한 정보를 끌어내는 데 사용될 수 있다. 이러한 정보로부터 건강과 질환을 정의하고, 정상과 비정상의 범주를 다시 정하고, 개인과 집단에 관해 판단을 내리고, 위험 예측을 제공하고, 미래의 서비스와 기술을 계획하는 데 쓰일 대규모 데이터베이스를 만들어낼 수 있다. 이러한 방식으로 응당성, 능력, 행동에 관한 가정들이 기술과 그것이 만들어내는 데이터의 해석 모두에 내재된다.

넓은 의미의 진단은 STS 연구에서 다양한 접근 방식으로 연구되어왔다. 아래 이어질 논의에서는 이러한 연구들을 특정 기술에 대한 역사적 연구, 구성주의, 행위자 연결망, 결합체 분석, 분류 및 표준화 과정 연구, 새롭게 등장하는 형태의 주체성이라는 몇 개 묶음으로 나눠 살펴볼 것이다.

기술의 역사

역사가들은 의료기술이 종종 애초 연구도구로 쓰이던 것에서 어떻게 등장하는지, 그리고 진단기구의 발전이 어떻게 질병과 신체기능에 관한 이론과 연결되는지 보여왔다.(Marks, 1993) 예를 들어 몸의 기계적 성질에 대한 관심이 커지던 시기에 온도 변화를 측정하기 위해 체온계가 개발되었고 심장의 펌프질 효율성을 검사하는 혈류의 압력 측정을 위해 혈압계가 만들어졌다.(Porter, 2001) 기구의 발전은 다시 몸과 질병의 이론에 심대한 영향을 미쳤다. 가장 두드러진 사례로 현미경은 세포와 그 구조에 대해 진리라고 여겨졌던 것을 바꿔놓았다. 광학과 조직학 기법들이 향상되면서 조직을 관찰하는 능력이 커져 해부학에 관한 지식과 생리학을 연결시켜주었다.(Davis, 1981)

마크스(Marks, 1993)는 의료기계의 "생애사"를 들여다보는 방식의 의료기술 연구를 옹호한다. 이러한 접근법은 특정한 기구를 중심으로 발달한 특정한 숙련과 기법의 이해를 가능하게 한다. 특정 기술의 설계와 운용에서 환자와 다양한 사용자들의 역할을 추적해보면 기술의 전기(傳記)와 관련이 있는 복수의 기원 이야기들이 드러난다. 어떤 식의 접근법을 취하건 간에 역사적 연구는 기구, 질병이론, 생물학적 · 사회적 반응 사이의 상호작용을 이해하는 데 결정적으로 중요하다.

기술, 조직, 의료-산업 복합체

일부 저자들은 특정 기구에 대한 연구를 확장해 일과 의료의 작업공간이 영향을 받는 방식을 드러낸다. 예를 들어 진단 영상과 같은 장비는 특정한 숙련을 필요로 하며, 이는 새로운 전문직 집단의 발달로 이어진다. 또 값비싼 대규모 장비는 종종 건축상의 변화와 함께 그것을 취급할 역량과 전문성을 갖춘 임상시설을 필수적으로 요구한다. 그래서 정교한 진단법은 중앙집중화되고 종종 도시에 위치한 관련 서비스와 한 묶음으로 간주할 수 있다.(Barley, 1988; Blume, 1992; Howell, 1995) 다른 이들은 기술이 그 속에 존재하는 좀 더 폭넓은 정보, 조직, 경제, 정치 시스템을 포괄하도록 분석을 확장함으로써, 기술이 어떻게, 누구에 의해 쓰일 것인가 하는 측면에서 권력관계를 포착하려 애쓰고 있다. 특히 스탠리 라이저는 의료-산업 복합체와 연관된 좀 더 일반적인 문제들 속에서 기술의 상황에 주목했다. 하나의 이정표가 된 그의 책 『의료와 기술의 지배(*Medicine and the Reign of Technology*)』는 보건 서비스의 비용이 놀랍도록 상승하던 시기에 중대한 기여로 남았다.(Reiser, 1978)

이러한 계열에서 또 다른 핵심 저작은 넬킨과 탠크레디가 쓴 『위험한 진단법(*Dangerous Diagnostics*)』이었다.(Nelkin & Tancredi, 1989) 진단검사의 폭발적 증가에 대해 저자들은 이러한 검사와 의료보험의 보험급여 패턴의 연결을 폭로했다. 보험자(payer)들은 비용을 줄이는 데 관심이 있기 때문에 검사의 활용을 의무조항으로 만들거나(잠재적 보험 계약자들을 대상으로 의료비가 많이 드는 질병을 갖고 있는지 선별검사를 하거나, 높은 환급률로 인해 의사들이 많은 환자들을 검사하는 쪽으로 금전적 유인을 가질 경우) 값비싼 검사에 대한 접근을 제한하려고(값싼 실험실 검사에서 나온 결과가 불명확할 때 정교한 연구를 주문할 수 있지만, 그것이 진단에 도움이 될 수도, 그렇지 못할 수도 있는 경우) 할 수 있다. 보험회사들은 예상 여명을 추정하기 위해, 고용주들은 생산성을 추정하고 책임을 제한하기 위해 진단 데이터를 원한다.

국가의 경제적 이해관계, 의료산업, 질병의 진단 사이의 연결을 드러내는 주목할 만한 사례에서, 플로(Plough, 1986)는 비용-편익과 임상적 효율성의 개념이 어떻게 말기 신질환(end-stage renal disease, ESRD)이라는 새롭게 만들어진 질병 범주의 의학적 정의 속에 녹아들어 있는지를 보여주었다. 20세기 중반을 거치면서 만성질환에 드는 높은 비용은 그 본질에 있어 신장이나 그 외 장기 부전에 내포된 복잡한 생리기능을 들여다보는 렌즈가 되었다. 궁극적으로 치료에서 가능한 선택지는 다른 가능한 치료법의 선택지가 아닌 신장투석으로 협소화되었다. 그 이유는 주로 새로운 기술의 제조업체들이 벌이는 맹렬한 로비 때문이다. 플로의 연구는 기술을 사회"에 대해" 일방적인 충격을 주는 존재가 아니라, 서로 다른 층위에 있는 다양한 요소들 간의 상호작용에 의해 구성되고 있는 존재로 이해하는 변화를 잘 보여준다.

사회적 구성, 물질적 실천, 결합체

STS에서 기술의 사회적 구성으로 향하는 전반적인 움직임은 진리 주장이 만들어지고 사실이 안정화되는 방식의 사회적 본질을 탐구한다. 이는 많은 연구자들이 특정한 인공물의 사용에만 집중하는 대신 그러한 인공물의 내용에도 다시 관심을 기울이도록 이끌었다. 또 다른 구성주의자들은 시스템 접근법에 좀 더 가까운 입장을 취하면서 인공물을 그것이 놓인 제도적 환경 속에서 탐구한다. 이는 특정한 기술에 대한 밀착 연구를 좀 더 거시적 수준의 관점과 연결시키는 것을 돕는다.(Bijker et al., 1987) 초음파가 핵심적인 진단도구로 발전한 과정을 다룬 에드워드 욕슨(Yoxen, 1990)의 연구가 좋은 예이다. 초음파가 비의료영역(군대)에서 의료로 이동해 결국 체액으로 채워진 신체영역의 문제를 진단하는 데 사용되기까지는 임상의학, 공학, 물리학 등 다양한 전문직 집단들 사이의 합의와 적절한 응용을 두고 전문직업적, 기술적, 제도적 영역 간의 협상이 요구되었다. 또한 초음파 영상은 화학적 데이터나 방사선 데이터에 익숙한 임상 사용자들이 해석하기 어려웠다. 일부 잠재적 사용자들이 겪은 인지적 장애물은 영상을 좀 더 읽기 간단하고 쉽게 만듦으로써 완화될 수 있었지만, 이는 기술적 복잡성을 희생하고 나서야 비로소 가능했다. 따라서 영상 데이터는 단순히 이론과학의 문제나 신체 내부에 대한 정확한 재생의 문제가 아니라, 일종의 협상이자 이 기술을 임상에서 사용가능한 것으로 만들기 위해 요구된 신뢰성과 해석의 용이함 사이의 일련의 절충 결과로 만들어진 것이다.

사회적 연구를 연장한 것으로 행위자 연결망 이론이 있다. 이는 인간 행위자와 비인간 행위자가 모두 일종의 행위능력을 갖는다는 점을 진지하게 받아들인다. 이러한 관점에서 보면 기술은 수동적인 존재가 아니며, 그것이 사용되는 상황에 적극적으로 개입하는 존재이다. 이에 대한 한 가지 예시로, 애너마리 몰(Mol, 2000)은 혈당 자가측정 장치가 이미 존재하는 사실의 측정을 가능케 하는 것 이상의 역할을 한다는 점을 보여주었다. 대신

이 장치는 치료의 목표를 변경시킴으로써 사실이 갖는 가치를 바꿔놓는다.(더 잦은 측정을 통해 혈당치가 예전에 규범적 이상으로 삼았던 것과 다른, 더 높은 곡선을 그리고 있음을 알게 되었기 때문이다.) 이는 다시 허용가능한 것으로 간주되는 혈당 수준을 단계적으로 낮추게 된다. 몰은 비정상적인 혈당치를 검출하기 위해 만들어진 장치가 비정상으로 간주되는 것을 바꿔놓음으로써 비인간 행위능력의 한 가지 유형을 만들어냈다고 주장한다.

사회구성주의 시각은 사회적 결정요인들에 너무 많은 강조점을 두며, 기술의 설계와 운용에 내장된 가능한 의제나 생산되는 지식의 종류는 충분하게 고려하지 않는다는 이유로 종종 비판을 받고 있다. 행위자 연결망 연구는 기술영역에서 관리자나 엘리트 전문가들에게 초점을 맞추는 경향을 띠며, 눈에 잘 띄지는 않지만 그럼에도 기술에 의해 영향을 받는 사람들에 대해서는 충분히 주목하지 않고 있기 때문에 비판을 받는다. 클라크와 몬티니(Clarke & Montini, 1993)는 "사회세계" 접근법을 이용해, 혁신의 연결망에 직접 관여하고 있지는 않지만 그들을 대신해 내려진 가정이나 결정에는 분명 연루돼 있는 나중 단계의 행위자들이 있을 수 있다고 지적한다.(이어지는 절을 보라.) 의료기술을 분석하는 또 다른 접근은 연구와 임상 작업을 하는 물질적 실천이 어떻게 의학지식을 구성하는지 생각해보는 것이다. 다시 말해, 가령 세포배양 기법, 생물학적 현상을 정량화하고 시각화하는 방법, 그 외 실험실에서의 다른 일상적 활동들이 질병 모델을 정립하거나 생명 형태가 정의되는 방식에 영향을 미칠 수 있다는 것이다. 마찬가지로 병리적 현상을 분류하고, 데이터를 다루고, 검사 내지 치료 프로토콜을 확립하고, 환자들이 어디서 (누구에 의해) 치료받을지 결정하는 데 관여하는 실천들은 모두 건강, 질환, 적절한 치료에 관한 가정들과 연결돼 있다.(Casper & Berg, 1995; Pickering, 1992)

물질적 실천에 대한 관찰은 도구가 어떻게 "일에 딱 맞는 도구(right tools for the job)"로 만들어질 수 있는지를 보여준다.(Clarke & Fujimura, 1998) "도구를 딱 맞게 만드는" 과정은 자궁경부 세포진검사(Pap smear)의 사례에서 보듯, 심지어 기술이 일상적 사용 환경에 도입된 후에도 일어날 수 있다.(Casper & Clarke, 1998) 이 기법이 암 진단 선별검사 도구로 받아들여지기 전까지, 정의와 기법상의 변화를 포함한 수많은 임시변통 전략들이 병리학자, 임상의사, 공중보건 관리 등에 의해 구사되어야 했다. 분야와 영역을 가로질러 일어난 조정과 협상활동은 혁신과 지식생산을 이해하기 위한 열쇠가 되었다. 후지무라는 암 연구자들에 관한 연구(Fujimura, 1987)에서, 동의를 얻어내고 사실을 안정화시키기 위한 접합과 정렬작업이 어떤 문제를 "수행가능한(doable)" 것으로 만든다고 주장했다.

이해관심, 이론, 기법의 정렬은 주어진 기술의 수용, 거부 혹은 일상화에 영향을 미칠 수 있지만, 정치적 긴급성, 문화적 가치, 윤리적 우려 등도 마찬가지 역할을 할 수 있다. 특정인의 생명 종식과 관련해 법률적 고려, 생명연장에 관한 가치, 정치적 쟁점들은 죽은 사람, 죽어가는 사람, 살릴 수 있는 사람을 결정하는 데 있어 연결망의 정렬이나 심지어 기술의 유효성에 대한 증거마저 누르고 지배적 요인이 될 수 있다.(Kaufman & Morgan, 2005; Timmermans, 2002) 수많은 최근 연구들은 기술에 미치는 문화적 영향, 다양한 문화권에 존재하는 치유의 전통, 병원과 실험실에서의 권력관계를 성찰하고 있고, 이는 기술에 관한 STS 문헌에 중요한 기여를 해왔다.(Brown & Webster, 2004; Lock et al., 2000)

진단에 대한 연구에서 또 다른 중요한 측면은 사실이 안정화되는 방식이다. 특히 캠브로시오와 키팅(Cambrosio & Keating, 1992)은 의학지식이 명명법, 암묵적 지식, 절차적 의례를 통해 구성되는 미묘한 방식을 드러내 보였다. 지식이 내구성을 가지려면 데이터가 이해가능하게 만들어져야 한다. 그렇지 않으면 이는 임상적 유용성을 거의 갖지 못한다. 아울러 여러 환자들과 증상들 사이에 검사결과의 비교가 가능해야 한다. 그러나 정보를 수집하고 해석하는 프로토콜은 종종 임의적이고 장소에 특유한 기준에 근거를 두고 있으며, 국지적 전문성의 능력에 의해 제약을 받을 수 있다. 그럼에도 불구하고 데이터가 임상적 유용성을 가지려면 이해가능하게 만들어져야 한다. 버리와 더밋(Burri & Dumit, 이 책의 13장)은 영상기술에서 데이터 해석의 어려움을 설명하는데, 이는 특히 문제가 된다. 컴퓨터단층촬영, 초음파, PET 스캐너, 자기공명영상으로 만들어진 시각적 기록들은 실재를 사진으로 포착한 것이 아니라 신체 구조나 대사 기능을 수학적으로 구성한 재현물이다. 영상 해석을 위해서는 영상이 실제로 보여주는 것이 무엇인지에 관한 상당한 정도의 숙련과 합의뿐 아니라 해부학적 지도를 만드는 다른 방식들과의 상호참조도 필요하다.(아울러 Cartwright, 1995; Dumit, 2004; Prasad, 2005도 보라.)

컴퓨터화된 의료 의사결정 도구들은 환자정보를 기준 데이터베이스 및 표준화된 의료 계획과 비교함으로써 임상에서의 의사결정을 간소화하고 객관성을 높이려는 의도로 도입되었다. 이러한 도구들은 진단에 관해 안정화된 사실에 근거해 작동한다고 하지만, 버그(Berg, 1997)와 포사이드(Forsythe, 1996)가 민족지 연구를 통해 보여준 것처럼 환자나 그들의 질환에 관한 다른 사회적 가정들도 시스템 속에 내재돼 있다. 정보 시스템은 질병을 분류하고 많은 비용이 드는 갖가지 실천들을 합리화하는 일을 돕는 데이터 해석 도구로서 개발되었지만, 실제로는 여러 가지 역할을 한다. 병원에서 작업 패턴을 재조직하고, 임상활동의 내용을 변화시키고, 경우에 따라서는 환자와 의료인 사이의 권력 불균형을 물화하는 등의 역할이 그것이다.

많은 연구자들은 구성주의 시각과 연결망 시각의 아이디어들을 뒤섞어, 기술을 기계, 지식, 실천, 사람들, 역사, 미래의 결합체로 본다. 이러한 틀은 우리의 일상생활 속에서 의료가 갖는 배태성과 잠재적 힘에 대한 다른 이해를 가능케 한다. 예를 들어 중합효소연쇄반응(PCR)의 혁신은 하나의 개념(유전물질의 조작)이 특정한 기법(DNA를 동정하고 증폭할 수 있는 능력)을 낳았고, 이것이 다시 지식생산의 한 형태로 변형되어 과학에서, 또 생명 현상에 대한 대중적 이해에서 나타난 문화적 변화에 심대한 영향을 미쳤음을 보여준다.(Rabinow, 1996) 그러한 변화에 대한 분석은 이 장 첫머리에 제시한 것 같은 예측에 생기를 불어넣는 새로운 힘을 조명해준다.

키팅과 캠브로시오는 면역학 실험실에서의 실천에 대한 광범한 연구에서 실천과 환경의 혼종성, 조정, 표준화에 관한 핵심 논점들을 성공적으로 보여주었다. 그들의 최근 연구는 실험실 수준의 현상과 국지적 지식의 생산보다는 실험실 간 왕래에 좀 더 관심을 보이면서, 생물학과 의학, 과학과 기술, 그리고 생의학 내부의 여러 분야들의 영역을 가로지르는 기구, 사람들, 방법, 개념, 물질의 배치에 주목하고 있다.(Keating & Cambrosio, 2003) 그들은 그러한 연결망의 존재가 진단과 예후를 이끌어내는 분류의 확립에 필요하다고 주장한다. 저자들은 그러한 연결망을 "생의학 플랫폼"이라고 부른다. 그러나 플랫폼은 수동적인 하부구조나 조정상의 활동 이상의 것이다. 플랫폼은 때때로 병상(病狀)에 대한 임상적 정의 혹은 실험실기반 정의 사이로 미끄러져 들어가 연결망을 가능하게 하는 새로운 종류의 생의학적 실체들을 만들어낸다. 이러한 방식으로 저자들은 플랫폼을 사회적 내지 기술적 연결망(이론-방법 꾸러미나 행위자 연결망)과 구분한다.

저자들은 면역계를 공격하는 질병인 백혈병과 림프종의 사례를 이용해, 새로운 기법과 전문성 유형들이 기존의 실천과 업무조직에 접목될 때 나타나는 국지적 해석 패턴을 관찰했다. 예를 들어 미국에서는 실험실의 책임을 맡는 사람이 시각적 지향을 가진 병리학자인 반면, 프랑스에서는 수학적으로 끌어낸 측정치에 익숙한 의료생물학자이다. 이는 세포 표지에 점수를 매기는 데서 차이를 만들어냈고, 그럼으로써 어떤 표지가 임상과 관련이 있는가에도 영향을 미쳤다. 그리고 이는 다시 질병을 진단하고 범주화하고 예후를 제시하는 데 쓰이는 분류체계를 만들어내려는 시도에 영향을 주었다. 그러나 분류는 추가적인 환자들로부터 새로운 데이터가 수집됨에 따라 변화를 겪으며, 단순히 정보에 질서를 부여하는 것 이상의 일을 한다. 분류 그 자체는 질병 단위에 관해 새로운 지식을 낳는 도구인 것이다.

분류와 표준화

환자와 질병의 분류는 표준화의 과정을 그 속에 포함한다. 아울러 표준화는 프로토콜과 기구들이 장소들을 가로질러 작동할 수 있게 만드는 데 결정적으로 중요하다. 표준설정에서 눈에 덜 띄는 작업은 문화적 형태, 권력관계, 취사선택이 확립되는 장소에서 이뤄진다. 이는 공약불가능한 모델과 데이터 집합을 가로질러 작업이 진행될 수 있게 해줄 뿐 아니라 질병에 대한 특정한 사고방식을 정당화해주는 방식으로 확립된다.(Bowker & Star, 1999)

표준화 활동은 치유의 실천이 과학적, 기술적 의료로 변모하는 과정에서 핵심을 이뤘다. 19세기 중반이 되자 이전까지 신체 징후에 대한 관찰과 의사의 촉각, 후각, 시각에 의해 이뤄져 온 임상적 판단의 신뢰성을 높이기 위한 노력이 진행되었다. 새롭게 도입된 기구들은 신체기능의 정량화된 측정, 신체 내부의 시각화, 시간의 흐름과 대상의 변화에 따른 관계의 생생한 재현을 제공했다.

환자의 몸에서 얻어진 정보의 정량화는 신체기능의 객관적 스냅 사진을 제공하려는 의도를 담고 있었지만, 아울러 확인가능한 질병단위와 연결된 것으로 생각된 병리적 메커니즘의 지표를 만드는 데도 도움을 주었다. 예전에는 질병이 복수의 가능한 원인들을 가진, 개인에게 특유한 것으로 간주돼왔다면, 이제 질병 범주의 개념은 특정한 몸과 상황으로부터 분리된 것으로 이해할 수 있었다.(Rosenberg, 2002) 뿐만 아니라 기구에서 얻은 데이터는 인구집단을 통치하는 데 사용될 수도 있는 방식으로 손쉽게 총합될 수 있었다. 푸코(Foucault, 1974)의 생명권력 개념은 이런 측면에서 영향력을 발휘했다. 19세기가 되자 통계학과 그 외 다른 행정적 수단들이 인구집단을 조사, 분석하고 국가적 보건 및 복지 프로그램을 계획하는 데 활용되었다. 생명 그 자체가 정치적 검토와 개입의 대상이 되자, 개인들의 몸과 인구집단은 모두 자아에 대한 지속적 점검, 검사, 향상을 포함하는 기법들을 통해 지배할 수 있게 되었다.(Foucault, 1978; 아울러 Rabinow, 1992; Turner, 1996도 보라.)

한편으로 대상이 더욱 좁혀진 검사(치료 개입이 가능하건 그렇지 않건 간에)에 따라 진단의 특이성이 증가하면서 의료가 좀 더 개인을 지향하게 된 것처럼 보이지만, 다른 한편으로 정보기술은 인구집단 수준에서 데이터를 더욱 추상화된 것으로 변모시켰다. 오늘날의 생의학은 개인의 몸속에서 일어나는 변화를 유전자와 분자 수준까지 내려가서 들여다보고, 화학적으로 분석하고, 그 외의 방법으로 검출하는 것을 추구하며, 그렇게 하기 위한 도구를 만들거나 응용하는 데 상당한 투자가 이뤄져 왔다. 이와 동시에 인과적 연결에 관한 주장을 하기 위한, 또 대규모 집단에 적용할 수 있는 표준화되고 합리화된 치료 계획을 만들어내기 위한 데이터의 축적도 이뤄지고 있다.

임상진료 지침을 표준화하려는 노력은 비교가능하고 정량화할 수 있는 효능의 증거를 얻어내기 위해 새로운 치료법과 낡은 치료법에 대한 과학적 검토를 더 많이 하는 것을 포함한다. 근거기반 의료 및 공중보건(evidence-based medicine and public health)으로 알려진 이러한 개념은 새로운 치료법의 시험, 보험급여 패턴, 임상에서의 의사결정에 영향을 주는 보건정책의 강력한 경향으로 자리 잡았다. 비록 그 의도는 환자에 관한 결정을 내릴 때 최선의 실천을 촉진하려는 것이지만, 현재의 모델과 증거들은 종종 환자, 의사, 보건의료 시스템, 환경 사이의 상호작용에 영향을 미치는 수많은 정치적, 문화적, 행동적 현실을 고려하지 않고 있다. 이와 동시에 몸의 상태와 의학적 치료법에 관한 증거가 만들어지는 방식은 연구, 산업, 병원, 국가의 상호침투에 관해 많은 것을 말해준다.

생명권력의 기법들은 오늘날 공식적인 의료 분류체계와 국가 시스템 사이의 연결에서 볼 수 있다. 보커와 스타(Bowker & Star, 1999)는 국제질병분류(ICD) 체계에 관한 연구에서 의료 시스템과 국가가 중심적인 역할을 하는 다른 복지 시스템 사이의 연결을 개관했다. 저자들은 지속적 기반 위에서 인간의 삶의 여러 측면들에 관해 데이터를 수집한 후 다양한 목적으로 발굴할 수 있게 만든 정교한 정보 시스템이 시민들의 건강과 복지에 대한 국가의 이해관심에 없어서는 안 되는 존재임을 보여주었다.(아울러 이는 국가의 이익을 위한 관심사이기도 하다.) 그 결과는 임상에서 의사결정의 질 향상, 비용절감, 시민들의 건강 증진으로 나타날 수 있지만, 아울러 범주 내에 속해 있거나 그로부터 배제된 사람들에 대한 감시의 증가와 차별의 가능성을 의미할 수도 있다.

그럼에도 불구하고 몸과 기술적 실천을 표준화, 정규화, 통합하려는 시도들과 각기 다른 조건하에서 몸이 나타내는 다양성 사이에는 여전히 긴장이 존재하며, 이는 버그와 몰(Berg & Mol, 1998)이 일단의 연구를 통해 보여준 바와 같다. 저자들은 질병들과 그것을 진단하고 완화하는 데 쓰이는 기술들을 단일한 존재로 이해해서는 안 되며, 이것이 물질적, 사회적 실천을 통해 서로 다른 종류의 대상이 된다고 주장했다. 그러한 연구들은 다양한 환경에서 의료-과학적 대상들에 관해 다룬 이야기들에 초점을 맞춤으로써 규범이 어떻게 확립되는지를 보여준다.

주체성, 정체성, 새롭게 등장하는 의료기술

진단기술을 활용해 질병을 명명하고 분류하는 것은 인구집단, 시간, 장소를 가로지르는 일반화를 위한 수단을 제공할 뿐 아니라, 치료를 제공하거나 보류하는 것을 정당화하고 개인이나 집단에 대해 병들었거나 비정상이거나 "위험에 처했다."는 꼬리표를 붙일 수 있는 근거를 제공해준다. 결국 진단기술과 분류는 인간의 경험과 주체성을 변화시킨다. 몸과 건강에 관한 이론들과 마찬가지로, 기술은 개인들을 집단으로 나누고 분류에 기반해 사회관계에 다시 질서를 부여하는 데 기여할 수 있다. 한 가지 사례는 브라질의 HIV/에이즈 검사에 대한 비엘, 쿠티노, 오테이로의 연구를 들 수 있다.(Biehl et al., 2001) 직관적 이해와 정반대로, 검사(그리고 반복적 검사)를 가장 많이 요구한 사람들은 혈청음성 반응을 보인 이들이었다. 저자들은 검사가 건강한 표적집단의 불안감을 이용했다고 주장한다. 이런 집단에 속한 개인들은 종종 섹슈얼리티나 억압적 젠더 역할 같은 여타의 사회적 쟁점들에 관한 우려와 결부된 에이즈 유사 증상을 보고했다. 이 때문에 검사에 대한 시장이 즉각적으로 생겨났고, 사람들은 이를 성적 지향성이나 정체성을 정립하는 방법으로 사용했다.

진단검사는 이미 존재하거나 잠재돼 있는 병리현상의 증거를 제공할 수 있지만, 데이터가 "정상"이나 "병든"이 아니라 확률과 위험에 근거한 범주를 만들어내는 데 사용되면 새로운 형태의 주체성이 만들어지게 된다. 유전자검사는 점차 이러한 새로운 범주들을 만들어내는 데 사용되고 있다. 다른 비의료적 제도 환경에 적용될 경우 이러한 범주들은 거버넌스와 개인의 삶에 심대한 함의를 갖게 된다. 약물남용 감수성이나 화학물질 민감성, 잠재적 정신질환, 유전병 발현 가능성, 심지어 단순히 유전자를 보유한 상태조차 직장에서의 차별이나 법원에서의 판결에 심각한 결과를 가져올 수 있다.(Dumit, 2000; Rapp, 1999)

폴 래비노(Rabinow, 1992)는 유전자검사와 유전체생물학의 발전을 통해 개인들의 유전자 구성에 관한 정보를 알고 관리하는 능력이 사회관계를 재구축하고 사회가 치료법에 관해 생각하는 방식을 바꿔놓는 결과를 가져올 거라고 주장했다. 개인과 인구집단에 대한 행정적 관리—특히 위험 계산의 형태를 띤—는 직접 개입만큼 중요해지거나 그보다 더 중요해질 것이고, 그가 명명한 새로운 형태의 "생명사회성"을 만들어낼 것이다. 생명사회성이란 전통적인 사회관계가 아닌 의료-행정적 범주들에 기반한 새로운 주체성을 말한다.

데이터 해석에 근거해 사람들을 정상성의 범주들로 분류하는 것은 문제를 내포하고 있으며, 이는 앞서 영상기술에 대한 논의에서 지적한 바와 같다. 방사선 스캔에서 "정상"은 "전형적" 모습이나 심지어 하나의 이념형을 의미할 수 있지만, 그것이 반드시 "건강함"을 의미하는 것은 아니다.(Dumit, 2004) 시각적 영상은 다른 형태의 주체성을 투사할 수 있다. 발달 중인 태아의 영상이 비정상 여부를 알아내기 위한 의료 데이터의 일부임과 동시에 문화적 상징이 되기도 하는 것처럼 말이다. 영상들은 태아에 대한 감성적 유대를 만들어내고 태아에게 사람으로서의 독자적 정체성을 확립해주는 것으로 생각되고 있다.(Petchesky, 1987; Hartouni, 1997) 영상의 추가 사용은 아무런 문제도 없는 임상적 도구로서 초음파의 지위를 굳히는 데 도움을 주었다. 초음파의 사용이 임신 결과에는 거의 아무런 차이도 가져오지 못함을 경험이 보여주고 있는데도 말이다.

새롭게 등장한 기술의 시험

약물, 장치, 치료법에 대한 시험은 지식이 지역적 맥락과 전 지구적 맥락 모두에서 생산되는 방식을 통해 진단의 연장이 된다. 실험-치료법 연속체가 새로운 기술개발 과정에서 가장 두드러지는 것이 이 대목이다. 이러한 시험 기간 동안 상대적으로 눈에 띄지 않는 참가자들이 등장할 수 있고 논쟁이 일어날 수도 있다.

오드슌은 기술과 잠재적 사용자가 서로를 공동구성하는 방식을 연구하는 한 방편으로 신약의 임상시험 단계를 선택했다.(Oudshoorn, 2003) 남성용 피임약의 혁신은 남성성 개념에 관한 지배적인 문화적 서사의 불안정화를 포함했다. 시험단계에서 의미를 둘러싼 협상은 남성용 피임약이 기술적으로, 또 문화적으로 실현가능하려면 피험자와 잠재적 사용자들에게 남을 배려하고 책임 있는 남성으로서의 정체성이 구성되어야 함을 보여주었다. 중요한 것은 오드슌이 소비자의 관점에서 기술의 연결망을 보면서 "사용자"가 누구인가에 관한 가정에 도전함으로써, 그러한 구성에서 피험자의 배우자가 하는 역할뿐 아니라 다양한 사용자들의 시각이 제품설계와 잠재적 수용에 어떻게 영향을 미치는가도 볼 수 있었다는 점이다.

클라크와 몬티니(Clarke & Montini, 1993)는 낙태약 RU486에 관한 연구를 통해, 논란을 야기한 초기단계의 기술에 대한 다양한 해석들을 논쟁적인 사회적 쟁점이라는 맥락에서 탐구했다. 저자들은 사회세계 접근법을 활용함으로써 이 분야에서 활동하는 인간 전문가(재생산 과학자들, FDA 직원, 정치인, 의사, 로비스트)와 비인간 행위자들뿐 아니라, 초기의 발전에서 눈에 잘 띄지 않지만 이 영역에서 취해지는 행동이 그들에게 영향을 미칠 거라는 사실에 의해 연루되는 행위자들까지도 파악해냈다. 이러한 방식으로 그들은 이 사건을 재생산의 정치에서의 지배관계에 관한 단순한 이야기로 보는 대신, 이 약에 대해 경합하는 주장과 재현들—"2세대" 피임약, 페미니스트들을 동원하는 수단, 여성들에게 위험한 화학물질, 안전한 낙태 방법 등—을 보여주었다.

국가가 보건의료의 조직에 점점 더 많이 관여하고 개인의 숙련과 판단을 대신할 수 있는 객관적 척도를 제공할 필요가 생기면서, 무작위 임상시험은 새로운 진단법과 치료법에 대한 좀 더 주관적인 평가들을 과학적으로 평가할 수 있는 "절대적 기준"이 되었다.(Marks, 1997; Timmermans & Berg, 2003)[3)]

평가해야 할 새로운 치료법들이 너무나 많고 잡종적 요소들(생물학, 화학, 컴퓨팅)을 포함한 복잡한 혁신들이 나타나면서 프로토콜 설계에서의 전문성에 대한 요구가 등장했다. 대체로 통상의 임상적 검토과정 바깥에 위치해 있는 영리목적 기구인 임상시험대행기관(contract research organization, CRO)은 기술 회사들을 보건의료 제공자, 질병 개념, 인간 피

3) 무작위 대규모 임상시험은 많은 양의 데이터를 만들어내지만, 주의 깊게 설계되지 않은 경우 의미 있는 행동을 지시할 수 있는 증거를 만들어내지 못할 수도 있다. 아울러 윤리적인 우려도 있다. 사람에 대해 기술을 시험하는 것은 누군가는 알려져 있는 치료를 받지 못한 채 시험에 참여해야 함을 의미한다. 대조군 시험은 종종 피험자가 시험과 충돌할 수 있는 약물치료를 전혀 받지 말아야 하는 "공백" 기간을 필요로 하며, 이는 표준치료를 거부당하는 것에 대한 윤리적 우려를 불러일으킨다.

험자와 전 지구적 규모에서 연결해주는 제도적 혁신이 되었다. 그러나 임상시험을 위한 인간 피험자의 전 지구적 모집을 연구한 페트리나(Petryna, 2005)에 따르면, 임상시험을 후원하는 제품 제조업체는 어떻게 하면 임상시험에서 나온 데이터를 규제 목적(안전성과 효능의 증명)뿐 아니라 마케팅 목적에도 도움이 되는 방식으로 표현할 수 있을지에 관심을 가질 수 있다.

페트리나가 주장하는 요지는 실험적 연구에 참여하는 인간 피험자를 보호하는 국제적 지침이 오락가락한다는 데 있다. 편의를 봐주기 위해, 또 새롭게 등장하는 인간 피험자 연구 "산업"을 위한 길을 닦아주기 위해서 말이다.[4] 그러나 새롭게 등장하는 기술에 대한 분석과 관련된 대목은 북미와 서유럽 사람들이 기술에 너무나 오염되어서 새로운 기술의 시험에 부적합하다는 관찰이다. 다시 말해 너무나 많은 사람들이 이미 약을 먹거나 치료를 받고 있고 이것이 새로운 치료법의 시험에 간섭할 수 있기 때문에 잠재적 피험자 풀이 줄어들고 있다는 것이다. 더밋(Dumit, 2003)은 의약품의 편재성을 다룬 논문에서, 이는 적어도 북미 사회에서 삶을 영위하는 데 화학기술이 얼마나 필수적인 역할을 하고 있는지에 대해 많은 것을 말해준다고 주장했다.

CRO는 많은 수의 피험자들을 모집해야 하기 때문에 의료기술에 대한 접근성이 상대적으로 떨어지는 나라에서 임상시험을 한다. 그래서 부유한 국가들에서 실험적 치료법에 대한 시험을 의무화한 것은 자체적으로 약이나 장치 기술을 부담할 능력이 없는 국가들에서 일종의 보건의료 서비스 제공으로 탈바꿈하고 있다.[5] 그 결과 페트리나가 윤리적 가변성이라고 부

4) 리처드 레틱(Rettig, 2000)도 영리목적 임상연구의 증가에 주의를 환기시키면서, 시험 조건이 중립적이지 않을 수 있을 때의 이해충돌과 생산된 증거의 유형에 대해 우려를 제기했다.

른 것이 나타난다. 즉, 정치적, 경제적 맥락 속에서 잠재적 사용자와 그들의 적극적인 참여 의향에 관한 가정에 근거해, 반드시 요구되는 감독의 유형과 정도에 타협이 일어난다는 것이다.

어떤 기술이 실험적 장치에서 일상적 치료법의 지위로 이동할 때는 의미가 변화할 수 있다. 바바라 쾨닉(Koenig, 1988)은 수많은 기술들이 신속하게 받아들여지는 이유가 "기술의 명령(technological imperative)" 때문이라고 주장했다. 의사들은 심지어 효과성에 관해 많은 증거가 없는 상황에서도 최신의 기구를 사용하려고 애쓴다는 것이다. 자가면역 질환의 치료법으로 혈장 교환술이 도입된 역사를 예로 들어, 그녀는 새로운 것에 대한 매혹에서 출발해 다소 혼란스럽고 일을 해 나가며 배우는 도입 환경이 나타나고, 다시 이것이 일상적 치료법으로 채택되었음을 나타내는 역할과 의례의 변화로 이어지는 사회적 과정을 탐구했다. 관련된 사람들—간호사, 의사, 환자뿐 아니라 제조업체 대표도 포함되는—은 사회적 역할, 공급, 절차를 조정해 기술이 좀 더 일상화된 방식으로 작동할 수 있게 한다. 이 과정에서 새로운 도구의 채택이 도덕적 의무로 자리 잡기도 한다. 새로운 치료법을 제공하지 않는 것은 비윤리적인 것으로 보일 수도 있기 때문이다.

임상시험, 기구 설계, 데이터 해석을 통한 지식생산을 연구해보면 몇 가지 사실이 드러난다. 증거는 유연성을 가지며, 우리가 요구한 일을 할 때

5) 임상적·과학적 정보에 대한 참여와 접근이 가능한 사회에서는 소비자 활동가들이 임상시험의 조건과 해석을 설정하는 데 일정한 역할을 요구하는 다른 상황이 생겨난다. 그런 사례는 엡스틴이 연구한 에이즈 활동가들에서 볼 수 있었다. 엡스틴은 일반인의 권위와 전문성의 변화가 기술이 정의되고 시험되는 방식에 영향을 주고 있다고 주장한다.(Epstein, 1996) 그러나 뢰비는 정치적, 경제적 고려의 중요성이 참여자들의 사회적 지위와 에이즈 같은 질병의 상징적 해석—암과 비교했을 때—에 따라 달라진다고 주장한다.(Löwy, 2000)

복수의 형태를 취한다는 것이다. 증거는 어떤 기술의 비용이나 효과성(이것을 어떻게 정의하건 간에) 대비 편익을 입증할 수도 있고, 공정한 분배를 결정할 수도 있고, 사용자와 의제설정자를 정의할 수도 있다. 그러나 의료기술 시험을 통한 지식의 생산을 다룬 문헌은 STS 연구에서 공백을 드러낸다. 다시 말해 문화적, 과학적 권위의 차이, 그리고 지역의 생물상(相)이 의료기술 시스템 속에 어떻게 통합되는지 여부에 대해서는 연구가 이뤄지지 못하고 있다.(Lock et al., 2000)

20세기 내내 진단은 질병을 이해하는 혁명적인 방법이었을지 모르지만, 이제는 그 개념 자체가 변화를 겪고 있는 것 같다. 이상을 탐지하기 위해 새롭게 등장한 많은 기술들이 사람이 아닌 **다른 기술들**을 시험하는 데 사용될 때 진단이 갖는 의미는 어떤 것인가? 어떤 약이 특정인에게 효과가 있는지 혹은 안전한지 여부를 판단하는 데 맞춤유전체학이 사용되는 경우나 다른 검사들의 결과를 조정하는 데 뇌 영상이 사용되는 경우처럼 말이다. 정보를 마케팅에 사용할 수 있도록 뇌의 어떤 부분이 "합리적 선택" 게임에서 활성화되는지를 탐지하는 데 뇌 영상이 활용되는 경우는 어떤가? 가정에서 하는 진단검사—종종 임상에서의 전문성이나 개입 없이 수행되는—는 이미 생활양식 선택을 정당화하는 것에서 조상의 뿌리를 추적하는 데까지 온갖 곳에서 사용되고 있다. 소비자로서 역할을 하는 개인들은 의사의 지시 없이도 검사 키트를 구입하거나 예약이 필요 없는 선별검사 센터를 방문할 수 있다. 매체(인터넷 포함), 광고, 그리고 새롭게 등장하는 형태의 상업에 대해서는 이러한 새로운 역할과 관련해 좀 더 많은 분석이 이뤄져야 한다. 뿐만 아니라 질병 개념은 관료체계가 가정하는 것처럼 그렇게 안정되어 있지 않다. STS 시각에 익숙한 사람이면 누구나 알고 있는 것처럼, 의료적, 법률적, 사회적 목적을 위해 만들어진 정의들은 시간이 지나고 맥락이 바뀌면서 변화를 겪는다. "젠더 정체성"이나 "화학물질 민감성"의 정의에 근거해 만들어진 범주들은 단순히 더 많은 생물학적 데이터 혹은 그 외 데이터를 획득하기만 하면 안정시킬 수 있는 것이 아니다.(Dumit, 2000)

적어도 관련된 기술들을 분석하는 방식들은 재고가 필요할 수 있다. 새롭게 등장하는 대부분의 기술들은 컴퓨터, 통신, 기계, 화학-제약, 생물학 요소들의 잡종이다. 각각의 구성요소는 다양한 종류의 전문성, 참여자, 해결해야 할 의료 문제를 정의하는 방식을 끌어들인다. 수많은 기술들이 동시에 복수의 목적에 쓰이고 있다. 질환에 대한 치료법이 건강한 사람에게서 수행능력을 강화하기 위해 사용되는 것처럼 말이다. 이는 그러한 기술을 각각의 환경 속에서 사회적, 기술적으로 다르게 위치시킨다. 다음 절에서 나는 오늘날의 삶에서 우리가 현재 의료기술의 역할을 이해하는 방식에 도전하는 또 다른 형태의 새롭게 등장하는 기술들에 대해 논의할 것이다.

몸의 기술적 변형

1980년대 중반이 되자 삶과 건강에 영향을 주는 의료적, 사회적 실천에 대한 관심은 사람의 몸에 초점을 맞추는 쪽으로 방향을 틀었다. 일부 저자들은 정보, 영상, 그 외 다른 재현 기술들이 몸을 대신하고 있다고 주장했지만(Hayles, 1999; Martin, 1992; Waldby, 2000), 다른 저자들은 몸의 물질성에 이끌렸고 "생물학적"인 것의 의미가 무엇인지, 또 사람들이 살아가고, 일하고, 연구를 하고, 보건 서비스를 받는 방식에 의료기술이 주는 함의는 어떤 것인지와 같은 질문을 던졌다.(Franklin & Lock, 2003) 새롭게 등장하는 의료 과학기술이 몸의 문화적 의미와 그것이 맺는 사회적 관계에 관한 기존의 관념들을 혼란시킴에 따라, 정체성과 주체성의 문제는 이 모든 탐구에서 중심을 이루었다.

그러나 정체성과 우리가 세상과 상호작용하는 방식을 가장 눈에 띄게 변화시키는 것은 몸의 개변—보철이나 외과적, 약학적 개입을 포함해서—이다. 인간의 경계가 어디인지에 관한 관심은 오래전부터 존재해왔다. 살아 있는 사람과 죽은 사람, 사람과 사물, 자연적인 것과 문화적 내지 기술적인 것, 인간과 다른 종들 사이의 구분은 역사를 통틀어 계속 의문이 제기돼왔다. 이는 과학과 의료에서의 혁신, 그중에서도 생명 형태를 확장하거나 개변하는 실험에 대응해 나타난 종교적 우려, 문학, 대중논쟁에서 그 증거를 찾을 수 있다. 경계에 대한 관심은 인공 장기, 재조합 유전자 기법, 그 외 생물학적, 기계적 구성요소들과 때로는 다른 종에서 온 구성요소까지 결합시키는 생명공학이 도래하면서 새로운 방식으로 흐릿해져 왔다. 1990년대에 많은 저작들은 순수한 내지 자연적인 범주들에 대한 낭만화된 이상에 도전장을 내밀었고, 그중에는 경계가 분명하고 자율적인 주체로서의 개인이라는 오래된 관념도 포함되었다. 대신 이러한 저작들은 사이보그나 잡종의 이미지를 이용해 정보 및 기계 기술, 인간, 동물 사이에 새롭게 등장하는 관계를 탐구했다. 인간 내지 동물조직의 이식, 인공보조 생식, 인공생명 형태, 생물정보학, 그 외 다른 경계를 가로지르는 기술들에 관한 연구를 통해 그들은 당연하게 받아들여지던 자연과 문화라는 범주들에 의문을 제기했다.(Brown & Michaels, 2001; Gray, 2001; Hayles, 1999; Latour, 1993; Strathern, 1992)

특히 도너 해러웨이(Haraway, 1991, 1997)는 경계 넘나들기를 통해 삶과 정체성이 형성되는 방식에 주목함으로써 인간과 비인간 관계에 관한 새로운 사고를 이끌었다. 종종 신성하고 정적인 것으로 간주되는 경계는 인공세포와 염색체, 최소 유전체로 이뤄진 생명형태를 만들어낼 수 있는, 새롭게 등장하는 생물학 기술에 의해 손쉽게 침범당한다. 나노기술, 컴퓨터 매개 재현, 특허받은 생명 형태, 정보기술과 생물학 및 의료의 결합과 함께 내밀한 세포 이하 수준에서 기계와 인간 사이의 공생관계가 확립되고 있다. 해러웨이의 주제는 특정한 물질적 방식과 그것이 오늘날의 테크노사이언스 내에서 몸의 정치학에 가져오는 결과에 기입되는 지식-권력 실천이다. 해러웨이, 헤일스(Hayles, 1999), 그 외 다른 학자들의 작업은 "트랜스"휴먼 내지 "포스트"휴먼이 무엇을 의미하는지에 대한 유혹적이면서도 불길한 관념을 놓고 논의와 비판을 촉진했다. 그러나 STS 공동체 바깥에서 그러한 논쟁의 도덕적 성질은 정치생활과 공공생활에서 신보수주의자들로부터 반발을 초래해왔다.(Fukuyama, 2002)

그러한 환상적 가능성에 대한 도덕적 판단에 매몰되는 것을 피하기 위해서는 인간 기능의 증강을 위한 기법의 역사를 추적해보는 것이 좀 더 유용할 것이다. 이 과정에서 증강이 구상되고 실행되는 방식에 의해 어떤 특정한 종류의 주체가 만들어지고 있는가 하는 질문을 던져볼 수 있을 것이다.

보철, 생체공학, "적격(Being Fit)"

인간은 언제나 망가지거나 상실한 신체 일부와 조직에 대한 대체물을 만들어냈다. 오늘날 신체 일부에 대한 대체물의 목록은 놀랄 만하다. 몇 가지만 들어보자면 인공심장, 인공호흡기, 감각 기능의 부분적 복구를 위한 인공망막과 달팽이관 이식, 환경에 맞춰 자동으로 조정되고 사용자의 동작 의도를 감지할 수 있는 근전(筋電) 팔다리 등이 여기 포함된다.

증강의 설계와 활용에서 중심 되는 문제는 능력 있는 몸을 갖는다는 것의 의미는 무엇이며 외모와 기능은 정체성에 어떤 영향을 미치는가 하는 것이다. 예를 들어 몇몇 의학사가들이 주장한 것처럼, 외모가 망가진 몸의 광경은 [몸의] 취약성과 스스로를 돌볼 수 있는 시민들의 능력에 대한 대중의 불안을 조장할 수 있다. 잃어버린 신체 일부를 "채워넣"거나 특정한 작업 임무를 수행하는 도구로 기능할 보철을 공급하라는 사회적 압력이 존재할 수도 있다. 이러한 의미에서 보철은 몇 가지 층위에서 기능한다. 의료기술의 진보와 뭐든지 고칠 수 있는 능력을 보여주고, 전쟁이나 산업재해에서 불구가 된 몸에 대한 국가적인 양심의 가책을 완화하고, 개인들이 신체적으로뿐 아니라 사회적으로도 기능할 수 있도록 하는 것이 그것이다.(Ott et al., 2002; Thomson, 1997)

럽턴과 세이무어(Lupton & Seymour, 2000)는 장애를 가진 개인들이 보조기술과 맺는 관계에 대한 연구에서, 기술은 자아를 강화하는 잠재력을 지님과 동시에 장애의 의미를 악화시킨다고 주장했다. 의사소통판이나 휠체어 같은 보조기술은 기능을 증강하고 독립성과 통제력을 제공해줄 수 있지만, 아울러 의존성과 차이를 의미할 수도 있다. 에밀리 마틴은 적격성(fitness)이라는 주제를 조금 다르게 다루었다. 그녀는 국가와 기업의 경쟁력 목표와 유연하고 면역적으로 적응가능하며 신체적으로 강인한 몸에 대한 사회적 기대가 서로 어떻게 부합하는가에 관해 썼다.(Martin, 1994)

비표준적 몸의 정상화에 관해서는 아직 STS 연구에서 제대로 탐구되지 못한 복잡한 일단의 쟁점들이 있다. 특히 누가 장애를 안고 있고, 누가 어떤 종류의 대체장치나 치료를 받을 수 있으며, 이것이 어떻게 국가 정책과 기술 사용에 대한 관점과 연관되는지 정의하는 과정은 추가적인 설명을 필요로 한다.(L. Davis, 1995; Kohrman, 2003)[6] 소리를 증폭하는 달팽이관

6) 장애학에는 넓은 범위에 걸친 풍부한 문헌들이 있다. 그러나 이러한 문헌들 중 보조기술에

이식수술의 도입에 관한 블룸의 놀랍도록 자세한 연구(Blum, 1997)는 청각장애인들이 "장애"라는 명칭에 어떻게 저항했는지를 보여주었다. 그들은 자신들이 다른 사람들과의 차이에 근거를 둔 공동체 정체성을 갖고 있으므로 이를 그냥 내버려둬야 한다는 주장을 폈다. 청각장애인들은 이식수술의 활용이 의료기술을 써서 자신들을 차별하고 자신들의 정체성을 정상화 내지 변화시키려는 시도라고 느꼈다.[7)]

만약 개인들이 자신의 몸을 정체성의 표현으로 경험한다면, 서로 다른 종류의 보철(이동성, 시각적 정상성, 혹은 성전환이나 미용 목적의)은 사적인 몸과 공적인 정체성이 서로 부합하게 할 수 있다. "조작된 몸이 태어날 때 받은 몸보다 훨씬 더 설득력 있게 자아감각에 근접했다면, 자연스러운 몸이라는 것이 의미하는 바는 대체 무엇이겠는가?"(Serlin, 2002: 3)

스티븐 커즈먼은 수족을 절단한 사람들에 대한 연구를 통해 개인들과 그들의 몸이 어떻게 보철을 가지고 "작동하는" 법을 배우는지를 탐구한 몇 안 되는 사회과학자 가운데 하나이다.(Kurzman, 2002) 불편함과 이동성의 요구에 대한 환자의 설명과 걸음걸이와 응용장치의 생물역학에 대한 시술자의 분석 사이 어딘가에서, 암묵적 지식과 서로 읽어낸 몸의 신호들이 함

대한 사회적 연구를 구체적으로 다룬 것은 거의 없으며, 장애가 있는 몸이 갖는 의미에서 나타나는 문화적 차이를 다룬 것도 얼마 되지 않는다.(Kohrman, 2003; Kurzman, 2003)

7) 개발자들이 이식수술을 받아야 하는 것은 어린아이들이라고 판단을 내림에 따라 윤리적 문제들은 빠른 속도로 복잡해졌다. 어린아이들은 아직 "정상적인" 말하기와 사회적 상호작용을 발달시킬 기회를 갖고 있는 것으로 생각되었기 때문이다. 이는 아이들에게 시술될 가능성이 높은 수많은 외과적 내지 화학적 개입과 관련해 중요한 문제들을 제기한다. 성 결정(sex assignment, 출생 시 외부 성기 형태가 모호해 남자인지 여자인지 판별하기 어려운 아이에게 수술요법을 통해 성을 지정해주는 것—옮긴이)이나 키가 작은 아이에 대한 성장호르몬 투여와 같은 경우가 여기 속한다. 몸의 변형을 수반하는 개입에 관한 결정은 누가, 어떤 조건하에서 내려야 하며, 그것이 갖는 문화적 함의는 어떤 것인가?

께 작용해 몸과 새로운 신체 일부가 서로 부합하게 한다. 이 사례에서 기술(그중에서도 보철, 측정, 검사장치들과 의료기록)은 인공적인 신체 일부를 가진 사람으로서 갖는 필요, 해법, 정체성의 표현을 구성하는 한 측면이다.

미국, 인도 농촌, 캄보디아에서의 의족 설계에 대한 스티븐 커즈먼의 관찰은 몸에 관한 지역적 문화가 몸의 변형에 통합되는 작업을 보여준다.(Kurzman, 2003) 자이푸르의 의족은 첨단기술을 이용한 서구의 수입품이 아닌 지역에서 이용가능한 재료를 사용하며, 지역의 지리와 필요에 맞도록 설계되었다. 가령 신발을 신었건 신지 않았건 서로 다른 종류의 땅위를 걸을 수 있고 의자에 앉기보다는 쪼그려 앉을 수 있도록 만드는 것이다. 중요한 것은 설계의 원리가 지역의 솜씨와 지식을 사용하는 전반적인 공동체기반 재활 노력의 일부로 의도되었다는 점이다. 이런 식으로 이러한 보철들은 착용자에 대해서뿐 아니라 초국적 생산 시스템과 권력의 연결망 속에 그것이 위치하는 방식에도 힘을 부여하게 되었다.

어떤 분석가들에게 신체 일부의 대체와 교환은 심난한 주제이다. 르네 폭스와 주디스 스웨이지는 1950년대 이후 장기 대체에 대한 선구적인 연구에서, 인간의 신체 일부를 귀중한 자원으로 교환하는 데 관련된 사회적 의무에 대해 근본적인 우려를 표명했다.(Fox & Swazey, 1974, 1992) 그들의 해석에 따르면 신장투석과 이식을 통해 "사람들을 다시 만드는" 기획은 몸이 기계론적이고 파편화되어 있다는 가정에 근거를 두고 있다. 몸에 대한 그러한 환원주의적 관점은 의료 종사자와 제품개발자의 초점을 고통의 근본 원인, 임종에 이르는 과정, 적절한 보살핌의 제공을 다루는 것에서 낡아빠진 부품을 갈아 끼우는 것으로 이동시킨다. 이와 동시에 장기부전을 배분의 문제로 보는 관점에서 파생된 수요와 공급 문제에 대한 관심은 보건의료를 소비활동으로 탈바꿈시키는 데 기여했다.(장기이식과 이를 연구하는 학자들에 대한 좀 더 긴 논의는 이 책의 34장을 보라.)

의학적 치료에서 "예비 부품" 식의 접근법에 대한 그들의 계속된 우려는 인공심장의 발전을 다룬 후속 연구와 최근 들어 완전한 이식이 가능해진 아비오코르(AbioCor) 인공심장의 임상시험에 대한 분석에서도 분명히 드러났다.(Fox & Swazey, 1992, 2004) 임상시험 참가자들이 겪은 고통을 묘사하고(그들 대부분은 얼마 안 가서 사망했다.) 다른 신체기능들이 망가지고 있는 상황에서 일부 신체기능만 대체할 때 생기는 모호함을 지적함으로써(임상시험에 참가할 자격이 되려면 수혜자들은 말기 심부전 환자여야 했기 때문에 기계 심장의 수명이 환자보다 더 길 수도 있었다.), 폭스와 스웨이지는 핵심 장기에 대한 합성 대체물을 만들어내려는 시도에서 "성공"이 의미하는 바가 무엇인가 하는 질문을 던졌다. 그들은 또한 임상시험과 그 참가자들 모두를 묘사하면서 그들이 미국의 문화적 상징의 명시적 활용이라고 느꼈던 것을 관찰했다. 실험에 참가한 피험자들은 경건하고 열심히 일하는 공동체 구성원이며 의학의 최첨단에서 개척자가 된 인물로, 그런 점에서 미국의 영웅으로 그려졌다. 저자들이 보기에, 문화적 상징을 동원해 피험자를 모집하는 것은 실험적 의료를 통해 어떤 다른 사회적 목적이 추구되고 있는가—특히 국가적 진보와 우수성을 과시하기 위해 의료기술을 활용할 필요성을 선전하는 데서—하는 질문을 제기했다.

강화기술

몸을 변경하고 증강하는 일이 기술적으로 가능해지고 사회적으로 수용되면서, 이용가능한 절차와 조력의 종류가 빠른 속도로 증가했다. 이들 대부분은 기능의 회복과 복원에 기반을 두고 있지만, 기법들을 이용해 정신적, 육체적 특질들을 정상 혹은 생활에 필요하다고 생각되는 것 이상으로 향상시키는 일이 점점 많이 일어나고 있다. 이러한 소위 "강화기술"은 오늘날의 사회들에서 결함과 능력이라는 문화적 관념에 대해, 또 "치료"와 적절한 보살핌이란 어떤 것인가에 대해 미처 탐구되지 못한 질문들을 제기하고 있다.(L. Davis, 1995; Hogle, 2005; Sinding, 2004)

인간의 수행능력을 향상시키기 위해 의료적 개입을 이용하는 것은 의료의 적절한 목표는 무엇이며 이를 다른 사회적 목표와 구분하는 것은 가능한 일인가 하는 질문을 제기한다. 푸코(Foucault, 1978)는 근대 국가들이 국민을 억압적 수단이 아닌 생의학 같은 사회적 제도들을 통해 규율한다고 주장했다. 의료는 훌륭한 시민을 양성해내고 결함이 있는 시민은 솎아내는 목표를 향한 특정한 유형의 적격성으로 건강을 정의할 수 있다. 우생학이나 특정한 존재 상태를 선별적으로 선호 내지 비선호하는 정책과 같은 대규모의 사회적 프로젝트가 좋은 예이다. 생명권력은 국민들의 생활을 돌보는 데 대한 정부의 관심사와 관련되어 있고, 이는 몸의 규율을 통해 달성된다. 개인들은 자아의 지속적인 점검, 시험, 향상에 참여하도록 장려된다.(Foucault, 1978; Turner, 1996) 신자유주의의 렌즈를 통해 보면 개선의 책임은 국가에서 개인들 자신에게로 이전되었는데, 여기서 개인들은 좀 더 높은 수준의 육체적, 정신적 기능이라는 목표의 달성을 위해 노력할 것으로 기대된다. 자아에 대한 치료 문화의 일종인 셈이다.(Rose, 2001; Rose & Novas, 2005) 목표는 종종 신체의 규율에 대한 국가의 이해관계뿐 아니라 향상을 위한 제품을 판매하려는 상업적 이해관계에 의해 정의된다.(Bordo, 1998; Dumit, 2003; Featherstone, 1991) 사회를 향상시키는 수준에서 작동하기보다는, 몸이 향상 작업의 대상이 되는 것이다.

일부 학자들은 강화가 완벽성을 추구하고 일상생활의 어려운 문제들의 회피를 욕망하는 문화와 부합하는 것으로, 혹은 차이와 결점에 대한 용인이 줄어들었음을 보여주는 하나의 징후로 좀 더 단순하게 설명한다.(Fukuyama, 2002; President's Council on Bioethics, 2003) 다른 학자들은 강화가 해방적 성격을 가지며, 그 본질에 있어 스스로 선택한 진화의 한 유형이라고 주장한다.(Bostrom, 2003) 캐플런과 엘리엇(Caplan & Elliott, 2004)은 더 나은 수행능력을 성취하려는 시도가 허용되어야 한다고 주장한다. 과학은 발견을 위해 무제한의 자유를 제공받아야 한다는 근거에서이다. 강화는 올바른 것인지, 또 누가 그런 시술을 어떤 조건하에서 받아야 하는지에 대한 그러한 도덕적 판단은 다양한 사회들에서 개인들에게 질서를 부여하고 가치를 매기는 방법과 연결돼 있다.(Parens, 1998; Elliott, 2003) 예를 들어 노화를 정상적인 삶의 과정이 아닌 경제적, 사회적 "문제"로 본다면 몇 가지 가능한 대응이 있다. 예방의료에 사회적 자원을 투자하거나, 노화와 연관된 퇴행성 질환의 고통을 완화시키는 기술혁신을 이뤄내거나, 생명을 연장하거나 노화과정을 역전시키는 기법을 개발하는 것 등이 그것이다. 노인들은 낙인이 찍힌 것처럼 느끼거나, 일자리를 위한 경쟁에 뛰어들 능력을 갖추지 못하거나, 다른 방식으로 기술적 개입을 필요로 하는 주체가 되어 성형수술을 통해 좀 더 젊어 보이는 외모를 추구하거나 다른 노화방지 강화를 통해 회춘을 추구할지도 모른다.(Post & Binstock, 2004)

기술, 정체성, 소비주의가 한데 합쳐지는 현상은 미용 목적을 위해 자신의 몸을 바꾸는 개인들의 결정과 관련해 가장 철저하게 분석되었다. 미용수술의 역사는 여러 요인들이 뒤얽혀 복합적인 영향을 미쳤음을 보여준다. 전쟁에서의 부상이나 산업혁명과 관련된 부상의 증가를 치료하기 위한 재건수술에서 기술 전문성의 요구, 제2차 세계대전 이후 의료 실천의 경향, 미국으로의 이민 증가로 인해 인종적 차이에 점차 주목하게 된 시점에서 외모에 대한 문화적 관심 등이 그런 요인들이다.(Gilman, 1999; Haiken,

1997) 그러나 외모를 향상시키기 위한 기법의 수와 종류는 많은 나라들에서 급격히 증가했고,[8] 이용가능한 의료기술 중에서 가장 수익성이 높은 형태 중 하나가 되었다. 개인들을 좀 더 젊고 아름답게(이것이 의미하는 바에 대한 변화하는 문화적 관념에 따라서) 만드는 시술에 더해, 발바닥 콜라겐 주입, 발가락 길이 단축, 배꼽 위치 이동 등과 같은 새로운 시술들이 변화하는 패션 경향에 맞추기 위해 이뤄지고 있다. 사업이나 판매 직종의 사람들에게 인기가 높은 손 회춘과 턱 보형물은 경쟁력 이유에서 외모를 바꾸려는 욕망을 보여준다.(American Society of Plastic Surgeons, 2004) 수전 보르도(Bordo, 1998)와 앤 발사모(Balsamo, 1992)는 주장하기를, 젠더는 아름다움과 몸의 치료에 대한 문화적 규범들이 해석되고 권력의 실행이 이뤄지는 필터이며, 그러한 절차들은 부정적 메시지가 다른 여성들에게 강화되기 때문에 궁극적으로 여성들에게 해롭다고 했다. 그러나 성형수술을 받은 환자들에 대한 캐시 데이비스(Davis, 1995)의 민족지연구는 여성들이 수동적인 희생자가 아님을 보여준다. 오히려 그들은 외모를 바꿈으로써 사회 속에서 자신들의 위치를 변화시키는 능동적인 행위자들이다.

몸과 자아의 재건에서 자율성과 선택의 문제는 많은 강화기술들의 핵심에 위치해 있다. 칼 엘리엇(Elliott, 2003)은 향정신제 사용의 빠른 증가는 질환의 치료를 위해서이기도 하지만, 그에 못지않게 현대사회에서 진짜에 대한 개인들의 추구와 상업적으로 자극된 개인적 정체성에 대한 집착 때문이기도 하다고 주장한다. 예를 들어 그가 치료한 환자들 중 일부는 약을 먹지 않았을 때보다 먹었을 때 "좀 더 자기 자신처럼" 느낀다고 주장한다.

8) 미국에서만 2003년 한 해 동안 830만 건의 시술이 이뤄졌고, 이러한 환자들 중 37퍼센트는 이미 한 번 이상의 시술을 받은 경험이 있었다.(ASPS, 2004)

그러한 강화를 어떻게 볼 것인가에 대한 결정은 중요한 의미를 갖는다. 이는 기술이 어떻게 사용될 수 있고, 누가 그것에 접근할 수 있으며, 누가 비용을 지불할 것인가를 결정할 수 있기 때문이다. 예를 들어 유방 확대는 미용 시술로 간주되며 통상의 경우 많은 보험 시스템에서 보험 적용을 받지 못하지만, 유방 절제 후 이를 재건하는 경우 이 시술이 치료법이라 부를 수 있을 정도로 여성의 정체성과 복지에 충분히 중요한가 하는 질문이 제기된다. 그러한 정책적 딜레마는 유방의 사회적 중요성에 대한 도덕적 판단을 좀 더 눈에 띄게 드러낸다. 정책과 실천의 결정을 더욱 복잡하게 만드는 것은 치료법을 수행능력 향상을 위한 비의도적("용법 외") 용도로 사용하는 사례가 증가하고 있다는 점이다. 알츠하이머병과 기면발작에 쓰이는 약물을 정상적인 개인에게서 기억력과 인지능력 향상을 위해 사용하거나, 에리스로포이에틴(erythropoietin, 동물 내부의 조혈조직에 작용해 적혈구 생성을 촉진하는 호르몬으로 신부전증이나 빈혈 치료에 쓰인다. 운동선수가 복용하면 몸 안에서 산소 공급을 원활히 해줘 운동능력을 향상시키지만 심장마비의 위험을 높이기도 한다—옮긴이)과 유전자치료를 스포츠의 경기능력 향상에 사용하는 것이 그런 사례들이다.(Behar, 2004; Hall, 2003a)

신경강화는 기억력, 인지능력, 행동에서의 변화를 수반할 수 있기 때문에 특히 골치 아프다. 보철 해마상 융기, 기억 처리를 위한 마이크로칩(기억을 증가시키고, 유형화하고, 삭제하는), 뇌의 화학 작용을 바꾸는 약물의 시제품 도입은 기술과의 가장 긴밀한 관계 속에서 주관성과 개인성에 대한 새로운 분석을 필요로 하게 될 것이다.(Gray, 2001; Farah & Wolpe, 2004; Hall, 2003a; Healy, 2004; Rose, 2003)

강화기술이 다양한 삶의 전략을 수반하고 복수의 주체성을 정의하는 방식을 탐구하는 데 있어서도 추가적인 분석이 요구된다. 사회문제를 해결하는 데 생물학을 이용하는 것이 적절한지를 두고 어떤 종류의 결정이 내려지는지 검토하는 것은 과거의 우생학 프로그램, 오늘날의 유전자검사, 위험 소인에 대한 공중보건 선별검사, 인간 유전체 프로젝트 등과 같은 생명정치 프로젝트의 연구에서 중심적인 위치를 차지해왔다.(Rapp et al., 2001) 그러나 강화는 공평성과 육체적, 사회적 이점이라는 특정한 사회적 쟁점들에 관한 의료적 문제해결이 신체 능력의 개념과 좀 더 복잡한 방식으로 연결될 수 있는 여지가 있음을 보여준다. 앞으로의 연구는 현재까지 논쟁들을 틀지어온 생명윤리나 보건정책 문헌 중 상당수에서 발견되는 역사적, 사회적 맥락의 지속적 결핍에 대한 비판을 포함해야 할 것이다.(Hogle, 2005)

보철, 보형물, 강화의 사용에서 볼 수 있는 인간-기술 경계면은 정체성을 변화시키고 인간적인 것이 무엇을 의미하는지에 대해 기존에 받아들여지던 관념을 혼란에 빠뜨릴 수 있다. 기술적 조력과 사회적, 생물학적 명령을 통해 신생아, 노인, 뇌손상 환자, 그 외 다른 사람들의 몸을 규율하는 것도 마찬가지로 기존 질서를 동요시킨다.(Lock, 2002; 이 책의 34장, Kaufman & Morgan, 2005; Timmermans, 2002) 그 결과 나타나는 모호한 상태는 종종 부조화의 해결을 위한 추가적인 법률적-의료적 관리를 요청한다. 영구적 식물인간 상태나 생명 형태를 예상하지 못한 방식으로 조작하는 논쟁적인 새로운 기법들처럼 대중적으로 널리 알려진 일부 사례들에서는 국가가 좀 더 중심적으로 관여할 수 있다. 이어지는 절에서 나는 재생의학의 예를 들어 의료상의 혁신이 만들어낼 수 있는 복수의 매개를 보여줄 것이다.

재생의학

이전 시기에 준거점을 이뤘던 의료기술들과 마찬가지로 재생의학은 인간의 정체성과 친족관계, 의사, 연구자, 환자의 관계, 교환의 사회적, 경제적 형태를 바꿔놓는다. 따라서 재생의학은 지식생산과 삶, 일, 사회관계의 재구성을 다루는 과학기술의 사회적 연구에서의 오랜 대화를 연구하는 모델 사례가 된다. 아울러 신체물질에 기반을 둔 테크노사이언스의 생산은 초국적, 지역적 거버넌스에 대해, 또 과학과 의료에서 민주적 참여의 역할에 대해 중대한 함의를 갖는다.

재생의학이라는 신조어는 몸이 스스로 복구하도록 만들어 잠재적으로 생명을 연장하려는 의도를 담은 집합적 프로젝트에 관련된 일단의 과학기술을 총칭해 부르는 말이다.[9] 여러 정의와 설명들에는 공통적으로 (치료법,

9) 조직공학은 생명과학과 공학을 결합해 생물학적 대체물을 개발하고 몸속의 조직 생성을 촉진하는 것이다. 조직공학의 산물은 종종 세포, 생체물질(성장인자 같은), 생체적합 재료(뼈대, 컴퓨터 칩)로 이뤄진 혼합물이다.
줄기세포는 스스로 채워지면서 여러 가지 유형의 조직이 될 수 있는(분화다능) 세포들을 생성하는 능력을 갖춘 초기단계의 미분화 세포이다. 예를 들어 성체조직에서 유래한 줄기세포는 간엽세포(중간단계의 전구유형 세포)로 발달할 수 있고, 이는 다시 뼈, 힘줄, 인대를 만들어낼 수 있다. 배아줄기세포는 (배반포라 불리는) 4일에서 6일 된 배아에서 뽑아내며, 모든 유형의 조직을 만들 수 있기 때문에 분화만능인 것으로 생각된다.
핵이식 내지 복제는 배아줄기세포를 뽑아낼 수 있는 배반포를 만드는 데 쓰이는 기법이다. 공여자의 난자에서 핵을 제거하고 또 다른 사람에게서 얻은 유전물질을 난자에 주입해 이를 배반포 단계까지 성숙시킨다. 이 배반포에서 뽑아낸 줄기세포는 유전물질 공여자와 면역학적, 유전적으로 유사하므로, 그 공여자의 조직을 대체하거나 질병을 치료하는 데 쓰일 경우 (장기이식이나 인공장기의 경우에 그렇게 하듯) 면역억제를 할 필요가 없을 것이다. 이는 치료용 복제라고 불린다. 반면 살아 있는 아이를 만들 의도를 가지고 줄기세포를 뽑아내는 대신 배반포를 여성의 자궁에 이식하는 경우는 생식용 복제라고 불리며 현재 대다수의 국가들에서 금지돼 있다. 핵이식 기법의 변형태들은 일부 국가들과 미국의 일부 주들에서 금지돼 있다. 복제의 초기 참여자들에 대한 상세한 역사는 Hall(2003b)을 보라.

자본재, 건강과 노화 문제에 대한 해법의) 생산이라는 관념과 새로운 형태의 살아 있는 조직을 설계하고 증식시키고 투여하는 통제된 능력의 약속이라는 관념이 서로 뒤엉켜 있다.

재생의학의 서사에서 지배적인 주제 중 하나는 치유의 원천이 (기계적 내지 화학적 해결책과 비교할 때) 자연적인 것이라는 점과 관련돼 있다. 그러나 과정을 통제해야 하기 때문에 기술적 조력은 반드시 필요하다. 특정한 세포들이 다른 종류의 세포가 되도록 재설정하고, 원래 세포에게 이질적인 기능을 수행하도록 만들고, 단순히 증식하는 것이 아니라 3차원 구조를 이뤄서 임상의사들이 위치시킨 곳에 머무르도록 만드는 능력에는 몸과 신체 구성요소의 관계와 무엇이 생명을 구성하는가에 관한 문화적 관념들을 뒤흔드는 방식으로 생명과학과 공학기술을 재형성하는 것이 포함된다. 두 명의 재생의학 연구자들은 명시적으로 이 기법을 다른 종류의 엔지니어링 설계상의 도전에 비유했다. "세포가 안정된 방식으로 조직을 형성하도록 만드는 것은 본질적으로 엔지니어링 설계의 문제이다. 이는 안정성, 비용, 정부규제, 사회적 수용성이라는 고전적인 엔지니어링의 제약하에서 성취되어야 한다."(Griffith & Naughton, 2002: 1010) 생명 형태의 창조에서 기술적 조력은 생식의학, 복제, 착상전 유전자진단 기법에 관한 연구에서 정교화되어왔다.(Cussins, 1998; Franklin, 2001, 2005; Franklin & Roberts, 2006; Strathern, 1992; Franklin & Ragoné, 1998)

최근 STS 연구자들은 인체조직의 생산에서 기술적 도구, 경제, 교환 시스템이 맺고 있는 복잡한 관계에 대해 좀 더 미묘한 관점을 발전시켜왔다. 이는 몸의 상품화에 대한 분석을 몸의 비인간화, 환원, 구성 부분으로의 해체에 관한 제한된 논의, 그리고 기술과 몸에 대한 많은 연구들을 특징지어온 상업화 과정을 넘어서 더욱 확장시켰다. 이러한 관점은 물질성

없는 정보로서 몸의 담론적 본질에 대한 이전의 분석과도 다르다. 해러웨이(Haraway, 1997)는 "육신의 물신숭배(corporeal fetishism)"라는 용어를 써서, 새로운 기법들이 단지 살아 있는 것들을 사용하고 교환하는 방법에 그치는 것이 아니라 인간과 비인간 사물의 관계를 변화시키고 새로운 형태의 물질-기호학-작업의 대상을 만들어내기 위해 자연을 전유하는 것을 포함한다고 설명했다.

월드비는 "생명가치(biovalue)"라는 용어를 써서 생물기술이 만약 그것이 없었다면 거의 쓸모가 없었을 신체조직의 사용가치와 교환가치 모두를 어떻게 증가시켰는지를 묘사했다. 그녀는 이 용어가 "생물기술이 생명과정을 재구성함으로써 만들어진 생명력의 산출량"을 의미한다고 보았다.(Waldby, 2002: 310) 월드비는 그 결과 오랜 역사를 지닌 선물 교환의 형태가 기증자, 수혜자, 의료인, 기관들 간의 복잡하고 새로운 일단의 관계에 자리를 내주었다고 주장했다. 프랭클린과 록(Franklin & Lock, 2003)은 생산, 자본, 가치와 같은 용어들의 의미 그 자체가 변화하고 있다고 지적했다. 생명 그 자체가 명시적인 상업적 교환의 영역에 들어갈 수 있는 형태로 담론적, 물질적으로 전환되면서 생겨난 일이다. 인체 일부를 재사용하는 데서 그치지 않고 이를 수요에 맞춰 재설계하고 복제할 수 있는 능력은 전 지구적 규모에서 치료적(신체조직 복구) 내지 산업적(신약 발견, 진단법, 생물무기) 활용을 위한 복수의 플랫폼의 가능성을 열어준다. 그들은 카리스 커신스를 좇아, 예전에 자본축적의 근거를 이뤘던 생산 형태가 생명공학에서는 재생산으로 대체되고 있다고 주장했다. 그들의 말을 빌리면, 재생산하는 몸은—특히 신체조직의 복제품을 증식시킴으로써—노동하는 몸과는 다른 시스템과 사고방식의 규제를 받는다.(Franklin & Lock, 2003: 7) 이러한 변화에서 중심을 이루는 것은 약속자본(promissory capital)의 개념이다. 이는 약속된 미래의 수익에 근거한 투기성 모험사업을 위해 끌어들인 자본을 말한다.(Franklin, 2005; Hogle, 2003a; 아울러 몸의 상품화에 대한 논의는 이 책의 34장도 보라.)

그러나 재생의학이 어디서 어떤 형태로 허용되는지, 그것의 제품은 어떤 국경을 가로질러 교역될 수 있는지, 그것이 잠재적 사용자들이 곧장 구입할 수 있는 "기성품" 형태로 개발되는지, 아니면 환자 자신의 세포를 사용해 개인에게 특별히 맞춤형으로 개발되는지에 따라 복수의 경제가 존재할 수 있다. 그러한 경제는 가령 개인맞춤형 의료의 우선순위를 정하는 보건 프로그램, 생식의학의 실천과 배아 사용의 문화적, 역사적 상황성, 전 지구적 교역 시스템, 과학, 보건, 윤리의 영역에 대한 거버넌스의 형태 등을 포함하는 다른 시스템들과의 상호작용 속에서 발전한다.(Faulkner & Kent, 2001; Gottweis, 1998; Prainsack, 2004)

또 다른 시각에서 보면, 새로운 세포 기법들은 실험 시스템의 물질문화에서 새로운 시대를 열어 젖혔다. 세포배양의 역사를 탐구한 랜데커(Landecker, 2002, 2007)는 기존의 기법들이 어떻게 재결합되어 새로운 실험적 대상—몸 바깥에서 관찰 가능한 세포배양—을 만들어냈는지를 보여주었다. 이는 다시 새로운 개념인 **시험관 속의** 생명이 되었다. 랜데커의 분석에 따르면 사람들에게 충격을 안겨준 것은 [신체]물질이 몸 바깥에 존재할 수 있다는 점(다시 말해, 부분 대 전체의 관계를 개념화하는 문제)이 아니었다. 그보다는 생물학적 과정을 내부적이고 관찰불가능한 것에서 외부적이고 가시적이며 가공할 수 있는 것으로 사고하는 변화를 나타냈다. 신체조직을 죽어가는 과정에 있지 않고 살아 있는 것으로 사고하는 개념적 변화는 같은 시기에 몸 바깥에서 장기와 조직에 관류(장기나 조직에 혈액 내지 혈액 대용물을 공급해 순환시키는 것으로, 장기이식을 위해 적출된 장기의 사멸을 방지하는 데 필수적이다—옮긴이)를 시키려는 노력에 결정적으로 중요했다. 따라서 세포들이 실험과 보존에 용이하도록 만드는 것과 관련된 공간적, 시간적 재조직은 생물학 이론과 실천을 변화시키는 효과를 낳았다.

이와 유사하게 오늘날의 복제와 줄기세포 연구에서 세포를 탈분화시키고 다시 프로그래밍해 본래 하지 않던 기능을 수행하게 만드는 데는 과정을 이전 혹은 이후 시간으로 움직이는 시간기능과 본래 하지 않던 패턴으로 단백질을 유인해 활성화시키는 공간기능이 포함된다. 선택된 명세에 따라 세포들의 발달과 증식을 정지시키고 속도를 조절할 수 있는 능력은 불가능한 것으로 여겨졌던 생물학적 현상을 가능하게 하고 절차들이 안정화, 표준화될 수 있게 만든 새로운 시간성을 도입했다.(Sunder Rajan, 2003; Waldby, 2002)

그럼에도 불구하고 세포들은 도구로서 정당성을 가져야 한다. 도구가 "딱 맞는" 것은 숙련, 제도, 이론, 장비, 자금의 접합과 정렬의 결과일 뿐 아니라 그것이 존재하는 정치환경의 결과이기도 하다.(Clarke & Fujimura, 1998) 유럽의 연구자들은 재생의학에 대한 새로운 형태의 거버넌스를 다룬 STS 연구를 이끌어왔다.(Gottweis, 1998, 2002; Kent & Faulkner, 2002; Salter, forthcoming; Webster, 2005) 2005년에 브라이언 솔터와 그 동료들은 재생의학 상품의 경제적 지표들과 잠재적 시장을 분석해 모험자본이나 그 외 형태의 자본으로부터의 자금흐름을 추적했다. 이를 통해 그들은 국가경제 프로젝트와의 접합지점과 사적인 상업적 이해관계와의 접합지점 모두를 드러내고, 시장 지원의 빈틈과 변덕을 찾아내며, 국가와 과학의 이해관계를 진전시킬 수 있는 국제적 협력관계의 창출을 시도했다. 그들이 수행한 유럽 비교조사 연구는 강력한 문화적, 종교적 가치들이 과학적 쟁점들에 영향을 미친다는 사실을 인정할 필요가 있음을 말해주었다. 솔터는 과학의 권위에 근거해 과학정책 쟁점들을 결정하는 전통적인 기술관료적 수단이 연구가 계속되기 위해 필요한 다른 종류의 문화적 권위에 자리를 내주었다고 결론을 내렸다. EU의 자금지원 기획이나 복제기술의 전 지구적 금지를 둘러싼 유엔에서의 논쟁에는 모두 타협에 도달함으로써 초국적인 연구의 진행을 가능케 하기 위한 협상과 가치의 "문화적 교역"과정이 있었다. 이와 동시에, 서사가 변화하거나, 특정 집단이 새로운 기법을 추진하거나, 정치적 타협 시도에 참여하지 않은 새로운 참여자들이 포함되면서 타협이 불안정해지기도 한다. 한국, 중국, 인도, 그 외 서구 선진국이 아닌 다른 국가들의 진입은 생의학의 지식과 상품의 생산을 지배해온 국가들에 아마도 가장 위협적인 일일 것이다.

성체줄기세포와 배아줄기세포 연구는 배아의 도덕적 지위에 관한 질문을 제기하고 있는데, 이 문제는 여기서 자세하게 다루지 않았다.[10] 논쟁 관련 문헌에 뿌리를 둔 몇몇 내용 분석들이 나타나고 있는데, 이러한 연구들은 새로운 재생의학 기법들에 관한 서사가 윤리적 논쟁과 정치적 다툼을 형성하고 또 그것에 의해 형성되는 방식을 추적한다.(Leach, 1999; Priest, 2001) 과학 기자와 연구자들이 쓴 복제에 관한 대중 저술도 등장했다.(Hall, 2003b; Kolata, 1998; Wilmut et al., 2000) 많은 새로운 의료기술들과 마찬가

10) 배아가 파괴되지 않도록 특별한 보호를 받아야 하는가와 어떤 종류의 연구가 허용되어야 하는가의 문제는 Holland et al.(2001; 아울러 Mulkay, 1994도 보라.)에서 다뤄지고 있다. 배반포를 다루는 방법의 도덕적, 법률적 허용가능성의 윤곽을 그려내려는 시도는 무엇이 인간생명을 구성하는가를 정의하는 서로 경합하는 방식들—단계, 세포의 수, 생물표지, 자궁에 착상할 수 있는 능력 혹은 정자와 난자의 수정 그 자체—에 의해 어려움을 겪어왔다.(McGee & Caplan, 1999) 초기 생명에서 개인성을 정의하고 경계 짓는 선명한 구분선을 찾는 것은 지역 정치, 역사적 상황 속에서의 종교적, 문화적 영향, 경제에 의해 추동되는 국가 정책에 달려 있는 일종의 마지노선임이 드러났다.

지로, 한편으로는 효능, 무한한 융통성, 잠재적 수익성에 대한 과장된 주장들이, 다른 한편으로는 비도덕적 선택에 수반되는 결과가 재생의학에 관한 커뮤니케이션에서 중요한 역할을 수행하고 있다.

프랭클린(Franklin, 2005: 59)은 커뮤니케이션 매체, 투자자, 소비자, 다양한 대중 구성원들 사이의 공생관계를 멋지게 그려냈다. 그녀는 줄기세포가 배양물 속에서 성장하는 데 필요한 세포 "영양층(feeder layer)"과의 유추를 사용했다. "직접적 언론보도라는 영양 시스템(feeder system)은 줄기세포 연구에서의 발전을 중증이고 몸을 망가뜨리며 종종 치명적인 증상들의 치료가능성과 연결시킨다. 줄기세포 기술을 생물학적 통제의 증가를 통한 희망, 건강, 향상된 미래라는 수사적 구조 속에 안정적으로 묶어둠으로써 말이다." 재생의학 연구에 대한 입장을 지배적인 정치적, 종교적, 내지 과학적 관점과 부합하는 것으로 제시하기 위해 상당한 노력이 경주돼 왔다. 이는 재생의학을 의료과학이 정치에서 가질 수 있는 중대한 이해관계를 보여주는 극적인 사례로 만든다. 대안적 명명방식, 교차분화나 융합에 관한 이론, 그리고 최근 과학자가 아닌 정치인에 의해 제안된 대안적 줄기세포 획득 기법들은 정치적 유권자들의 지지를 잃지 않고 연구와 상업을 가능케 하려는 시도이다. 과학자, 정치인, 공익단체들의 편에서 그런 작업들은 공공적 책임에 대한 대응이 새롭게 등장하는 기술 속에 내장된 새로운 형태의 윤리를 예시하는 것일 수 있다. 궁극적으로는 세포가 들어있지 않은 생물재료들이 논쟁을 아예 피할 수 있는 방법으로 성공을 거둘지도 모른다.

일부 관찰자들은 "과학의 사안"이 대중 정치에 그 정도로 말려들게 되었다는 사실에 놀라움을 표시하지만, 발생학과 발달생물학에 대한 역사적 연구들은 과거의 과학적 논쟁들이 현재의 논쟁에 어떻게 계속 영향을 미치고 있는지 보여준다.(Hopwood, 2000; Maienschein, 2003) 생명의 시작, 성장, 끝을 파악하는 데 적용된 종류의 증거와 추론은 오늘날의 이론과 연구 실천을 위한 맥락을 확립했지만, 염두에 두었던 목표는 사뭇 달랐다.[11] 배아를 다루는 기구와 기법들—수집된 표본, 현미경, 절개를 위한 박편 절단기—은 이 분야를 오늘날의 발달생물학으로 변화시키는 데 결정적인 것이 되었다. 초기의 발생학자들은 그러한 도구들을 사용해 임신 기간 동안의 발달을 생의학의 영역으로 집어넣었고, 이러한 노력을 배아에 대한 해석들을 규율하고 조절하는 프로젝트의 일부로 만들었다.(Morgan, 1999)[12] 오늘

11) 배아는 오랫동안 정치적 행위자로 소환돼왔고, 특히 시각화 기법들과 전시된 배아 표본 수집물이 배아를 발생학자와 일부 대중 구성원들 모두에게 좀 더 잘 보이게 만들면서 이런 경향은 더욱 강화되었다.(Morgan, 1999) Hartouni(1997), Rapp(1999) 등은 오늘날의 배아 정치에서, 발달 중인 태아의 이미지(태아를 덜 추상적이고 좀 더 알아볼 수 있는 존재로 만들어준 초음파 영상, 양수검사 보고서, 그 외의 다른 재현들)를 얻을 수 있게 되면서 낙태반대 활동가들의 캠페인을 강화시키는 방식의 인격화가 나타났다고 보았다. 인쇄된 초음파 사진은 빠른 속도로 대중문화 속에서 임신 경험의 정상화된 일부가 되었다. 최근 들어 산과 의사들은 시험관수정 시술에서 얻어진 배반포의 사진을 부부에게 제공해왔는데, 이는 좀 더 초기단계(8-16세포기)의 "생명"을 시각화하고 있다. 그러나 모건은 20세기 초에는 이미지 그 자체로 인해 인격화가 나타나지는 않았다고 주장했다. 당시의 배아는 낙태 문제보다는 인종, 진화, 인간과 비인간 종의 관계 문제와 좀 더 연결돼 있었다.(Morgan, 1999) 배아라는 용어는 초기의 발생학자들과 별로 관련이 없었다. 그들은 존재의 단계들에 이름을 붙이는 것보다는 형태 발생의 과정, 그리고 종의 유래와 발달상의 분기에 단서를 줄 수 있는 공통점 내지 차이점을 파악하는 데 더 관심이 있었기 때문이다.(Maienschein, 2003)

12) 아울러 역사적 연구는 실험적 수단을 통해 생명을 만들어내는 것에 관한 오늘날의 사고와 관련해서도 깨우쳐주는 바가 있다. 19세기 말에 루와 드리치가 (각각 개구리와 섬게를 가지고) 했던 재생에 관한 실험은 생성과정의 조절 문제를 다루었다. 즉 발달이 환경적 요인들에 의해 시작되는지, 아니면 세포 내부로부터 추동되는지 하는 문제였다.(Maienschein, 2003; Pauly, 1987) 단성생식에 관한 초기의 연구들을 다룬 상세한 개설 논문에서, 폴리는 자크 로브가 어떻게 모든 생명이 제작될 수 있다는 증거를 찾으려 했는지를 보여준다. 로브는 모든 생물학적 현상—행동을 포함해서—에는 기계적인 설명이 존재한다고 믿었다.

날의 해석들은 계속해서 크게 논쟁의 대상이 되고 있지만, 새로운 기법들은 그 이유의 일부만을 차지할 뿐이다. 배아의 지위에 관한 논쟁은 초기의 협상과 재현에 의해 굴곡을 겪은 것이 분명하다.

생명을 통제하는 공학적 접근은 오늘날 합성생물학과 시스템생물학의 새로운 기법들을 통해 새롭게 등장하는 의료기술도 지배하고 있다. 20세기 말에 일어난 유전자에서 3차원 시스템으로의 전환은 21세기 들어 세포 이하 수준으로 이동하고 있다. 나노생명공학이 생명의 작동 방식에 대한 근본적 이해를 한층 더 바꿔놓고 있기 때문이다.

나노생명공학(NBTs)은 가장 근본적인 분자 벽돌 수준에서 작동한다.(Toumey, 2004) 1나노미터(nm)는 1밀리미터의 100만분의 1이며, 대다수의 NBT는 0.1에서 100nm 범위에서 기능하면서 개별 원자와 분자들을 조작한다. 생물학적 과정을 이용해 새로운 장치와 재료를 만들어내거나—막대와 전선의 자기조립으로 바이오센서를 만드는 것처럼—금속 원자를 몸속의 단백질에 부착해 신체 내부에 머무르는 진단 시스템을 형성할 수 있게 된다면, 인간의 몸과 기술의 적절한 관계가 무엇인가 하는 오래된 질문이 되살아날 것이다.

NBT의 생의학적 응용에는 진단 용도와 치료 용도가 모두 포함된다.(생화학 모니터, 약물 전달 시스템, 넓은 영역 대신 암세포를 표적으로 움직이는 열방출 분자들) 여기에 더해 NBT는 원자 수준에서의 현상을 관찰하는 방법을 가능케 해준다.(DNA의 운동을 관찰하기 위한 양자점, 주화성[走化性, 세포가 자극제에 의해 유인되거나 반발하는 능력]을 관찰하기 위한 미세유체공학과 통문[通門] 시스템) 신체 내부에 머무르는 센서와 신호 시스템이라는 아이디어는 위험에 관한 질문뿐 아니라 보안, 프라이버시, 외부 통제에 관한 우려를 제기한다.

자기조립하는 DNA, 인공세포, 최소 유전자는 본질적으로 모호하다. 인간이 방향을 지시하지만 몸속에서 만들어지는 그러한 존재들을 법률-규제적 목적에서, 혹은 인간됨의 의미에서, 혹은 더 나아가 생물됨의 의미에서 어떻게 생각해야 하는가? 그처럼 긴밀하게 신체 내부에 머무르는 장치들이 "정상적"인 몸이라는 문화적 개념을 어떻게 변화시킬 수 있으며, 우리는 인간 기술 경계면에 미치는 변화를 어떻게 이해해야 하는가? 누가 "사용자"이며, 누가 의도와 행위능력을 갖는가? 중요한 문제로, 이는 누구에게, 어떤 목적에서 중요한가? 이러한 기술들은 엄청난 도덕적, 법률적, 과학적, 상업적 함의를 갖고 있으며, 이에 관한 대중적, 정치적 논쟁은 이 분야에 영향을 미칠 수 있다.

의료기술에 관한 STS 연구의 미래

생체공학, 강화기술, 재생의학, 나노생명공학은 스트래턴(Strathern, 1992)이 후기 근대의 테크노사이언스에 관한 자신의 논평에서 묘사했던 새롭게 등장하는 종류의 기술들을 나타낸다. 그녀에 따르면 설계와 통제라는 과도하게 수량화된 문화적 기법을 통해 대문자 자연에 도움을 줄 수 있다. 자연적 존재들이 어떠한 것이어야 하는가에 관한 본질화된 관념에 부합하도록 특질을 변경하는 방식으로 말이다. 그러나 의료기술을 통해 물질적 존재를 최적화하려는 노력은 기업, 생물학, 의료, 문화의 회로 없이는 가능하지 않다. 이러한 영역들 간의 점점 복잡해지는 관계 속에 놓인 새로운 기술들에는 "경제 거버넌스와 생물학에 대한 전통적 이해를 재구성하는 새롭게 등장하는 생명 형태들이 포함돼 있다."(Franklin, 2005: 60)

줄기세포와 유전체 프로젝트 같은 생물학 기획들에는 전 지구적 협력

뿐만 아니라 국가적 의제나 생명자본을 포획하려는 욕망에 근거한 경쟁이 포함된다. 후지무라(Fujimura, 2003)는 생물정보학과 유전체과학에 관한 자신의 논문에서, 일본 과학자들이 문화를 하나의 도구로서 조작하고 있다고 주장한다. 국가의 경제적 우선순위와 일본 사회의 이상 모두와 부합하도록 세상을 만들어내거나 재정리하는 또 다른 도구로서 말이다. 후지무라와 마찬가지로 래비노와 댄-코언(Rabinow & Dan-Cohen, 2005; Rabinow, 1996)은 힘을 부여하는 기술과 사회 시스템의 도입을 통해 기업가적 생의학이 특정한 종류의 미래를 만드는 방식에 관심이 있다. 사회과학자들이 직면한 도전은 그처럼 멀리까지 미치고 전 지구적으로 퍼져 있는 현상을 어떻게 연구할 것인가에 있다.

예전에는 의료와 관련된 사회관계를 갖고 있는 것으로 생각되지 않았던 다른 영역들과의 교차현상이 점차 나타나고 있다. 국방산업과 정부기구들은 오래전부터 병사들의 수행능력과 생존율을 변화시키기 위한 의료적 개입과 강화를 연구해왔다.(Gray, 2001; Hoag, 2003; Talbot, 2002) 새로운 제품의 마케팅과 판촉 기법들은 상표 충성도를 연구하기 위해 뇌 스캐닝을 활용하고 있다.(Huang, 2005) 세포 기술의 일차적인 시장은 치료법보다는 신약 발견을 가능케 하는 도구(Hogle, 2005)가 될 가능성이 가장 높다. 그러한 기술들이 어떻게 의료적, 비의료적 중요성을 갖는지, 하나의 영역에서 만들어진 가정이 어떻게 영역들을 가로지르는지, 치료, 재활, 치유, 정상화가 새로운 의미를 발전시킬 수 있는 시스템에 대해서는 어떤 함의를 갖는지 등을 이해하는 것이 필요하다.

의료기술이 어느 정도로 비공식 경제의 일부가 되는지는 STS 내에서 충분히 주목을 받지 못하고 있다. 의료기술에 대한 대다수의 분석들은 국가가 인가한 교환 시스템과 규제체계의 경계를 가정하고 있어 그러한 기술들이 병원, 진료소, 실험실에서 취하는 가시적인 형태만을 분석한다. 현금이 부족한 가난한 나라의 사람들은 흔한 약제나 수입 약제부터 실험실 장비에 이르는 상품들을 인가된 공식 경로 바깥에서 국경을 넘어 조달하고 교환하는 방법을 알고 있다. 노드스트롬(Nordstrom, 2004)이 명명한바 이러한 "그림자 경제"는 불법적 활동에 국한된 것이 아니다. 이는 종종 합법, 불법, 유사합법의 분할을 가로지르며 사람들과 자원의 광범한 연결망을 포함한다. 길거리 판매상, 중개인, 부유층 등은 서구와 동구의 제조업체, 국제 NGO의 발전 프로그램, 비공식 경제를 오가는 현금의 흐름을 연결하는 안정되고 정상화된 국제적 연결망을 형성한다. 전쟁지역에서의 군사적 의료품 보급과 개발기구들에서 온 모니터링이 안 되는 상품 중 그림자 경제로 귀결되는 것들은 애초 의도했던 대상보다 훨씬 더 많은 사람들에게 적절한 비용의 보건의료 수단을 제공할 뿐 아니라 이것의 판매에서 나온 수익은 지역경제와 초국적 경제로 다시 돌아간다. 면역억제제의 사용은 장기에 대한 중개 시스템을 만들어내는 의도하지 않은 영향을 낳고 있다.

좀 더 공식화된 방식으로는 많은 국가들이 산업화된 나라들에서 첨단기술 의료의 높은 비용으로 인해 초래된 제약을 이용해, 건강 "관광객"을 특별히 겨냥한 병원, 수술 서비스, 실험적 치료소를 설립함으로써 수익을 얻고 있다. 오늘날 태국, 인도, 브라질, 구소련 국가들은 비용이 저렴한 무릎관절 치환술, 성형수술, 암치료, 실험적 세포 치료법을 찾는 환자들을 끌어들이고 있다. 이런 시술을 하는 의사들은 미국이나 영국에서 훈련을 받았을 가능성이 높다. 불임시술이나 장기이식은 사람들이 선호하며 수익성이 높은 서비스가 되었다. 해당 국가에 거주하지 않는 사람이 그런 치료법에 접근하는 것을 어느 정도 제약하는 규제가 있는데도 말이다. 의사면허가 없는 시술자들이 위험 정도를 알 수 없는 검증되지 않은 치료법을 시술하는 것은 전 지구적 교역을 계속 끌어들이고 있지만, 이러한 새로운 현상은 절망적인 환자들이 자국에서는 승인되지 않은 치료를 받기 위해 다른 나라로 여행하는 패턴이 약간 바뀐 것에 불과하다. 선진기술과 그것이 가난한 나라에서 겪는 운명뿐 아니라 연구가 덜 된 국가들에서 나온 혁신에 대해서도 좀 더 많은 연구가 이뤄질 필요가 있다.(Prasad, 2005)

장기이식 환자들은 보험회사가 약물치료에 지불하는 한도 금액을 넘어버린 동료 환자들을 주차장에서 만나 면역억제제를 사고판다. 나이 든 미국인들은 처방약을 캐나다에서 구입한다. 고등학교와 대학교 학생들은 경쟁적인 환경 속에서 더 나은 시험성적을 올리게 해준다는 리탈린(주의력결핍과잉행동장애[ADHD]의 치료에 쓰이는 약물로 성분명은 메틸페니데이트[methylphenidate]이다. 중추신경을 흥분시켜 집중력과 기억력 등 두뇌활동 능력을 높여준다는 이유로 학생이나 기자 등 관련 직종의 사람들이 처방 외 용도로 사용하는 경우가 늘어나고 있다—옮긴이)을 동료 학생들에게 판매한다. 운동선수들은 산소활용 능력을 높이기 위해 혈액을 구입하고, 중개인들은 전 세계 시장을 상대로 난자를 판매하며, 환자들은 퇴행성 질환에 대한 줄기세포 치료를 받기 위해 중국으로 여행을 간다. 결국 의료기술들은 주류 경제와 제품 계획으로부터 분리할 수 없는 새로운 형태의 경제적 가능성과 정치권력의 창출에 연루돼 있다.

삶, 노동, 거버넌스에 그토록 극적인 영향을 미치는 점을 감안하면, 의료기술에 대한 연구가 과학기술과 사회 연구에서 학자들이 집중적으로 주목해온 영역이라는 점은 그리 놀라운 일이 아니다. 21세기에 새롭게 나타나는 기법, 지식 형태, 실천들은 미래의 의료기술 연구를 위한 비옥한 토양이 되어줄 것을 약속하고 있으며, 좀 더 일반적으로 과학기술과 사회에 대한 이해에도 기여할 것이다.

참고문헌

American Society of Plastic Surgeons (ASPS) (2004) "Procedural Statistics Trends 1992–2004." Available at: http://www.plasticsurgery.org.

Balsamo, Anne (1992) "On the Cutting Edge: Cosmetic Surgery and the Technological Production of the Gendered Body," *Camera Obscura* 28: 207–239.

Barley, Stephen (1988) "The Social Construction of a Machine: Ritual, Superstition, Magical Thinking, and Other Pragmatic Responses to Running a CT Scanner," in M. Lock & D. Gordon (eds), *Biomedicine Examined* (Boston: Kluwer): 497–540.

Behar, Michael (2004) "Will Genetics Destroy Sports? A New Age of Biotechnology Promises Bigger, Faster, Better Bodies," *Discover* 25(7): 40–45.

Berg, Marc (1997) *Rationalizing Medical Work: Decision Support Techniques and Medical Problems* (Cambridge, MA: MIT Press).

Berg, Marc & Annemarie Mol (eds) (1998) *Differences in Medicine: Unraveling Practices, Techniques, and Bodies* (Durham, NC: Duke University Press).

Biehl, João, Denise Coutinho, & Ana Luzia Outeiro (2001) "Technology and Affect: HIV/AIDS Testing in Brazil," *Culture, Medicine, and Psychiatry* 25: 87–129.

Bijker, Wiebe, Thomas Hughes, & Trevor Pinch (eds) (1987) *The Social Construction of Technological Systems* (Cambridge, MA: MIT Press).

Blume, Stuart (1992) *Insight and Industry: On the Dynamics of Technological Change in Medicine* (Cambridge, MA: MIT Press).

Blume, Stuart (1997) "The Rhetoric and Counter-Rhetoric of a 'Bionic' Technology," *Science, Technology & Human Values* 22(1): 31–56.

Bordo, Susan (1998) "Braveheart, Babe, and the Contemporary Body," in E. Parens (ed), *Enhancing Human Traits: Ethical and Social Implications* (Washington, DC: Georgetown University Press): 189–220.

Bostrom, Nick (2003) "Human Genetic Enhancements: A Transhumanist Perspective," *Journal of Values Inquiry* 37(4): 493–506.

Bowker, Geoffrey & Leigh Star (1999) *Sorting Things Out: Classification and Its Consequences* (Cambridge, MA: MIT Press).

Brown, Nik & Mike Michaels (2001) "Switching Between Science and Culture in Transpecies Transplantation," *Science, Technology, & Human Values* 26(1): 3–23.

Brown, Nik & Andrew Webster (2004) *New Medical Technologies and Society: Reordering Life* (Malden, MA: Polity Press).

Cambrosio, Alberto & Peter Keating (1992) "A Matter of FACS: Constituting Novel Entities in Immunology," *Medical Anthropology Quarterly* 6(4): 362–384.

Caplan, Arthur & Carl Elliott (2004) "Is It Ethical to Use Enhancement Technologies to Make Us Better Than Well?" *Public Library of Science Medicine* 1(3): 172–175. Available at: http://www.plosmedicine.org.

Cartwright, Lisa (1995) *Screening the Body: Tracing Medicine's Visual Culture* (Minneapolis: University of Minnesota Press).

Casper, Monica & Marc Berg (1995) "Constructivist Perspectives on Medical Work: Medical Practices and Science and Technology Studies," *Science, Technology, & Human Values* 20(4): 395–407.

Casper, Monica & Adele Clarke (1998) "Making the Pap Smear into the 'Right Tool' for the Job: Cervical Cancer Screening in the USA, Circa 1940–95," *Social Studies of Science* 28(2): 255–290.

Clarke, Adele & Joan Fujimura (1998) "What Tools? Which Jobs? Why Right?" in A. Clarke & J. Fujimura (eds), *The Right Tools for the Job* (Princeton, NJ: Princeton University Press): 3–44.

Clarke, Adele & Theresa Montini (1993) "The Many Faces of RU486: Tales of Situated Knowledges and Technological Contestations," *Science, Technology, & Human Values* 19(1): 42–78.

Cussins, Charis (1998) "Producing Reproduction: Techniques of Normalization and Naturalization in Infertility Clinics," in A. Franklin & H. Ragoné (eds), *Reproducing Reproduction: Kinship, Power, and Technological Innovation* (Philadelphia: University of Pennsylvania Press): 66–101.

Davis, Audrey (1981) *Medicine and Its Technology: An Introduction to the History of Medical Instrumentation* (Westport, CT: Greenwood Press).

Davis, Kathy (1995) *Reshaping the Female Body: The Dilemma of Cosmetic Surgery* (New York: Routledge).

Davis, Lennard (1995) *Enforcing Normalcy: Disability, Deafness and the Body* (New York: Verso).

Dumit, Joseph (2000) "When Explanations Rest: 'Good-Enough' Brain Science and the New Sociomedical Disorders," in M. Lock, A. Young, & A. Cambrosio (eds),

Living and Working with the New Biomedical Technologies: Intersections of Inquiry (Cambridge: Cambridge University Press): 209–232.

Dumit, Joseph (2003) "Liminality, Ritual, and the Brain Image: Pharmaceutical Reflections," plenary talk at the ASA Decentennial, Manchester, U.K., July 14–18.

Dumit, Joseph (2004) *Picturing Personhood* (Princeton, NJ: Princeton University Press).

Elliott, Carl (2003) *Better Than Well: American Medicine Meets the American Dream* (New York: Norton).

Epstein, Stephen (1996) *Impure Science: AIDS, Activism, and the Politics of Knowledge* (Berkeley: University of California Press).

Farah, M. & Paul Wolpe (2004) "Monitoring and Manipulating Brain Function: New Neuroscience Technologies and Their Ethical Implications," *Hastings Center Report* 34(3): 35–45.

Faulkner, Alex & Julie Kent (2001) "Innovation and Regulation in Human Implant Technologies: Developing Comparative Approaches," *Social Science and Medicine* 53: 895–913.

Featherstone, Mike (1991) "The Body in Consumer Culture," in M. Featherstone, M. Hepworth, & B. Turner (eds), *The Body: Social Process and Cultural Theory* (London: Sage): 170–196.

Forsythe, Diana (1996) "New Bottles, Old Wine: Hidden Cultural Assumptions in a Computerized Explanation System for Migraine Sufferers," *Medical Anthropology Quarterly* 10(4): 551–574.

Foucault, Michel (1974) *The Birth of the Clinic: An Archaeology of Medical Perception* (New York: Random House).

Foucault, Michel (1978) *The History of Sexuality*, vol. 1: *An Introduction* (New York: Pantheon).

Fox, Renée & Judith Swazey (1974) *The Courage to Fail: A Social View of Organ Transplants and Dialysis* (Chicago: University of Chicago Press).

Fox, Renée & Judith Swazey (1992) *Spare Parts: Organ Replacement in American Society* (New York: Oxford University Press).

Fox, Renée & Judith Swazey (2004) "'He Knows That Machine Is His Mortality': Old and New Social and Cultural Patterns in the Clinical Trial of the AbioCor Artificial Heart," *Perspectives in Biology and Medicine* 47(1): 74–99.

Franklin, Sarah (2001) "Culturing Biology: Cell Lines for the Second Millennium," *Health* 5(3): 335 – 354.

Franklin, Sarah (2005) "Stem Cells R Us: Emergent Life Forms and the Global Biological," in A. Ong & S. Collier (eds), *Global Assemblages: Technology, Politics, and Ethics as Anthropological Problems* (Malden, MA: Blackwell): 59 – 78.

Franklin, Sarah & Margaret Lock (eds) (2003) *Remaking Life and Death: Toward an Anthropology of the Biosciences* (Santa Fe, NM: School of American Research).

Franklin, Sarah & Helena Ragoné (1998) *Reproducing Reproduction: Kinship, Power and Technological Innovation* (Philadelphia: University of Pennsylvania Press).

Franklin, Sarah & Celia Roberts (2006) *Born and Made: An Ethnography of Preimplantation Genetic Diagnosis* (Princeton, NJ: Princeton University Press).

Fujimura, Joan (1987) "Constructing Do-able Problems in Cancer Research: Articulating Alignment," *Social Studies of Science* 17: 257 – 293.

Fujimura, Joan (2003) "Future Imaginaries: Genome Scientists as Sociocultural Entrepreneurs," in A. Goodman, D. Heath, & S. Lindee (eds), *Genetic Nature/Culture: Anthropology and Science Beyond the Two-Culture Divide* (Berkeley: University of California Press): 176 – 199.

Fukiyama, Frances (2002) *Our Posthuman Future: Consequences of the Biotechnology Revolution* (New York: Farrar, Straus, and Giroux).

Gilman, Sander (1999) *Making the Body Beautiful: A Cultural History of Aesthetic Surgery* (Princeton, NJ: Princeton University Press).

Gottweis, Herbert (1998) *Governing Molecules: The Discursive Politics of Genetic Engineering in Europe and the United States* (Cambridge, MA: MIT Press).

Gottweis, Herbert (2002) "Stem Cell Policies in the United States and Germany: Between Bioethics and Regulation," *Policy Studies Journal* 30: 444 – 469.

Gray, Chris H. (2001) *Cyborg Citizen: Politics in the Posthuman Age* (New York: Routledge).

Griffith, Linda & Gail Naughton (2002) "Tissue Engineering: Current Challenges and Expanding Opportunities," *Science* 295(5557): 1009 – 1014.

Haiken, Elizabeth (1997) *Venus Envy: A History of Cosmetic Surgery* (Baltimore, MD: Johns Hopkins University Press).

Hall, Stephen (2003a) "The Quest for a Smart Pill," *Scientific American* 289(3): 54 – 65.

Hall, Stephen (2003b) *Merchants of Immortality: Chasing the Dream of Human Life Extension* (New York: Houghton Mifflin).

Haraway, Donna (1991) *Simians, Cyborgs and Women: The Reinvention of Nature* (New York: Routledge).

Haraway, Donna (1997) *Modest Witness@Second Millenium—FemaleMan Meets OncoMouse: Feminism and Technoscience* (New York: Routledge).

Hartouni, Valerie (1997) *Cultural Conceptions: On Reproductive Technologies and the Remaking of Life* (Minneapolis: University of Minnesota Press).

Hayles, N. Katherine (1999) *How We Became Posthuman: Virtual Bodies in Cybernetics, Literature, and Information* (Chicago: University of Chicago Press).

Healy, Melissa (2004) "Botox for the Brain," *Los Angeles Times*, December 20, p. F1.

Hoag, Hannah (2003) "Remote Control: Could Wiring Up Soldiers' Brains to the Fighting Machines They Control Be the Future Face of Warfare?" *Nature* 423: 796–797.

Hogle, Linda F. (2003a) "Life/Time Warranty: Rechargeable Cells and Extendable Lives," in S. Franklin & M. Lock (eds), *Remaking Life and Death: Toward an Anthropology of the Biosciences* (Santa Fe, NM: School of American Research): 61–96.

Hogle, Linda F. (2003b) "The Anthropology of Bioengineering," *Anthropology Newsletter* 44(4).

Hogle, Linda F. (2005) "Enhancement Technologies and the Body," *Annual Review of Anthropology* 34: 695–716.

Holland, Suzanne, Karen Lebacqz, & Laurie Zoloth (eds) (2001) *The Human Embryonic Stem Cell Debate: Science, Ethics, and Public Policy* (Cambridge, MA: MIT Press).

Hopwood, Nick (2000) "Producing Development: The Anatomy of Human Embryos and the Norms of Wilhelm His," *Bulletin of the History of Medicine* 74(1): 29–79.

Howell, Joel (1995) *Technology in the Hospital: Transforming Patient Care in the Early Twentieth Century* (Baltimore, MD: Johns Hopkins University Press).

Huang, Gregory (2005) "The Economics of Brains," *Technology Review* (May): 74–76.

Kaufman, Sharon & Lynn Morgan (2005) "The Anthropology of the Beginnings and Ends of Life," *Annual Review of Anthropology* 34: 337–362.

Keating, Peter & Alberto Cambrosio (2003) *Biomedical Platforms: Realigning the*

Normal and the Pathological in Late-Twentieth-Century Medicine (Cambridge MA: MIT Press).

Kent, Julie & Alex Faulkner (2002) "Regulating Human Implant Technologies in Europe: Understanding the New Regulatory Era in Medical Device Regulation," *Health, Risk and Society* 4(2): 189–209.

Koenig, Barbara (1988) "The Technological Imperative in Medical Practice: The Social Creation of a 'Routine' Treatment," in M. Lock & D. Gordon (eds), *Biomedicine Examined* (Boston: Kluwer): 465–496.

Kohrman, Matthew (2003) "Why Am I Not Disabled? Making State Subjects, Making Statistics in Post-Mao China," *Medical Anthropology Quarterly* 17(1): 5–24.

Kolata, Gina (1998) *Clone: The Road to Dolly and the Path Ahead* (New York: William Morrow).

Kurzman, Stephen (2002) "There Is No Language for This: Communication and Alignment in Contemporary Prosthetics," in K. Ott, D. Serlin, & S. Mihm (eds), *Artificial Parts, Practical Lives: Modern Histories of Prosthetics* (New York: New York University Press): 227–248.

Kurzman, Stephen (2003) *Performing Able-Bodiedness: Amputees and Prosthetics in America*, Ph.D. diss., University of California, Santa Cruz.

Landecker, Hannah (2007) *Culturing Life: How Cells Become Technologies* (Cambridge, MA: Harvard University Press).

Landecker, Hannah (2002) "New Times for Biology: Nerve Culture and the Advent of Cellular Life in Vitro," *Studies in History and Philosophy of Biological and Biomedical Sciences* 33: 567–623.

Latour, Bruno (1993) *We Have Never Been Modern* (Cambridge, MA: Harvard University Press).

Leach, J. (1999) "Cloning, Controversy, and Communicaton," in E. Scanlon, R. Hill, & K. Junker (eds), *Communicating Science: Professional Contexts* (New York: Routledge): 218–230.

Lock, Margaret (2002) *Twice Dead: Organ Transplants and the Reinvention of Death* (Berkeley: University of California Press).

Lock, Margaret, Alan Young, & Alberto Cambrosio (eds) (2000) *Living and Working with the New Medical Technologies: Intersections of Inquiry* (New York: Cambridge University Press).

Löwy, Ilana (2000) "Trustworthy Knowledge and Desperate Patients: Clinical Tests for New Drugs from Cancer to AIDS," in M. Lock, A. Young, & A. Cambrosio (eds), *Living and Working with the New Medical Technologies* (New York: Cambridge University Press): 49 – 81.

Lupton, Deborah & Wendy Seymour (2000) "Technology, Selfhood, and Physical Disability," *Social Science and Medicine* 50(12): 1851 – 1862.

Maienschein, Jane (2003) *Whose View of Life? Embryos, Cloning and Stem Cells* (Cambridge, MA: Harvard University Press).

Marks, Harry (1993) "Medical Technologies: Social Contexts and Consequences," in W. Bynum & R. Porter (eds), *Companion Encyclopedia of the History of Medicine*, vol. 1 (London: Routledge): 1592 – 1618.

Marks, Harry (1997) *The Progress of Experiment: Science and the Therapeutic Reform in the United States, 1900–1990* (New York: Cambridge University Press).

Martin, Emily (1992) "The End of the Body?" *American Ethnologist* 19(1): 121 – 140.

Martin, Emily (1994) *Flexible Bodies: Tracking Immunity in American Culture: From the Days of Polio to the Age of AIDS* (Boston: Beacon Press).

McGee, Glenn & Arthur Caplan (1999) "What's in the Dish? Ethical Issues in Stem Cell Research," *Hastings Center Report* 29(2): 109 – 136.

Mol, Annemarie (2000) "What Diagnostic Devices Do: The Case of Blood Sugar Measurement," *Theoretical Medicine and Bioethics* 21: 9 – 22.

Mol, Annemarie (2002) *The Body Multiple: Ontology in Medical Practice* (Durham, NC: Duke University Press).

Morgan, Lynn (1999) "Materializing the Fetal Body: Or What Are Those Corpses Doing in Biology's Basement?" in L. Morgan & M. Michaels (eds), *Fetal Subjects, Feminist Positions* (Philadelphia: University of Pennsylvania Press): 43 – 60.

Mulkay, Michael (1994) "The Triumph of the Pre-embryo: Interpretations of the Human Embryo in Parliamentary Debate Over Embryo Research," *Social Studies of Science* 24: 611 – 639.

Nelkin, Dorothy & Laurence Tancredi (1989) *Dangerous Diagnostics: The Social Power of Biological Information* (New York: Basic Books).

Nordstrom, Carolyn (2004) *Shadows of War: Violence, Power, and International Profiteering in the Twentyfirst Century* (Berkeley: University of California Press).

Ott, K., D. Serlin, & S. Mihm (2002) *Artificial Parts, Practical Lives: Modern Histories*

of Prosthetics (New York: New York University Press).
Oudshoorn, Nelly (2003) *The Male Pill: A Biography of a Technology in the Making* (Chapel Hill, NC: Duke University Press).
Parens, Erik (1998) *Enhancing Human Traits: Ethical and Social Issues* (Washington, DC: Georgetown University Press).
Pauly, Philip (1987) *Controlling Life: Jacques Loeb and the Engineering Ideal in Biology* (New York: Oxford University Press).
Petchesky, Rosalind (1987) "Fetal Images: The Power of Visual Culture in the Politics of Reproduction," *Feminist Studies* 13(2): 263–292.
Petryna, Adriana (2005) "Ethical Variability: Drug Development and Globalizing Clinical Trials," *American Ethnologist* 32(2): 183–197.
Pickering, Andrew (1992) "From Science as Knowledge to Science as Practice," in A. Pickering (ed), *Science as Practice and Culture* (Chicago: University of Chicago Press): 1–28.
Plough, Alonzo (1986) *Borrowed Time: Artificial Organs and the Politics of Extending Lives* (Philadephia: Temple University Press).
Porter, Roy (2001) "Medical Science," in R. Porter (ed), *Cambridge Illustrated History of Medicine* (Cambridge: Cambridge University Press): 154–242.
Post, Stephen & Robert Binstock (2004) *Fountain of Youth: Cultural, Scientific and Ethical Perspectives on a Biomedical Goal* (New York: Oxford University Press).
Prainsack, Barbara (2004) "Negotiating Life: The Biopolitics of Embryonic Stem Cell Research and Human Cloning in Israel," paper presented to the EASST conference, Paris, August 27.
Prasad, Amit (2005) "Scientific Culture in the 'Other' Theater of 'Modern Science': An Analysis of the Culture of Magnetic Resonance Imaging Research in India," *Social Studies of Science* 35(3): 463–489.
President's Council on Bioethics (2003) "Beyond Therapy: Biotechnology and the Pursuit of Happiness." Available at: http://www.bioethics.gov/reports/beyondtherapy.
Priest, Susanna Hornig (2001) "Cloning: A Study in News Production," *Public Understanding of Science* 10: 59–69.
Rabinow, P. (1992) "Artificiality and Enlightenment: From Sociobiology to Biosociality," in F. Delaporte (ed), *Incorporations* (New York: Zone Books): 234–251.

Rabinow, Paul (1996) *Making PCR: A Story of Biotechnology* (Chicago: University of Chicago Press).

Rabinow, Paul & Talia Dan-Cohen (2005) *A Machine to Make a Future: Biotech Chronicles* (Princeton, NJ: Princeton University Press).

Rapp, Rayna (1999) *Testing Women, Testing the Fetus: The Social Impact of Amniocentesis in America* (New York: Routledge).

Rapp, Rayna, Deborah Heath, & Karen-Sue Taussig (2001) "Genealogical Disease: Where Hereditary Abnormality, Biomedical Explanation and Family Responsibility Meet," in S. Franklin & S. McKinnon (eds), *Relative Values: Reconfiguring Kinship Studies* (Durham, NC: Duke University Press): 384–412.

Reiser, Stanley (1978) *Medicine and the Reign of Technology* (New York: Cambridge University Press).

Rettig, Richard (2000) "The Industrialization of Clinical Research," *Health Affairs* 19(2): 129–146.

Rose, Nikolas (2001) "The Politics of Life Itself," *Theory, Culture, Society* 18(6): 1–30.

Rose, Nikolas (2003) "Neurochemical Selves," *Society* 41(1): 46–59.

Rose, Nikolas & Carlos Novas (2005) "Biological Citizenship," in A. Ong & S. Collier (eds), *Global Assemblages: Technology, Politics, and Ethics as Anthropological Problems* (Malden, MA: Blackwell): 439–463.

Rosenberg, Charles (2002) "The Tyranny of Diagnosis: Specific Entities and Individual Experience," *Milbank Quarterly* 80(2): 237–260.

Salter, Brian (forthcoming) "The Global Politics of Human Embryonic Stem Cell Science," *Global Governance*.

Serlin, David (2002) *Replaceable You: Engineering the Body in Postwar America* (Chicago: University of Chicago Press).

Sinding, Christiane (2004) "The Power of Norms," in J. H.Warner & F. Huisman (eds), *Locating Medical History: The Stories and Their Meanings* (Baltimore, MD: Johns Hopkins University Press): 262–284.

Strathern, Marilyn (1992) *Reproducing the Future: Anthropology, Kinship and the New Reproductive Technologies* (New York: Routledge).

Sunder Rajan, Kaushik (2003) "Genomic Capital: Public Culture and Market Logics of Corporate Biotechnology," *Science as Culture* 12(1): 87–121.

Talbot, David (2002) "Super Soldiers," *Technology Review* 105(8): 44–50.

Thomson, Rosalind Garland (1997) *Extraordinary Bodies: Figuring Physical Disability in American Culture and Literature* (New York: Columbia University Press).

Timmermans, Stefan (2002) *Sudden Death and the Myth of CPR* (Philadelphia: Temple University Press).

Timmermans, Stefan & Marc Berg (2003) *The Gold Standard: The Challenge of Evidence-Based Medicine and Standardization in Health Care* (Philadelphia: Temple University Press).

Toumey, Chris (2004) "Cyborgs in Nanotech: Hopes and Fears for the Human," paper presented at "Imaging and Imagining the Nanoscale," Columbia, SC.

Turner, Bryan (1996) *The Body and Society*, 2nd ed (Thousand Oaks, CA: Sage).

Waldby, Catherine (2000) *The Visible Human Project: Informatic Bodies and Posthuman Medicine* (New York: Routledge).

Waldby, Catherine (2002) "Stem Cells, Tissue Cultures and the Production of Biovalue," *Health: An Interdisciplinary Journal for the Social Study of Health, Illness and Medicine* 6(3): 305-323.

Webster, Andrew (2005) "Introduction: International Comparison of Health Technologies," paper presented at the Workshop on International Health Technology Assessment, Rome, June 20-22.

Wilmut, Ian, Keith Campbell, & Colin Tudge (2000) *The Second Creation: Dolly and the Age of Biological Control* (New York: Farrar, Straus, and Giroux).

Yoxen, E. (1990) "Seeing with Sound: A Study of the Development of Medical Images," in W. Bijker, T. Hughes, & T. Pinch (eds), *The Social Construction of Technological Systems: New Directions in the Sociology and History of Technology* (Cambridge, MA: MIT Press): 281-303.

34.
생의학기술, 문화적 지평, 논쟁적 경계

마거릿 록

> 상상력에 의해 체험된 안과 밖은 그 둘의 단순한 상호성 속에서 파악될 수 없다. 그렇다면 기하학적인 것을 입에 올리지 않고 … 좀 더 구체적이고 좀 더 현상학적으로 정확한 출발점을 선택하면서, 우리는 안과 밖의 변증법이 수없이 많아지고 수많은 뉘앙스들로 다양화한다는 것을 깨닫게 된다.[1)]

생의학기술의 실천가들이 인간의 몸을 조작하는 일은 갈수록 쉬워지고 있다. 단지 병변을 표상하고 치료하는 노력에서뿐 아니라 "자연"이 허락한 것을 강화하려는 의도를 담은 경우에도 그렇다. 이러한 활동을 수행함에 있어 안과 밖 사이의 단순한 상호성은 더 이상 유지되기 어렵다. 안정된 경계를 지닌 근대적인 몸은 점차 위협받고 있다. 몸을 구성하는 장기, 조직, 분자들의 순환이 증가한 탓이다. 새로운 기술들은 광범한 윤리적, 사회적, 정치적 반향을 일으키고 있다. 이 논문에서 나는 두 가지 특정한 생의학기술과 관련된 실천들을 개설해보려 한다. 장기수급과 이식, 그리고 단일 유전자 질환과 복합성 질환에 대한 유전자검사가 그것이다. 두 기술은 모두 일차적으로 의료적 목적을 달성하기 위해 고안되었지만—하나는

1) Gaston Bachelard (1964) *The Poetics of Space* (New York, Orion Press): 216.

생명을 살리기 위해, 다른 하나는 미래의 질병위험을 평가하기 위해—그것이 미치는 영향은 의료영역을 넘어 확장하면서 새로운 형태의 생명사회성과 주체성을 만들어내고 있다.

여기서 나는 이러한 특정 기술들과 연관해 나타나는 물질적, 사회적, 국가적 경계 구획의 파열과 재형성을 강조할 것이다. 장기이식의 경우 자아와 타자의 생물학은 잡종화되고 있고 이는 종종 일시적인 정체성 혼란 내지 좀 더 영구적인 정체성 변화를 낳고 있다. 유전자검사 결과는 공유된 실제 혹은 가상의 유전에 기반한 친족관계 및 민족적 유대와 경쟁하는 분자적 계보를 만들어낼 잠재력을 지니고 있다. 이러한 경계 재형성은 개인의 체화, 정체성 및 가족이나 다른 사회집단과의 관계에 대한 규범적 기대뿐 아니라 통상적인 문화적 지평과 심지어 전 지구적 정치에도 도전장을 내민다. 사회적, 윤리적 문제들에 대한 전문직과 대중의 토론은 문제가 되는 기술의 앞으로의 발전과 그것의 실행에 부과되는 지침 혹은 제약에 영향을 미친다.

서로 다른 지리적 장소들에 관한 연구를 개설함으로써, 이 논문은 이러한 기술들의 실행과 연관된 문화적 가정들과 국지적으로 나타나는 도덕적, 개인적, 사회적 영향을 드러낼 것이다. 물론 광범한 사회적 반향이 여기서 고려하는 두 가지 기술에 국한된 것이 아님은 두말할 필요가 없을 것이다.(가령 호글이 쓴 이 책의 33장을 보라.) 뿐만 아니라 장기이식과 유전자검사는 거기 실제로 관련된 물질적 실천의 측면에서 거의 공통점이 없으며, 이러한 기술들과 가장 밀접하게 관련되는 사람들도 서로 긴밀한 유사점을 찾아볼 수 없다. 이식수술을 받는 사람들은 중증환자들인 반면, 유전자검사를 선택하는 사람들은 미래의 질병위험에 관해 뭔가를 알기를 원하는 이들이다. 그러나 일단 이러한 기술들의 수행을 좀 더 넓은 맥락 속에 위치시키면 이들 간의 공통점은 이내 분명히 드러난다.

첫째, 장기이식과 분자유전학 및 유전체학은 모두 생의료화의 시대에 속해 있다.(Clarke et al., 2003; 아울러 Condit, 1999도 보라.) 이러한 기술들은 첨단기술의료(technomedicine)의 장치들이 존재하는 곳에서만 결실을 맺을 수 있고 실천에 옮겨질 수 있다. 이 둘은 모두 발전된 컴퓨터 기술, 지역적, 전 지구적 네트워킹, 데이터와 시료의 저장 및 전송을 포함하는 복잡한 하부구조에 의지한다. 둘째, 두 기술은 모두 20세기 전반기부터 축적되기 시작한 분자생물학의 지식에 근거하고 있다. 장기이식의 경우 면역학과 조직 적합성, 유전자검사와 선별검사의 경우 DNA 감식이 그것이다.

셋째, 인간의 몸과 그 일부에 대한 소유권의 문제가 두 기술 모두와 연관해 전면에 부각되었다. 개인들은 자신의 신체 장기, 조직, 유전물질에 대한 소유권을 갖고 있는가? 그들의 가족들은 사망자의 몸이나 그 일부에 대해 권리를 갖고 있는가? 특정한 상황하에서는—가령 자기정체성을 가진 토착부족 사이에서—유전물질의 공동체 소유권이 인정되어야 하는가? 아니면 유전물질은 인류 전체에 속하는 것인가? 넷째, 이러한 기술들의 응용은 필연적으로 인간의 관계성(relatedness)을 전면에 부각시키고 잡종성, 몸의 경계, 체화, 정체성에 관한 질문들을 제기한다. 두 기술의 사용에 공통된 다섯 번째 특징은 어떤 생명을 가치 있는 것으로 간주해 "살려야만" 하고 어떤 생명을 정당하게 "희생할" 수 있는가 하는 결정과 관련되어 있다. 이와 관련해 여섯 번째 지점이 도출된다. 장기이식과 전 지구적 DNA 물질 수집 및 유전자검사의 실천은 기존의 불평등을 악화시키고 심지어 증폭시킬 수 있는 잠재력을 가진 기술들이라는 것이다.

내가 취하는 접근은 이러한 특정 기술들을 만들어내고 응용하는 개인들, 문제가 되는 기술적 인공물, 기술의 시술 대상이 되는 개인들 간의 공동구성을 인지하는 데 근거를 두고 있다. 그러한 접근은 기술환원주의와 사용자 본질주의를 모두 피해갈 수 있다.(Oudshoorn & Pinch, 2003: 3; 아울러 오드슌과 핀치가 쓴 이 책의 22장을 보라.) 이러한 복잡성에 더해 생의학지식 및 그와 관련된 기술적 실천은 물질적 몸이 갖는 행위능력에 의지하는데, 여기서도 공동구성은 분명히 드러난다.

이 논문에서 이식된 장기와 DNA 물질의 "사회적 삶"에 대한 탐구(Kopytoff, 1986)는 이러한 특정 기술들의 실천으로부터 직접 영향을 받는 개인들에 초점을 맞춘다. 나는 대기 장소와 수술실, 유전체학 센터, 유전학 실험실에 있는 실질장기(solid organ)와 DNA 시료의 "수행성"은 깊이 있게 다루지 않을 것이다.(가령 Hogle, 1999: 140-185를 보라.) 대신 나는 체화, 관계성, 정체성을 파고들 것이고, 몸의 소유권 및 상품화와 함께 이러한 두 기술의 좀 더 폭넓은 사회적, 정치적 측면들을 생각해볼 것이다.

문화적 지평

10년 전에 앤드류 핀버그는 "기술의 정당화 효과는 그것이 설계된 환경을 이루는 문화적-정치적 지평의 무의식에 달려 있다."고 주장했다.(Feenberg, 1995: 12) 그는 "기술비판의 재맥락화는 그 지평을 드러내고 기술적 필연성의 환상을 탈신화화해 지배적인 기술적 선택의 상대성을 폭로할 수 있다."는 주장을 폈다.(1995: 12) 오늘날 기관심사위원회, 규제위원회, 왕립위원회 등이 체계적으로 도입되면서 어떤 주어진 기술과 연관된 생명윤리 쟁점을 검토하는 일이 의례처럼 자리 잡았지만, 이러한 활동들은 대체로 문화적-정치적 지평을 조사하지 않은 채 남겨둔다. 생명공학의 실행에 뒤따르는 윤리적 결과만을 고려하는 것은 핀버그가 이해하는 대로의

"재맥락화" 프로젝트에 충분치 못하다.

사회과학, 과학학, 페미니즘에서의 연구는 사회적인 것의 존재가 어떤 종류의 테크노사이언스 프로젝트, 기획, 발견보다 선행하며 그 속에 배태돼 있음을 반복해서 보여주었다.(Franklin, 2003; Grove-White, 2006; Haraway, 1991, 1997; Lock, 2002b, 2003; Strathern, 2005; Wright, 2006) 생의학기술의 발전과 실행에 대한 역사적, 비교적 연구는 문화적-정치적 지평의 작동을 엿볼 수 있는 훌륭한 기회를 제공한다.(Adams, 2002; Cohen, 1998; Hogle, 1999; Latour, 1988; Lock, 1993, 2002a; Rapp, 1999; Shapin & Schaffer, 1985) 그러한 연구는 모든 규범적 실천—생명윤리 심의를 포함해서—의 성찰성과 탈자연화를 촉진한다.

고려 대상이 된 특정한 기술로 눈을 돌리기 전에, 먼저 문화의 개념을 잠시 재검토해보려 한다. 일단 생의학기술의 응용에서 중대한 문화 간 차이가 인식되고 나면, 문화상대주의를 써서 이를 설명하는 것은 너무 쉬운 일이다. 이와 동시에 서구에서의 실천은 사실상 문화가 결핍되어 있고, 정치의 측면에서 더 잘 설명될 수 있다고 가정하면서 말이다.

오늘날 수많은 인류학자들과 마찬가지로, 매릴린 스트래턴은 만약 문화라는 의문스러운 개념이 굳이 사용되어야 한다면 이는 보편적으로 모든 사회에 적용되어야 한다고 단언했다. 그녀의 주장에 따르면, 문화의 개념은 "사물이 실천이나 기법의 문제로 정식화되고 개념화되는 방식에 주목한다. 사람들이 지닌 가치는 세상에 대한 그들의 관념에 근거하고 있고, 반대로 관념은 사람들이 생각하고 반응하는 방식을 형성한다." 그녀는 여기에 이렇게 덧붙인다. "관념은 항상 다른 관념의 맥락 속에서 작동하며, 맥락은 관념들을 분리시킴과 동시에 연결시켜주기도 하는 의미(문화) 영역을 형성한다."(Strathern, 1997: 42) 그러나 문화는 정적인 것도 아니고 총체적인 것도 아니다. 가치는 결코 인구집단에 균등하게 분포하는 법이 없으며, 권력관계와 불평등의 유지에 필연적으로 뒤얽히게 된다. 뿐만 아니라 가치는 언제나 논쟁에 열려 있다. 아르준 아파두라이(Appadurai, 1990: 5)는 오늘날의 주된 문제가 "문화적 동질화와 문화적 혼종화 사이의 긴장"에 있다고 주장했다. 그는 동질화라는 표현이 대체로 "미국화" 내지 "상품화"를 의미한다고 지적했다. 두 번째 과정인 토착화는 새롭게 확산된 관념, 지식, 행동, 기술, 재화들을 새로운 장소의 문화적 지평에 "부합"하도록 변형시킴에도 불구하고 종종 주목을 받지 못한 채 넘어간다. 그간의 연구는 생의학기술과 같은 인공물이 애초 그것과 연관되어 있던 용례를 함께 받아들이지 않고서도 새로운 문화적 환경 속으로 성공리에 도입될 수 있음을 반복해서 보여주었다.(Lock & Kaufert, 1998; van der Geest & Whyte, 1988) 새로운 의미와 사회관계는 그처럼 이전된 인공물 주위에서 하나로 합쳐진다. 이는 인공물의 자율성(혹은 이 문제에서는 문화의 자율성)을 주장하는 것이 아니라 그것이 사회적 대상으로서 갖는 내재적 혼종성을 주장하는 것이다. 그렇지 않은 경우 어떤 인공물이나 기술은—특히 기존에 확립된 가치들을 위협하는 경우—적극적으로 거부되어 뿌리를 내리지 못하거나 심대한 제약을 받는다.

국가적 수준에서는 공유된 전통을 다시 확립하기 위해 종종 자의식적으로 문화의 관념에 호소한다. 이처럼 재발명된 역사는 종종 식민주의 세력이나 현대의 영향에 의해 오염되지 않은 것으로 상상되곤 한다. 결국 그 속에서 문화가 "배타적 목적론"으로 탈바꿈할 수 있는 이상화된 과거를 만들어내기 위해 신화-역사에 호소하는 것인데(Daniel, 1991: 8), 때때로 이는 기술의 응용에 심대한 영향을 미친다.(Hogle, 1999; Lock, 2002a)

국민들 사이의 차이를 구획하는 것은 문화 개념을 써먹을 수 있는 유일한 배타적 용도가 아니다. 문화는 또한 자연과 반대되는 것으로, 인간의 노력이 아닌 그보다 더 상위의 권능이나 진화의 힘에 의해 만들어진 "자연적" 질서로 개념화될 때 배타성을 갖는다. 문화가 자연세계를 잠식하는 것으로 여겨지는 이러한 주변부는 논쟁적인 설교조 담론이 출현하는 장소가 될 수 있다. 그런 담론은 주어진 공동체 내에서 용인가능한 것으로 믿어지는 것의 한계를 드러낸다.(Brodwin, 2000)

소비자로서의 사용자와 시민으로서의 사용자

극단적으로 궁핍한 상황이나 폭력이 일반적인 곳에서는 기술이 사람들을 희생자로 만드는 데 쓰일 수 있다. 강제 불임시술이 좋은 사례이다. 그러나 젠더 연구에서는 기술적 개입의 수혜자들이 수동적 참여자인 경우는 거의 없음을 보여주었다.(가령 Casper & Clarke, 1998; Cowan, 1987; Cussins, 1998; Ginsburg & Rapp, 1995; Lock & Kaufert, 1998; Trescott, 1979 등을 보라.) 뿐만 아니라 캐스퍼와 클라크는 사용자들 사이에서 나타나는 다양성을 부각시켰고, 그들이 연루된 행위자로서 지위를 갖는다고 역설했다.(Casper & Clarke, 1998; 아울러 Lie & Sørensen, 1996도 보라.)

로즈와 블룸(Rose & Blume, 2003)은 기술의 사용자들이 종종 소비자로 개념화되는 방식을 문제 삼았다. 그들은 "선진국"에서 생의학기술의 사용자들은 무엇보다 먼저 정부가 운영하는 보건의료 시스템에 참여하는 시민이라는 점을 지적했다.(미국은 주목할 만한 예외이다.) 정부와 관련 자문기구들—관련 전문직 단체들과 NGO를 포함하는—은 누가 어떤 조건하에서 특정 기술에 접근권을 갖는지에 관한 지침과 규제법령을 수립한다. 가령 실험적 상태에 있는 특정 기술(유전자치료나 이종장기이식 같은)의 사용에 대해서는 제약이 가해진다. 장기의 수급과 수혜자의 선별 역시 국가적 내지 지역적 조직들에 의해 세심하게 통제된다. 결국 국가 혹은 적절한 권한을 위임받은 조직들이 생의학기술의 적용을 받을 자격과 접근권을 "설정"한다. 반면 다른 사례들에서는 모든 사람에게 동등한 접근권을 줘야 한다는 주장이 공공운영 시설들의 수가 제한돼 있다는 사실과 모순을 빚는다. 그 결과 재생산기술과 유전자검사는 건당 진료비 지불 방식으로 사립병원이나 유전체 회사를 통해서도 이용할 수 있다. 소비자를 직접 겨냥하는 광고는 그러한 방식을 촉진하는 데서 커다란 역할을 한다. 로즈와 블룸(Rose & Blume, 2003: 108)은 백신에 관해 논의하면서 주장하기를, "개인들은 언제나 필연적으로" 시민과 소비자 모두로서 "연루"되지만, 이러한 관계는 각각의 특정한 생의학기술에 대해 별도로 확인되어야 한다. 대다수 국가들에서는 실정법을 어기지 않고는 장기를 자유시장에서 구하는 소비자가 될 수 없다. 대다수의 유전자검사는 단지 시민의 자격을 갖추었다는 이유만으로는 그것의 사용자가 될 수 없다. 보건의료 서비스는 그런 식의 지출을 지원하지 않기 때문이다. 그러나 비용을 지불하면 유전자검사의 소비자가 되는 것은 어렵지 않다—이는 개인의 선택 문제로 간주된다.

행위능력, 정체성, 변형된 자아

카리스 커신스(Cussins, 1998: 168)는 상당히 많은 연구가 "과학기술이 사회적, 개인적, 정치적 요인들에 의존하고 있다는 점"을 보여주었지만, 자신이 "다른 방향"이라고 부른 것—자아가 기술에 의존하고 있다는 점—은 상대적으로 거의 주목을 받지 못했다고 지적했다. 커신스는 불임클리닉에 대한 자신의 연구에서 행위능력 내지 자아를 이미 존재하는 범주로 보는 관념에 도전장을 내밀었다. 대신 그녀는 불임기술이 상연되는 무대인 주체들이 자아의 일시적 분열—자아가 몸의 기능과 일부로 쪼개지는—을 경험하는 "존재론적 안무"를 주장했다. 그러나 이러한 몸의 대상화는 행위능력을 완전히 제거하지도 못하고 자아를 영구적으로 변형시키지도 못한다. 이러한 과정은 장기이식을 받는 개인들의 경험이나 특정 유전자에 대한 검사를 받는 많은 사람들의 경험과 유사성이 있다. 아래에서 자아의 분열과 변형이라는 주제는 병원 바깥에서의 사건을 고려에 넣고 이러한 기술들이 가족과 공동체 생활에 미치는 사회적 반향을 포함할 수 있도록 확장될 것이다.

인간의 생물제제(biological)가 연구와 임상환경에서 분리되고 대상화됨에도 불구하고, 그것의 사용에는 필연적으로 상징적, 감성적, 예측적 의미가 결부되기 마련이다. 이에 따라 생명공학의 실천은 자아, 정체성, 인간관계에 급진적인 변화를 몰고 올 수 있다. 장기이식의 경우에는 세상 속에서 개인의 존재양식이 특히 심대한 변화를 겪을 수 있다.

인간 생물제제의 상품화

생물제제를 인공물로 변형시키는 것—인간의 신체 일부를 치료의 도구로 상품화하는 것을 포함해서—은 사회적, 도덕적 쟁점을 제기한 오랜 역사를 지니고 있다. 인간의 사체, 그리고 살아 있는 사람과 죽은 사람에게서 얻은 신체 일부는 전쟁의 전리품으로, 종교적 유물로, 해부학 표본으로, 치료를 위한 물질과 약제로 수백 년 동안 가치를 갖고 있었다. 유럽에서 의료적 목적으로 인간의 몸을 상품화하는 것은 종종 폭력과 결부되었다. 기원전 4세기 알렉산드리아의 헤로필로스가 했던 인간과 동물의 생체해부는 그에게 "과학적 해부학의 아버지"로서의 오랜 명성을 안겨주었다.(Potter, 1976) 13세기 이탈리아의 해부학자들은 교회 경내에서 범죄자와 부랑자의 사체에 대한 공개해부를 했다.(Park, 1994) 그런 해부는 19세기 초까지 유럽의 많은 지역들에 만들어진 공개 해부극장에서 계속되었고, 사회 주변부에 있는 개인들의 몸이 엄청난 의학적 가치를 갖게 만들었다. 리처드슨은 17세기가 되면 유럽에서는 인간의 사체가 다른 상품과 마찬가지로 매매가 되고 있었다고 주장한다.(Richardson, 1988; 아울러 Linebaugh, 1975도 보라.) 영국에서는 사체의 판매를 금지하는 해부법(Anatomy Act)이 1831년에 제정되었고, 현재까지도 영국에서 통용되고 있는 법률의 근간을 이루고 있다. 그러나 구빈원과 빈민들을 수용하는 다른 기관들(병원 포함)은 "합법적으로 사망자를 소유할 수 있는" 곳으로 정의되었다. 이러한 기관들은 사체의 인수자가 나서지 않거나 장례식 비용을 치를 돈이 없을 때는 합법적으로 사체를 몰수할 수 있었다.(Richardson, 1996: 73; Lacqueur, 1983) 의학을 위해서 빈민들은 사실상의 사회적 사망자로 정의되었고, 그들의 상품화된 몸은 사회의 다른 사람들에게 주어지는 정당한 존중을 받지 못했다. 그런 관행에 대한 대중적 항의로 인해 이것이 중단된 것은 19세기 말에 가서였다.

의학계 종사자들이 사체를 생물학적 대상으로, 전적으로 자연의 일부로, 따라서 문화적 부담이 없는 존재로 개념화하는 데 성공을 거두면서, 비로소 **모든** 몸에서—단지 "사회적 사망자"의 몸만이 아니라—사회적, 도덕적, 종교적 가치를 벗겨버리는 것이 상대적으로 쉬워졌다. 그러자 과학의 진보가 가져올 이득을 위한 상품화는 합법적임과 동시에 칭찬할 만한 것이 되었다.(Mantel, 1998) 그러나 리처드슨(Richardson, 1988)이 보여준 것처럼, 가족들에게 있어서는 사망한 친척의 몸에서 그토록 쉽게 사회적 의미를 벗겨낼 수는 없었다.

인간의 생물제제의 상품화를 전 지구화된 근대 경제의 특징으로 단순히 볼 수 없음은 분명하다. 그러나 수급과 보존에 필요한 기술이 결핍되어 있었기 때문에, 인간의 조직과 장기는 (혈액을 제외하면) 20세기 후반기 이전에는 교환 시스템 속으로 일상적으로 통합될 수가 없었다. 이러한 기술적 한계 중 어떤 것들은 지금까지도 남아 있다. 가령 수정되지 않은 인간 난자를 일상적으로 보관하는 것은 아직 불가능하며, 인간의 몸 바깥에서 실질장기를 보존하는 기법이 향상되어왔음에도 불구하고 이식에 사용할 수 있는 기간은 여전히 제한돼 있다.

생의학기술의 최근 진보와 그에 따른 기계/인간 잡종의 증식은 인간과 물질세계 간의 근본적 이분법이라는 허구를 유지하는 것을 불가능하게 만들었다.(이러한 허구는 오래전에 마르크스에 의해 분명하게 지적된 바 있다.) 이러한 이분법과 그에 수반된 대상화가 상품화를 정당화하는 데 기여한 반면, 자아와 타자 간의 "자연적" 경계가 흐려지고 있는 오늘날의 현실은 필연적으로 도덕적 쟁점을 제기하고 있다.

생의학기술의 정당화에는 그것이 지니는 가치에 관한 수사가 수반된다. 생의학기술이 과학의 진보에 기여하고 인간의 "필요"를 충족시킨다는 가정이 그것이다. 그러나 스트래턴(Strathern, 1992)이 지적했듯이, 그토록 많은 새로운 생의학기술의 도입에서 반대가 수반되었다는 사실은 그러한 기술이 종종 도덕적 질서에 대한 위협으로 간주되었음을 분명하게 보여준다. 연구소와 병원에서 전문직의 행위를 규제하는 법률과 지침은 그러한 실천을 정당화하면서 불안감을 가라앉히려는 의도로 만들어졌다. 다른 한편으로 민주사회의 시민들은 자신들이 가능한 모든 생의학기술을 누릴 "권리"를 가지고 있다고 종종 가정하며, 시민적 미덕보다는 개인적 "능력

강화"와 자기 자신의 건강에 더 관심이 있는 일부 개인들은 유전자검사, 유전공학, 재생산기술, 장기이식 등의 기술에 대한 무제한적 접근권을 주장하며 로비를 펼친다. 이러한 모순들의 해소는 오직 잠정적으로만 이뤄지는 경향이 있는데, 기술이 변형을 겪으면서 그것이 가능케 하는 실천 역시 필연적으로 변화하기 때문이다.

인간의 생물제제와 관련해 문제가 되는 또 다른 쟁점은 라인보프(Linebaugh, 1975)에 따르면 신체와 몸의 일부에 대한 개인의 소유권이다. 예를 들어 30년 전에 뇌사라는 새로운 죽음이 고안되었다. 뇌의 모든 통합적 기능은 돌이킬 수 없이 상실됐지만 심장과 폐는 인공호흡기의 도움을 얻으면 계속 "살아 있는" 환자들로부터 장기를 수급할 수 있게 하기 위해서였다. 많은 수의 관련된 가족들과 집중치료 병동에서 근무하는 일부 보건의료 전문직 종사자들은 뇌사 환자들의 지위에 대해 여전히 양가적 태도를 취하고 있지만, 이처럼 새로운 죽음의 정의는 필요한 기술을 보유한 대다수 국가들에서 이러한 "살아 있는 시체"들을 장기기증자가 되기에 충분히 죽은 것으로 개념화하고 법률적으로 확립할 수 있게 했다.(Lock, 2002a, b) 그러나 시체에서 얻어낸 인간의 실질장기를 판매하는 것에 대해서는 여전히 강한 저항이 남아 있다. 장기는 선물로 주어져야만 한다는 것이다.

거의 모든 유럽 국가들과 북아메리카에서 재산권은 **살아 있는** 개인들에게 부여된다. 이는 모든 사람은 "자기 몸의 소유주"라고 강력하게 주장했던 존 로크를 따른 것이다.(재산으로서의 몸에 관해서는 de Witte and ten Have, 1997을 보라.) 사체의 이용은 물권법에 딜레마를 제기한다. 뿐만 아니라 친척의 신체 일부를 판매하는 가족들의 모습은 설사 그들이 죽은 이후라 하더라도 우리 중 대부분에게 엽기적으로 비친다. 앞서 지적했듯이, 장기이식이 일상화된 모든 국가에서는 장기의 수급과 분배를 관장하는 정교한 연결망이 만들어져 있다. 이는 단지 질적 보증을 위해서가 아니라 공정한 운영을 위해서이기도 하다. 이러한 연결망들은 감사의 뜻 외에는 어떤 보상도 기대하지 않는 가족 구성원들이 자유롭게 기증한 장기에 의존하고 있다. 심지어 국가가 사망한 개인이나 그 가족들의 바람과 상관없이 장기를 가져갈 법률적 권한을 갖고 있는 일부 유럽 국가들에서도 가족들의 협조 없이 장기를 가져가진 않는다. 물론 가족들이 기꺼이 이를 내놓아야 한다는 기대가 있긴 하지만 말이다. 살아 있는 기증자로부터 수급한 실질장기도 마찬가지로 "선물로 주어져야" 한다.(재생가능하거나 필요한 것에 비해 더 많이 남아돈다고 믿어지는 인간의 생물제제, 가령 혈액, 정자, 난자 등과는 대조적이다.) 장기매매가 일상적으로 일어나고 있는 국가들에서 분명히 볼 수 있듯이(Cohen, 2002; Scheper-Hughes, 2002), 시장 모델은 개인들을 착취에 취약하게 만든다. 이는 이란에서처럼 정부가 규제받는 시장을 만들려는 시도를 하는 경우에도 그렇다.(Zargooshi, 2001) 레슬리 샤프(Sharp, 2006)는 이식의학계의 활동이 현재의 상황에 책임이 있다고 주장한다. 현재 인간의 몸은 공개시장에서 23만 달러 이상의 가치가 있는 것으로 여겨진다. 특정한 신체 일부의 가치가 지리적 장소에 따라 좌우된다는 것은 그리 놀랄 일이 아니다. 신장은 그것이 팔리는 장소가 어딘가에 따라 250달러에서 3만 달러까지 주고 구입할 수 있다.(Scheper-Hughes, 2003; Zargooshi, 2001)

유전물질의 경우에는 개인들이 몸에서 이러한 물질을 뽑아내는 순간 소유권을 포기하는 것이라고 가정된다. 예를 들어 인구집단 속에 있는 특이한 DNA 서열을 찾는 제약회사들은 "유전자 탐사"를 수행하는 원정대를 고립된 지역들로 보낸다. 여기에는 큰돈이 걸려 있다. (아직 실현되지는 못했지만) 희귀한 DNA 시료로 생각되는 것으로부터 새로운 백신과 약제를 생산할 수 있을 거라는 희망 때문이다. 이러한 "생물해적질"과 연관해 가장 분노를 자아낸 것은 이런 방식으로 조달한 DNA 서열에 특허를 출원하는 행위였다. 사전에 조심스럽게 협상이 이뤄지지 않은 경우, 개인들은 자신의 신체 물질이 쓰이는 용도에 대한 모든 통제권을 잃고 그 결과 나오는 모든 수익으로부터 배제된다.(Everett, 2003; Lock, 2002a)

DNA를 불멸화 세포주로 만드는 기술적 가공은 자연적임과 동시에 문화적으로 만들어진 잡종으로 귀결된다. 이러한 잡종의 지위는 DNA 서열에 대한 특허 주장을 가능하게 한다. 세포주는 발명으로 분류될 수 있기 때문이다.(Strathern, 1996) 뿐만 아니라 일각에서는 만약 충분한 정보에 근거한 동의를 거쳐 인간의 장기와 조직을 얻었다면 기증자는 모든 통제권을 포기한 것이라고 확신하고 있다. 해당 개인은 자신의 신체 일부에 대해 더 이상 "이해관계"가 없다는 것이다. 그러나 그 물질이 인간의 몸에서 조달되었다는 사실은 이의제기의 문이 여전히 열려 있음을 의미한다. 아마존 무어의 비장(脾臟) 사건은 생명과학자들에게 잠재적으로 가치 있는 신체 일부의 소유권을 둘러싼 논란 중 가장 잘 알려진 사례일 것이다.(Boyle, 1996) 장기기증의 경우에는 기증자와 수혜자가 가까운 친척일 때를 제외하면 기증자는 누가 자기 장기의 수혜자가 될지 "지시"할 수 없다. 그렇게 할 수 있는 권리는 기증 순간에 상실된다.

생의학기술의 실천과 관련해 진행되는 많은 일들이 공공영역에서 벗어난 장소—실험실, 병원, 위원회 회의, 컴퓨터 네트워킹 센터—에서 일어난다는 점은 지적해둘 만하다. 기술의 응용에 대해 논평할 때 사회과학자들은 종종 새로운 기술의 도입 결과 나타난 "의도하지 않은 결과"를 강조한다.(Winner, 1986) 이처럼 가능한 결과들은 종종 관련된 과학자, 전문가 위원회, 정부에 의해 대중의 비합리적 공포로 무시된다.(Grove-White,

2006) 제2차 세계대전 이후 뉘른베르크 강령이 도입되면서 인간 피험자 관리와 환자 보호의 규제 및 제도적 점검이 유럽, 북미, 오스트레일리아에서 점점 엄격하게 적용되어왔다. 적어도 이러한 국가들에서는 오늘날 환자들에 대한 의도하지 않은 결과를 더 큰 선에 호소함으로써 "외부화"시키거나 무시하는 것이 어렵게 되었다. 유사한 보호가 장기기증자에까지 확장되지는 않는다. 이식의학계가 그들을 환자로 인식하지 않기 때문이다.(신장 기증자들의 건강이 때때로 위험에 처할 수 있다는 사실이 점차 분명해지고 있는데도 말이다.[Crowley-Matoka & Switzer, 2005]) 이른바 개발도상국에서는 "제약"이 훨씬 더 적다. 북미나 유럽의 심사위원회에서는 용인되지 않았을 신약시험이 흔히 이뤄지고 있고, 쓸모없고 낡은 약제를 내다 버리거나(Petryna, 2006) 적절한 임상적 배려 없이 장기를 수급하는 일도 나타나고 있다.(Scheper-Hughes, 2003) 이러한 나라들에서는 의도하건 않건 간에 부정적 결과를 흔히 찾아볼 수 있다. 그곳의 시민들은 근대 초 유럽에서 "경계 바깥에 있는" 사람들로 분류되어 자신의 몸을 의료 목적을 위한 대상으로 내놓아야 했던, 공민권을 박탈당한 개인들의 입장과 비슷한 처지에 있다.

장기의 부족

신화시대부터 널리 퍼진 공상이었던 장기이식의 아이디어는 1913년 노벨 의학상 수상자인 알렉시스 캐롤이 세포와 조직은 생명 활동을 일시 중지시킨 채 보관할 수 있을 뿐 아니라 기증자의 몸과 독립적으로 기능하고 재생하도록 만들 수 있음을 보인 후 실현가능한 하나의 가능성으로 탈바꿈했다.(Hendrick, 1913) 상당한 실험이 이뤄졌음에도 불구하고, 1950년대까지 타가이식(한 개인에서 다른 개인으로의 이식)이나 이종이식(종 간의 경계를 넘어선 이식) 시도는 실패를 맛보았다. 최초의 성공적인 신장이식은 1954년 일란성 쌍둥이 사이에서 시행되었다. 광범한 동물실험과 일란성 쌍둥이 간의 이식(동인자간[同因子間]이식)을 통해 면역계에 관한 지식이 증진되었고, 이는 수혜자의 몸에서 장기간에 걸친 면역억제의 중요성을 인지하는 결과로 이어졌다. 그러나 1960년대 내내 면역억제제 사용은 성공과 실패가 뒤섞인 결과를 얻었고, 1978년 사이클로스포린이 개발된 이후에야 장기이식 기술의 폭넓은 일상화가 이뤄졌다. 이 기간 내내 장기이식에 관한 철학적, 윤리적 쟁점들도 많이 제기되었다. 장기이식 기술이 가장 강력하게 추진되고 있던 파리와 보스턴에서는 장기이식이 "자연의 법칙을 거스르는"(르네 퀴스의 말을 Tilney, 2003: 48에서 재인용) 것이며 인간의 몸을 더럽히는 것이라는 주장이 이어졌다.

유럽과 북미에서는 이식기술의 시술이 자발적인 기증에 전적으로 의존하고 있다. 인간 장기는 처음부터 희소한 물품으로 생각되어왔다. 이식 관련 담론 속에 굳건히 뿌리를 내린 장기 "부족"이라는 은유는 너무나 강력한 나머지 인간 신체 일부의 시장가치와 시술의 전 지구화 모두에 영향을 미치고 있다. 심지어 오늘날에는 기증률이 하락하고 있다는 가정하에 장기의 부족분이 **증가하고 있다**는 주장까지 심심찮게 나오곤 한다. 장기(특히 신장)의 대기자 명단이 이미 길고 점점 늘어나고 있다는 데는 의심의 여지가 없다. 그러나 여러 가지 명백한 이유들이 이러한 현재 상황을 잘 설명해준다. 첫째, 20년 전과 비교하면 오늘날에는 자동차 사고가 더 적어졌다. 둘째, 외상담당 병동의 효과적 활동으로 인해 외상을 입은 뇌가 뇌사로 빠지는 일이 과거보다 줄어들었다. 셋째, 기술적으로 진보된 사회의 인구집단은 빠른 속도로 노령화되고 있다. 이러한 변화들은 지난 20년 동안 잠재적 기증자 풀이 상당한 정도로 줄어들었음을 의미한다.

상황을 수혜자 편에서 보면 장기의 수요는 계속 증가해왔다. 인구가 노령화되고 있고, 젊은 사람들 사이에서 당뇨병과 C형 간염이 늘면서 그로 인한 합병증으로 말기 신장질환과 간질환 환자가 늘어났기 때문이다. 이러한 질병들은 빈곤, 소외, 사회적 불평등과 밀접한 연관이 있고 최우선적인 공중보건의 문제를 이룬다. 이 정도 규모로 새롭게 출현한 문제에 대처하기에 충분한 장기를 찾는 일은 적절하지도 않고 실현가능성도 떨어진다. 장기 부족분의 증가에 대한 인식은 수혜자가 되기에 적합한 것으로 간주되는 환자 수가 기하급수적으로 늘어나면서 악화되고 있다. 변화하는 대중의 기대, 그리고 이식의학 공동체에 의해 구성된 위원회들에서 내린 결정의 결과로, 장기이식은 아주 어린 유아, 80세가 넘은 노인, 동반 질환이 있는 환자 등에게도 이용가능한 것이 되었다. 뿐만 아니라 이전에 이식한 장기가 실패할 경우 두 번째 혹은 세 번째 이식도 흔히 이뤄지고 있다. 다시 말해 이식의학계는 잠재적 기증자가 점점 줄어드는 시점에서 시야를 더욱 확대하고 "수요"를 더욱 증가시켜왔다는 것이다. 공식적 담론 속에서 이 둘 사이의 간극은 거의 주목받지 못하고 있다.

장기가 부족하다는 가정을 전제로 할 때, 장기 공급을 어떻게 증가시킬 것인가에 관해 흔히 나오는 논의는 뇌사상태에 빠진 친척의 장기를 기증하는 데 가족들이 좀 더 기꺼이 협조하도록 유도하는 것에 초점을 맞추는 경향이 있다. 가령 북미에서는 장기기증 서약서를 작성한 뇌사 환자들로부터 수급가능한 장기 중 실제로 얻어지는 것은 50퍼센트에도 못 미치는데, 그 이유는 가족들이 기증에 동의하지 않기 때문이다.(Siminoff & Chillag, 1999) 그들의 동의가 법률적으로 의무사항이 아닌 경우에도 장기 수급 담당자가 가족의 정서를 거스르는 일은 좀처럼 찾아보기 어렵다. 조랠먼(Joralemon, 1995)은 이를 이식시술에 대한 "문화적 거부"의 증거로 간주한다. 장기에 대한 "수요" 증가가 빚어낸 한 가지 결과는 최근까지도 장기수급의 일차적 원천은 뇌사한 기증자였지만, 미국에서는 2001년을 기점으로 살아 있는 기증자로부터 얻은 장기가 50퍼센트를 넘어섰다는 것이다.

장기 부족에 관한 논쟁에는 네 가지 가정들이 관통해 흐르고 있다. 첫째, 장기는 기증되지 않으면 폐기물로 버려지며, 모든 시민은 버려지는 장기를 이식시술에 사용할 수 있도록 기꺼이 기여를 해야 한다. 둘째, 장기는 어떤 상징적, 정서적 의미나 가치도 결여된 단순한 기계적 실체로 간주된다. 셋째, 뇌사 진단은 관련된 모든 사람이 보기에 간단하며 인간의 죽음으로 받아들여질 수 있는 것으로 간주된다. 뿐만 아니라 가족들은 장기가 수급되는 동안 최대 24시간 동안 애도의 과정을 기꺼이 중단할 용의가 있어야 한다. 마지막으로 기증은 탁월한 가치를 가지고 있기 때문에 애도과정에 있는 가족들에게 도움을 줄 가능성이 높다고 가정된다.

인간 장기의 사회적 삶

장기를 기증자에게서 꺼내어 살아 있는 대체물로 준비하기 전에, 이는 대체가능한 것으로 암묵적인 인정을 받아야 하며 사체 기증자들은 죽은 것으로 지칭되어야 한다. 장기를 빼내더라도 신체가 침해받는 것은 아니라는 합의는 장기가 물건으로 간주될 때 좀 더 이뤄내기 쉬울 것이다. 그러나 이식용으로 수급된 장기는 생물학적으로 살아 있어야 하기 때문에 심지어는 이 과정에 관여하는 의사들조차도 이를 단순한 사물로 완전히 환원시킬 수는 없다.(Lock, 2002b) 장기는 잡종적 지위를 유지하는 것이다.

인간의 장기와 연관된 뒤섞인 은유는 그것의 가치에 대한 혼란을 부추긴다. 의학의 언어는 인간의 신체 일부가 정체성이 완전히 결여된 물질적 실체이며, 이는 기증자의 몸속에 있건 수혜자의 몸속에 있건 마찬가지라고 주장한다. 그러나 기증을 장려하기 위해 장기에는 타인에게 선물로 주어질 수 있는 생명력이 부여되고, 기증자의 가족들이 자신들의 친척은 수혜자의 몸속에서 "계속 살아 있다."고 믿거나 심지어 그들이 "다시 태어난다."고 믿는 것도 말리지 않고 있다.(Sharp, in press) 장기기증은 무의미하고 우연적인 죽음에서 의미를 창출해내는 것으로 흔히 이해된다. 초월로 가는 기술적 경로인 셈이다.

또한 그간의 연구에 따르면, 기증된 장기를 둘러싼 강제적 익명성 때문에 많은 수혜자들은 좌절된 의무감을 경험한다. 자신을 죽음의 문턱에서 구해준 특별한 선행에 대해 기증자의 가족들에게 보답을 해야 한다는 생각 때문이다.(Fox & Swazey, 1978, 1992; Simmons et al., 1987; Sharp, 1995) "선물의 독재"는 이식의학계에 잘 알려져 있지만(Fox, 1978: 1168), 사람들은 또한 기증자에 대해 뭔가를 알고자 하는 욕망을 갖는다. 기증된 장기는 종종 단순한 생물학적 신체 일부 이상의 것을 의미하기 때문이다. 수혜자들은 기증된 장기를 인격화된 것으로 경험하며, 이때 기증된 장기는 스스로를 어떤 놀라운 방식으로 드러내고 수혜자의 자아감각에 심대하게 영향을 미치는 행위능력을 갖는 존재로 다가간다.

많은 장기 수혜자들이 기증자의 젠더, 민족, 피부색, 개성, 사회적 지위를 놓고 걱정을 하고, 많은 이들은 자신이 받은 장기에서 나오는 힘과 활력 덕분에 세상에서의 존재양식이 근본적으로 변화하는 것을 경험한다. 샤프(Sharp, 1995)는 장기를 받는 것이 개인을 송두리째 바꿔놓는 경험이며 수혜자가 자신의 사회적 가치를 평가하는 데도 영향을 미친다고 지적한다. 그녀는 이러한 변화가 주관적으로도 일어나며—수혜자의 자아감각이 기증자에게 귀속되던 성질을 포함하도록 확장되었을 때 그렇다—가족, 공동체, 의료 전문직과의 상호작용을 통해서도 일어난다고 주장한다. 샤프는 호글(Hogle, 1995, 1999)과 비슷한 지적을 하고 있는데, 그에 따르면 장기 조달과 관련해 쓰이는 언어는 인간의 몸과 신체 일부를 탈인격화하지만, 많은 수혜자들은 자신이 다시 태어나는 것에 관한 서사를 통해서 장기를 재인격화한다. 장기는 그것이 머무르는 사람과 독립적으로 그 나름의 삶을 살아가는 것이다.(아울러 Crowley-Matoka, 2001; Lock, 2002b도 보라.)

물신주의는 이중으로 작동한다. 마르크스가 주장한 대상화의 물신주의와, 마르셀 모스가 묘사한 바 선물(인간의 신체 일부 포함)이 교환 시스템에 들어갔을 때 개인의 정수를 간직한 채 남아 있는 물신주의가 그것이다. 여기에는 모순이 넘쳐난다. 수혜자들이 이처럼 "생명을 구하는" 이식 장기에 대해 물활론적 성질을 부여한다면 그들은 심각하게 비난을 받을 것이다.(Sharp, 1995) 니콜러스 토머스(Thomas, 1991)가 상품화된 물건 일반에 대해 주장했듯이, 인간의 장기는 "난잡한" 존재이다. 그 자체로 사물이기도 하고, 동시에 생명력과 함께 분명 사회적인 행위능력을 부여받기도 한다는 점에서 그렇다. 토머스의 묘사는 유전물질에도 동등하게 적용된다. 비록 그것의 난잡함이 지리적 맥락과 지역의 문화적, 정치적 지평에 따라 대단히 다른 방식으로 수행되지만 말이다.

두 번 죽고, 두 번 태어나다

장기기증, 조달, 이식을 잇는 연결망은 서로 다른 장소에서 다양한 방식으로 가로막히거나 촉진될 수 있다. 어려움이 생기는 것은 종종 기술적 전문성의 부족 때문이 아니라 문화적, 정치적 고려 때문이다. 예를 들어 스웨덴, 독일, 덴마크, 일본, 이스라엘 등을 포함하는 여러 나라들은 1960년대 후반 이후 뇌사—인공호흡기를 이용해 신체기능이 유지되지 않으면 존재할 수 없는 상태—를 인간생명의 종식으로 법률적으로 인정할 수 있는지 여부를 놓고 장기간에 걸친 대중 토론을 진행했다.(Rix, 1999; Schöne-Seifert, 1999) 일본에서는 전문 포럼과 언론을 통해 법률가, 의료 전문직 종사자, 지식인, 대중 구성원 사이에 벌어진 논쟁이 낙태나 그 외 다른 어떤 생명윤리 문제에 대한 토론도 훨씬 능가했다. 수없이 진행된 국가적 여론조사 결과 역시 분명한 합의점을 찾지 못했다. 1997년 일본에서 제정된 법률은 의학의 관심사를 가족의 우려보다 낮은 위치에 두었고, 뇌사를 인간생명의 종식으로 간주할 수 있는 것은 오직 진단받은 환자와 그/녀의 가족이 장기기증 의사를 사전에 고지한 경우에 한한다고 규정했다. 2005년까지 뇌사 기증자로부터 장기를 수급한 사례는 마흔 건을 채 넘지 못했다.

수많은 요인들이 이러한 난국에 원인을 제공했고, 그중에는 의료 전문직에 대한 신뢰 결여, 보수적인 법률 전문직, 병원의 관행에 대한 광범한 언론의 비판, 뇌사를 인간생명의 종식으로 공인하는 것을 막으려는 시민단체의 운동 등이 포함되어 있다. 그에 못지않게 중요했던 것은 죽음과 관련해 문화로부터 영향을 받은 관행들이었다. 그중 두드러진 것은 생명의 종식에 관한 결정을 내릴 때 가족이 하는 중심적 역할(Long, 2003), 사체의 상품화를 허용하는 것에 대한 많은 사람들의 거부감, 신체 일부를 "선물로 주는" 데 대한 강한 저항, 뇌사한 몸에서 인공호흡기를 떼는 것은 일종의 살인이라는 두려움 등이다. 종교단체들은 이러한 논쟁에서 목소리를 크게 내지 않았다.(Hardacre, 1994) 대신 많은 일본인들이 도덕적 질서를 위협하는 예외적 기술에 대한 합리적이고 상식적인 반응으로 여기는 것으로부터 의구심이 생겨났다. 물론 모든 일본인이 동일한 방식으로 반응했다는 얘기는 결코 아니다.(Lock, 2002a, b)

호글(Hogle, 1999)은 인간 신체 일부의 상품화와 치료적 도구로의 활용을 둘러싼 독일에서의 논쟁이 나치의 실험과 우생학 실천의 역사로부터 얼마나 강력하게 영향을 받았는지 보여준다. 이식시술에 협조하기를 꺼리는 것은 생명의 정수가 인간의 몸 전체에 퍼져 있다는 중세적 믿음에도 뿌리를 두고 있다. "연대"(구동독에서 강력한 힘을 발휘했던 은유)와 기독교적 "자선"이라는 아이디어가 장기기증을 독려하기 위해 모두 사용되었으나, 다문화적인 독일에서 장기기증을 사회적 선으로 탈바꿈시키는 일은 계속 어려움에 봉착해 있다.(Hogle, 1999: 192)

멕시코에서는 일본에서와 마찬가지로 사실상 거의 모든 장기이식이 가까운 친척들 간의 "생존자 관련" 기증이다. 흔히 퍼져 있는 국가주의적 정서—많은 정치 지도자들도 공유하고 있는—는 뇌사자의 몸에서 장기를 수급하는 것은 미국 같은 나라들이나 참여할 수 있는 비인도적 행위라는 것이다. 크롤리-마토카(Crowley-Matoka, in press)는 광범한 현장연구에 기반해 멕시코에서는 사회적, 도덕적 생활의 중핵을 이루는 가족이 장기의 "국가적" 원천임과 동시에 "자연적" 원천으로 간주되고 있다고 주장한다. 그중에서도 특히 어머니들이 장기를 기증할 것으로 기대되고 있는데, 그 이유는 부분적으로 어머니들이 양육자로서 갖는 일차적 역할 때문이기도 하고, 또 부분적으로 그들의 몸이 일하는 남자들에 비해 희생할 수 있는 것으로 여겨지고 있기 때문이기도 하다. 기증 패턴은 멕시코 가정의 빈곤한 삶과 거기서 받아들여지고 있는 노동분업의 잔인한 현실과 잘 "부합"한다. 크롤리-마토카는 수혜자들 중 남성들에게서 성적 능력에 대한 우려—거세마나 반(半)여자처럼 되는 것은 아닌가 하는—가 존재한다는 증거를 찾아냈다.

레슬리 샤프(Sharp, 2006)는 미국에서 장기의 기증, 수급, 이식을 다룬 민족지연구에서 이식용 장기의 기원이 의도적으로 탈인격화되고 삭제된다는 사실을 분명하게 보여주었다. 그럼에도 불구하고 수많은 기증자의 친척은 기술적으로 진단가능한 물질적 죽음이라는 생의학의 궤적을 받아들이지 못한다. 미국의 이식시술을 여러 해에 걸쳐 연구하는 과정에서 샤프는 기증자와 수혜자 간의 사회적 관계가 어떻게 변화해왔는지를 관찰했다. 처음에 그러한 관계는 강제된 익명성 탓에 순전히 상상에 기반한 것이었다. 그러나 좀 더 최근에 들어서는 그러한 관계가 공공영역에서 상찬할 수 있는 어떤 것이 되었다. 오늘날에는 기증자를 기념하는 조형물을 세우고 기증자와 수혜자가 한자리에 모여 기증자의 삶을 상찬하는 공공집회를 여는 것을 흔히 볼 수 있다. 그러한 집회들에서 반복되는 주요 모티브는 상실과 구원, 탄생과 재탄생이다. 발언자들은 자신에게 장기를 제공한 사람이 누구인지를 종종 정확하게 아는 장기 수혜자들이다.(Sharp, 1995; 아울러 Lock, 2002b도 보라.) 기독교에서 이끌어낸 은유들이 자유롭게 동원되고, 증언들은 마치 오순절교회에서 쓰이는 것과 흡사한 방식으로 전달된다. 장기 수혜자들이 반드시 기독교 신자인 것도 아닌데 말이다.

신체의 상품화 및 생의학기술과 연관된 문제들은 빈부 간에 엄청난 불균형이 존재하는 나라들에서는 공공연한 정치적 문제가 된다. 코언(Cohen, 2002), 다스(Das, 2000), 셰퍼-휴즈(Scheper-Hughes, 1998)는 특히 공민권을 박탈당한 사람들이 착취에 얼마나 취약한지를 보여주었다. 장기수급 및 이식과 연관된 활동의 복잡한 연결망—장기 브로커, 파렴치한 의사, 때때로 살아 있는 신장 기증자의 내키지 않는 참여를 포함하는—을 추적함으로써, 이러한 연구자들은 사회적 불공평이 재생산되고 있고, 심지어 이식기술의 실천을 통해 더욱 악화되고 있음을 분명하게 보여준다. 다스(Das, 2000)는 인도에서의 연구에 기반해, 계약법과 전 지구적으로 적용되고 있는 생명윤리—권리의 언어에 기반을 둔—모두를 비판하고 있다. 그녀는 사회생활에서 엄청난 불평등이 존재하고 뇌물과 부패를 흔히 볼 수 있는 곳에서는 그러한 언어가 장기수급과 연관된 폭력과 고통의 정치를 가려버린다고 주장한다. 반면 크롤리-마토카(Crowley-Matoka, 2001)는 멕시코에서 빈민들이 종종 장기의 수혜자가 되며, 미국에 사는 멕시코인들의 경제적 도움과 때때로 그들의 장기기증 덕분에 이민자들과 본국에 있는 그들의 친척 사이에 유대가 더욱 돈독해진다는 것을 보여준다.

장기 수혜자들은 그들이 어디에 사는가와 상관없이 사실상 영구적인 병약자가 되기 때문에 많은 장기 수혜자들과 일부 기증자들은 더 이상 가족을 부양할 수 없게 된다. 일부는 직장을 알아보거나 보험회사를 상대할 때 차별을 경험하기도 하며, 독신자들이 배우자를 찾는 데 어려움을 겪을 수도 있고, 여성의 경우에는 임신했을 때 위험이 증가한다. 그러나 장기 거부의 문제를 거의 겪지 않은 수혜자들 중에는 많은 사람들이 젊어졌다고 느끼거나 심지어 다시 태어났다고 느끼기도 한다.

이식기술이 이런 시술에 직접 연관된 사람들의 일상생활에 미치는 영향은 맥락의존적이다. 그러한 기술은 기본적인 사회계약에 관한 검증되지 않은 가정들, 무엇을 자아와 타자로 간주할 것인지, 그리고 자연과 문화 사이에 받아들여지고 있는 경계를 재고해보도록 강제한다. 따라서 이 기술에 의해 촉발된 토론은 민족주의, 근대화, 진보, 형평성, 누구의 삶은 가치 있고 누구의 삶은 희생될 수 있는가, 무엇을 죽음으로 간주할 것인가, 좀 더 일반적으로는 인간의 몸의 상품화, 이식과 연관해 몸의 경계가 침범되면서 나타난 새로운 사회관계 창출의 가능성 등에 관한 정치적 논쟁의 초석으로 작용할 수 있다.

자유방임 우생학

1960년대에 시작된 특정한 고위험 인구에 대한 유전자 선별검사의 제도화, 그리고 그로부터 20년 후에 나타난 임신 여성에 대한 유전자검사 실행은 임상유전학의 세계와 우생학의 세계 사이의 역사적 연관관계 때문에 처음부터 어려움을 겪었다.(Duster, 1990) 20세기 전반기의 우생학운동을 이끌었던 원칙은 "열등한" 유전자의 제거가 사회 전체의 이익을 위해 정당화될 수 있다는 믿음이었다.(Kevles, 1985; Kitcher, 1996) 그러한 유전자를 제거하는 데 이용할 수 있는 유일한 방법은 정책을 제정해서 유전적으로 무가치하거나 사회에 짐이 되는 것으로 지목된 개인들의 재생산 생활을 의료계와 정부 대표가 관리하는 것이었다.

오늘날에는 이와는 다른 수사가 임신중절로 이어질 수 있는 개입에 원칙을 제공한다. 개인의 선택이 지배적인 것으로 제시되며 정부의 역할은 눈에 보이지 않게 숨겨진다. 유전자검사 결과에 기반해 임신중절 결정을 내리는 것은 필연적으로 도덕적 선택을 수반한다. 단지 낙태라는 행동 **그 자체**뿐 아니라 무엇을 정상으로, 또 비정상으로 간주해야 하는가에 관한 선택이다. 그러나 그러한 결정이 내려지는 근거가 명시적으로 고찰되는 경우는 상대적으로 드물고(Duster, 1990; Lock, 2002c), 일각에서는 그러한 실천들을 "신우생학(neo-eugenics)"이라는 이름으로 불러왔다.(Kitcher, 1996)

20여 년 전에 과학사가인 에드워드 욕슨(Yoxen, 1982)은 질병의 병인학에서 유전학의 역할이 20세기 내내 인정되어오긴 했지만, "유전병"이라는 관념이 이러한 담론을 지배하면서 종종 다른 기여 요인들의 역할을 가려버리게 된 것은 분자유전학의 도래 이후였다고 지적했다. 켈러(Keller, 1992)는 이러한 개념적 변화로 인해 과학자들이 인간 유전체 프로젝트를 합당하면서도 바람직한 것으로 보게 되었다고 주장한다. 인간 유전체의 지도를 작성하는 목적은 어떤 특정 개인의 유전체와 실제로 일치하지는 않는 모종의 기준선을 만들어내는 것이었다. 이론적으로는 모든 사람이 기준으로부터의 일탈에 해당한다.(Lewontin, 1992) 뿐만 아니라 관련된 많은 과학자들은 "모든 사람에게 개인적이고 천부적인 권리, 즉 건강의 권리를 보장하는" 것이 조만간 가능해질 것이라고 믿었다.(Keller, 1992: 295) 미국 기술영향평가국이 1988년에 발간한 보고서는 "각각의 개인이 적어도 어느 정도의 정상 유전자는 … 확실히 가질 수 있도록" 유전정보가 활용될 거라고 주장했다. 이는 "개인들이 정상적이면서 적합한 유전적 자질을 갖고 태어날 수 있는 중대한 권리를 갖고 있다."는 믿음에 의해 정당화되었다. 이런 식으로 유전정보를 계획적으로 활용하는 것은 보고서에서 "정상성의 우생학(eugenics of normalcy)"으로 묘사되었다.(Office of Technology Assessment, 1988; Keller, 1992에서 재인용)

이와 같은 문서들은 인간의 유전자 풀의 질적 향상을 언급하고 있으면서도 사회정책이나 종의 이익에 초점을 맞추지 않고 있다. 개인의 선택에 대한 믿음이 지배적이며, 유전정보는 결코 양도할 수 없는 개인의 건강권을 실현시키는 데 필수불가결한 것으로 가정된다.

20세기 전반기의 우생학이 잘못된 과학에 근거하고 있었다는 데는 거의 모든 사람이 동의를 표하고 있으며, 당시 우생학의 실천들은 호된 비판의 대상이 되고 있다. 그러나 선별검사 프로그램의 실행을 정당화할 때는 "결함이 있는" 아이들을 치료하고 보살피는 사회적 비용 문제가 여전히 명시적으로 언급된다. 예를 들어 캘리포니아주는 1990년대 초에 모든 임신한 여성을 대상으로 모체 혈청 알파태아단백(α-fetoprotein) 선별검사를 도입했는데, 이는 신경관결손을 갖고 태어나는 유아의 수를 줄여서 비용을 절감하려는 의도를 담은 것이었다.(Caplan, 1993) 1990년에 국제헌팅턴병협회(International Huntington Association)의 지침은 헌팅턴 유전자가 발견되면 임신중절을 하겠다는 언질을 주지 않으려는 여성들에 대한 검사 거부를 옹호했다. 폴과 스펜서(Paul & Spencer, 1995: 304)가 지적한 것처럼, "이러한 권고를 했던 사람들은 자신들이 우생학을 촉진하고 있다고 생각하지 않았음이 분명하다. 우생학은 죽었다고 가정하는 것은 심오한 사회적, 정치적, 윤리적 문제를 처리하는 한 가지 방법이겠지만, 그것이 최선의 방법은 아닐 수 있다." 비슷한 맥락에서 긴스버그와 랩(Ginsburg & Rapp, 1995)은 생물학적, 사회적 재생산이 필연적으로 문화의 생산과 밀접한 관계를 갖는다고 주장했다. 랩(Rapp, 1999)은 주로 다운증후군과 단일유전자 질환을 알아보는 데 사용되는 기술인 양수검사에 대한 민족지연구를 했다. 이 연구에서 그녀는 비지시적 상담(nondirective counseling) 정책에도 불구하고 미국의 유전상담사들은 검사결과를 피상담자가 속한 민족과 연관된 것으로 시사하는 방법을 고안해낸다는 것을 보여주었다. 이러한 상담사들은 종종 부지불식중에 "계층화된 재생산"이 지속되도록 부추겨서 "어떤 범주의 사람들은 양육과 재생산을 하도록 힘을 불어넣는 반면, 다른 범주의 사람들은 낙담하게 만든다."는 것이었다.(Ginsburg & Rapp: 1995: 3) 랩의 민족지연구는 또한 이런 유형의 검사를 받아야 하는 상황이 되면 많은 여성들—특히 백인도 아니고 중산층도 아닌 여성들—이 비협조적으로 변하고 종종 자신들에게 주어진 위험 정보를 재해석하거나 그것에 저항한다는 것을 분명하게 보여주었다.

이중적 태도와 저항은 유전자검사 일반에 대해서도 흔히 볼 수 있는 반응이다. 성인이 되어서 나타나는 유전질환의 위험이 있는 것으로 생각되는 사람들 중 실제로 검사를 받는 비율은 15~20퍼센트에 불과한 것으로 추정되며(Quaid & Morris, 1993; Beeson & Doksum, 2001), 임신한 여성들은 적극적으로 검사를 거부하거나(Rapp, 1998) 검사결과를 무시하는(Hill, 1994; Rapp, 1999) 모습을 보여왔다.

심지어 극도의 주의를 기울이는 것처럼 보이는 경우에도, 유전자검사와 선별검사의 일상화가 빠르게 진행되고 있다. 이는 사람들이 낙태에 관해서, 또 자신에게 적합하고 유전적으로 조화로운 결혼 상대자를 고르는 데서 합리적인 선택을 할 수 있게 되면 병에 걸린 아이를 세상에 내놓는 일을 피할 수 있을 거라는 가정에 입각해 있다.(Beeson & Doksum, 2001) 일부 프로그램들—특히 미국과 그 외 다른 지역에서의 겸상적혈구 형질에 대한 선별검사(Duster, 1990)—이 인종주의와 차별의 오랜 역사와 연관되어 있다는 점에는 의심의 여지가 없다. 반면 지중해성 빈혈이나 테이삭스병에 대한 선별검사는 특정 가족들에게 엄청난 안도감을 가져다주었고(Angastiniotis et al., 1986; Kuliev, 1986; Mitchell et al., 1996), 쿠바 정부는 겸상적혈구 질환에 대한 선별검사 프로그램에서 성공을 거두었다고 발표했다.(Granda et al., 1991)

프로그램의 성공은 문제가 되는 질병의 이환율 감소로 측정된다. 이는 대체로 위험에 처한 것으로 생각되는 10대들에 대한 유전자검사를 통해 이뤄지는데, 그들은 나중에 결혼, 재생산, 그리고 필요한 경우 낙태에 관한 결정을 내릴 때 이러한 검사결과를 자유롭게 이용할 수 있다. 몬트리올에서는 25년 넘게 지중해성 빈혈과 테이삭스병에 대한 선별검사가 이뤄진 결과 이환율이 거의 100퍼센트 감소했다. 관련된 가족들 대부분은 그러한 프로그램이 없었다면 그들은 질병에 대한 우려 때문에 아예 아이를 갖지 못했을 것이며, 이제 자손이 커다란 고통을 면하게 되었다는 생각에 안도하고 있다고 진술했다.(Mitchell et al., 1996)

윌리스(Willis, 1998)는 낙태의 정치와 열렬한 "생명권" 운동가들이 선별검사 기술의 실행과 확산에 영향을 미칠 수 있다고 지적했다. 장애인 권리 활동가들 역시 검사에 비판적이다. "단일한 형질이 (잠재적인) 사람 전체를 대신하는 꼴"이기 때문이다. "특정 형질에 대한 지식 때문에 그렇지 않았다면 부모가 원했을 태아를 낙태하는 결과가 충분히 빚어질 수 있다." (Parens & Asch, 1999: S2)

유전자화, 유전적 책임, 유전적 시민권

1992년에 애비 리프먼은 사람들의 유전자 구성을 근거로 이들을 구별하려는 경향이 점차 강해지고 있는 현상을 포착하기 위해 유전자화(geneticization)라는 용어를 고안했다. 그녀가 무엇보다 우려를 표했던 것은 사회 현실과 생물학적 차이를 뒤섞는 경향이 새롭게 나타남에 따라 인종주의, 불평등, 다양한 종류의 차별이 강화될 가능성이었다.(Lippman, 1998: 64)

좀 더 최근에는 애덤 헤지코(Hedgecoe, 2001)가 "계몽된 유전자화"라는 개념을 써서 정신분열증에 관한 현재의 과학적 담론이 유전적 설명에 높은 우선순위를 두면서 비유전적 요인들로부터 알게 모르게 관심이 멀어지는—환경적 요인이나 그 외 다른 비유전적 요인들도 질병 유발에 기여하는 바가 있다고 입에 발린 말을 하면서도—것을 보여주었다.(아울러 Spallone, 1998도 보라.) 헤지코는 유전자 결정론이 작동하고 있다는 리프먼의 견해에 동의하면서도, 유전자화, 좀 더 일반적으로는 의료화(Lock & Kaufert, 1998; Lock, Lloyd, & Prest, 2006을 보라.)가 긍정적인 영향을 미치는 측면도 있음을 지적한다. 예를 들어 의학계가 어떤 증상을 질병으로 인정하면 사회적 낙인찍기나 해당 개인과 가족에게 책임을 떠넘기는 일이 줄어든다.(McGuffin et al., 2001) 뿐만 아니라 많은 가족들은 환자를 무력하게 만드는 증상이 잘못된 유전자의 결과라는 말을 들으면서 안도하는 것처럼 보인다. 이 말은 그런 증상이 도덕적 결함과는 아무런 상관도 없음을 넌지시 암시하고 있기 때문이다.(Turney & Turner, 2000)

사회과학자들은 유전자검사와 선별검사라는 새로운 기술에 의해 직접 영향을 받은 개인과 가족들의 반응도 연구해왔다. 레이나 랩과 그 동료들은 가족들의 연결망이 "유전적 시민권"을 주장하며 자기 자녀들을 괴롭히는 치명적이고 환자를 극도로 무기력하게 만드는 단일 유전자 질환을 중심으로 점차 뭉치는 모습을 보여준다. 그러한 단체들은 서로 사회적 지원을 제공하며 연구자금을 늘리도록 미국 의회에 로비를 한다. 유사한 활동들은 다른 나라들에서도 나타나고 있다.(Callon & Rabeharisoa, 2004) 이러한 활동가들은 제약회사들이 자기 가족을 괴롭히는 희귀 질병에 대한 연구에 투자하는 일이 오직 드물게만 일어난다는 사실을 뼈저리게 깨닫고 있다.(Rapp, 2003)

오래전에 에드워드 욕슨(Yoxen, 1982)은 "증산전 환자(presymptomatically ill)"들을 찾아내는 새로운 능력 때문에 조만간 거의 우리 모두가 점차 증가하는 의료감시의 대상이 될 거라고 주장했다. 좀 더 최근에는 폴 래비노(Rabinow, 1996)가 공유된 대립 유전자에 근거해 새로운 집단 정체성이 구성되는 것을 묘사하기 위해 생명사회성의 개념을 만들어냈다. 니콜러스 로즈(Rose, 1993)는 개인들이 체화된 위험에 대해 분별 있는 태도를 나타내 보일 것으로 기대되는 새로운 형태의 거버넌스 등장을 그려냈고, 노바스와 로즈(Novas & Rose, 2000)는 "유전적으로 위험에 처했다."는 말의 의미를 탐구했다.

친족관계와 체화된 위험

분자유전학이 병원과 공중보건 선별검사 프로그램에 도입되면서 개인의 행동이나 가족 내 역학관계는 심대한 영향을 받았다.(Kerr et al., 1998; Michie et al., 1995; Hallowell, 1999; Konrad, 2005) 이와 동시에 개인들은 분자유전학에 관해 이용가능한 지식을 특정 질병의 가족 위험에 관해 자신들이 미리 갖고 있던 생각에 "부합하도록" 해석한다. 또한 사람들은 종종 유전자검사의 결과만을 이용해 자기 가족 내에 "흐르고 있는" 질환을 설명하는 데 저항감을 보인다.(Condit, 1999; Lock, Freeman, Sharples, & Lloyd, 2006) 유전정보가 질병의 원인에 관한 설명 속에 능동적으로 통합되는 경우, 그런 정보는 친족관계, 유전, 건강에 대해 이전에 갖고 있던 관념을 보충한다. 콕스와 매켈린(Cox & McKellin, 1999: 140)은 유전적 위험의 살아있는 경험과 유전에 대한 일반인의 이해가 멘델 유전학 이론과 충돌함을 보여주었다. 그 이유는 "멘델 유전이론은 위험을 정적이고 객관적인 용어로 틀짓"기 때문이다. "그런 이론들은 위험을 인간의 우연성과 생애의 어질러진 모습으로부터 추상해낸다." 커와 그 동료들(Kerr et al., 1998)은 유전학이 어떻게 자신들의 삶을 형성할 수 있는지 깨닫고 이해하는 데서 일반인들이 나름의 권위를 갖는다고 쓰고 있다.

이러한 발견들은 래비노가 "생명사회성"이라는 이름하에 그려낸 새로운 형태의 공동체가 결코 자명하게 이뤄지는 것이 아님을 시사한다. 유전자검사와 선별검사의 기술들은 체화된 위험을 드러낼 수 있는 힘을 갖고 있지만, 지금까지 대다수의 사람들은 그런 정보를 거부하고 미래를 점치지 않는 길을 택하고 있다. 많은 개인들은 DNA에 관한 지식이 필연적으로 몸의 경계를 넘어서 가족들이나 때로는 공동체에까지 즉각적인 중요성을 가질 수 있다는 데 민감한 반응을 보인다. 그들은 검사가 가족 전체에 미칠 영향을 우려한다.(Gibbon, 2002) 이러한 유형의 정보는 개인의 자율성이라는 관념에 기반한 오늘날 생명윤리의 근간에 도전하고 있다.(Hayes, 1992) 아마도 좀 더 중요한 것은 이런 정보가 포함과 배제라는 "부자연스러운" 분자적 경계를 만들어냄으로써 친족 간에 불화와 유대감을 모두 가져올 잠재력이 있다는 점이다.(Gibbon, 2002)

모니카 콘래드(Konrad, 2005)는 최근 헌팅턴병에 대한 연구에서 임상유전학의 진단도구들이 어떻게 "아직 증상이 나타나지 않은 사람들을 새로운 사회적 정체성으로" 만들어내고 있는지를 탐구했다. 콘래드의 민족지 연구는 유전자검사에서 얻어진 지식이 어떻게 관련된 가족들이 갖고 있는 "도덕적 선견지명 시스템" 속에 위치하게 되는지를 보여준다. 그녀는 "문화"가 유전자검사의 모순—치료법이 없는 질병에 대한 진단을 제공하는—에 대처하는 과정에서 작동한다고 주장한다. 알츠하이머병에 대한 나와 동료들의 연구에서 주장했던 것처럼(Lock, Freeman, & Lloyd, 2006), 콘래드는 가족 중 누가 병에 걸릴 것인지를 예측하기 위해 가족들이 "혼합유전(blended inheritance)"의 개념에 의존한다고 지적한다.(Richards, 1996) 유전자검사가 예측가능성을 강화시키긴 하지만, 사람들이 양성 혹은 음성인 검사결과에 어떻게 반응할 것인지는 결코 분명치 않다. 가령 헌팅턴병 사례에서는 검사결과가 음성으로 나온 어떤 사람들이 자살한 경우도 있었다. 가족들이 걸리는 질병을 혼자만 빠져나간 데 대한 죄의식 때문으로 보인다.(Almqvist et al., 1999, 2003; Quaid & Wesson, 1995)

유전자검사 결과가 확실성과 결부되는 경우는 드물다. 심지어 헌팅턴병과 연관되어 있는 상염색체상의 우성 유전자도 100퍼센트 발현되지 않으며, 따라서 이 유전자를 가진 모든 사람이 병에 걸리는 것은 아니다.(McNeil et al., 1997) 뿐만 아니라 많은 유사 질병들처럼 발병 연령은 다양하게 나타나며 정확한 예측이 불가능하다. 헌팅턴 유전자의 지도가 작성된 후, 이전까지 사람들에게 제공되었던 위험 추정치 중 상당수가 부정확했음이 밝혀졌고 이는 몇몇 사례에서 심각한 사회적 반향을 낳았다.(Almqvist et al., 1997)

특히 여성들은 자신이 유전자검사를 받고 그에 따라 출산을 계획함으로써 가족의 위험을 회피할 책임이 있다고 생각하게 된다. 유전자 담론은 여성을 "'자연의 결함'의 담지자"로 구성한다.(Steinberg, 1996) 유방암과 난소암에 대한 유전자검사를 연구한 핼로웰(Hallowell, 1999)은 유전적 위험과 위험관리를 도덕적 문제로 구성함으로써 여성들은 자신의 유전적 위험에 대해 모를 권리를 포기하게 된다고 지적한다. 케넨(Kenen, 1999)도 유전자검사는 "서로 의존하는 자아"를 드러냄으로써 우리가 다른 사람들과의 관계를 생각하는 방식을 근본적으로 바꿔놓을 잠재력을 가지고 있다고 주장한다.

복합성 질환에 대한 유전자검사도 점차 흔해지고 있다. 이는 특히 민간 부문에서 이뤄지고 있는데, 돈을 내고 검사를 받는 사람들은 대체로 자신의 유전체 속에 특정한 다형성이 존재하는지 여부에 대해서만 전해 듣게 되고 그것과 연관된 질병이 발현되는 통계적 확률에 대해서는 거의 혹은 전혀 정보를 듣지 못한다. 여기에 더해 유전체 해독 이후의 과학발전—특히 후성유전학과 관련해서—은 복합성 질환의 유전체학에 관한 과학지식이 초보적인 상태에 있을 뿐 아니라, 위험의 계산이 어쩔 수 없이 대단히 의심스러울 수밖에 없음을 충분히 보여주었다.(Lock, 2005) 복합성 질환의 감수성 유전자는 대부분이 문제의 질병을 일으키는 데 필요조건도 충분조건도 되지 못한다. 한 연구는 알츠하이머병과 가장 흔히 연관되는 감수성

유전자검사를 받은 알츠하이머병 환자의 일등친(first-degree relative, 어떤 사람의 부모, 자식, 형제, 자매를 가리키는 말—옮긴이)들이 검사의 결과로 체화나 주체성과 관련해 어떤 근본적 재개념화도 겪지 않았음을 강하게 시사했다. 이런 상황에 대해서는 적어도 네 가지 가능한 설명이 존재한다. 첫째, 이 병이 나이가 들어서야 발병한다. 둘째, 이러한 개인들 중 (성별, 유전자형, 병에 걸린 가족 구성원의 수에 근거해) 가장 큰 위험에 직면해 있다고 믿어지는 이들에게 주어진 상대적 위험 추정치는 85세까지 발병 확률이 50퍼센트가 조금 넘는 정도이다. 셋째, 알츠하이머 가족에 속해 살아가는 많은 사람들은 이미 자신들이 유전자형과 별개로 이 질병으로부터 심대한 영향을 받는 것으로 이해하고 있다. 넷째, 그런 가족들은 거의 예외 없이 비유전적 요인들은 변화시키는 것이 가능하지만 유전자는 그렇지 않다고 믿고 있다.(Lock, Freeman, & Lloyd, 2006) 어떤 사람의 유전자형에 관한 지식에 근거해 체화에서 심대한 변화가 나타난다고 가정하는 유전자 과장광고에 사회과학자들이 부지불식간에 기여해왔는지 여부는 앞으로의 연구가 밝혀줄 것이다. 이런 측면에서 장기 수혜자가 되는 것이 미치는 영향은 유전자검사나 선별검사와 연관된 영향과 크게 다를 수 있다.

결론

앞으로 알아내야 하는 사실은 분명 많이 남아 있다. 예를 들어 우리는 장기를 불법으로 구매한 장기 수혜자들이 경험하는 주관적 변화에 대해 가진 자료가 거의 없다. 또한 가족 중 한 사람 이상이 유전자검사를 받은 가족들에서 장기적으로 정체성에 어떤 영향이 나타나는지에 대해서도 자료를 갖고 있지 않다. 비멘델식 복합성 질환에 관해 알아낸 사실들을 보면 분자화된 정체성에 관한 탈체현되고 추상화된 지식이 "핏줄"과 유전에 근거한 동일시를 대체할 정도의 힘은 없는 듯 보인다. 유방암과 연관된 유전자에 관한 정보는 예외일 수 있지만 말이다.

지면의 제약 때문에 이 장 전체를 통틀어 묘사된 민족지연구의 발견들에 대한 상술은 최소한에 그쳐야 했다. 민족지 접근은 환원주의와 본질주의를 모두 피할 수 있게 해주며 생의학기술이 어떻게 물질과 함께 공동구성되는지를 탐구하는 강력한 도구를 제공한다. 민족지연구는 또한 이러한 기술의 사용과 연관된 실천에 미치는 문화적, 사회정치적 제약을 드러내며, 개인들—사용자건, 소비자건, 책임 있는 시민이건 간에—에 대해서만 주목할 경우 경계가 획정된 자율적이고 근대적인 몸을 특권화하는 결과를 초래함을 보여준다. 이식기술과 유전자검사 및 선별검사의 실천은 연구자들에게 잡종적이고 탈근대적인 몸, 유동적인 주체성, 변화하는 인간의 집단성이 어디에나 존재한다는 사실을 인정하는 것 외에는 다른 선택의 여지가 없음을 분명하게 보여주고 있다. 이는 다시 새로운 형태의 체화와 정체성이 갖는 잠재력과 연관되어 있다. 이러한 기술이 미치는 심오한 사회적 영향을 기록하는 것은 전 지구적으로, 또 지역적으로 실제 작동 중인 생의학기술에 대한 성찰적이고 비판적인 분석을 가능케 하는 굳건한 토대가 될 것이다.

참고문헌

Adams, V. (2002) "Establishing Proof: Translating 'Science' and the State in Tibetan Medicine," in M. Nichter & M. Lock (eds), *New Horizons in Medical Anthropology: Essays in Honour of Charles Leslie* (Reading, U.K.: Harwood): 200 – 220.

Almqvist, Elisabeth, Shelin Adam, Maurice Bloch, Anne Fuller, Philip Welch, Debbie Eisenberg, Don Whelan, David Macgregor, Wendy Meschino, & Michael R. Hayden (1997) "Risk Reversals in Predictive Testing of Huntington Disease," *American Journal of Human Genetics* 61: 945 – 952.

Almqvist, Elisabeth, Maurice Bloch, Ryan Brinkman, David Craufurd, & Michael R. Hayden (1999) "A Worldwide Assessment of the Frequency of Suicide, Suicide Attempts, or Psychiatric Hospitalization after Predictive Testing for Huntington Disease," *American Journal of Human Genetics* 64: 1293 – 1304.

Almqvist, E. W., R. R. Brinkman, S. Wiggins, M. R. Hayden, & The Canadian Collaborative Study of Predictive Testing (2003) "Psychological Consequences and Predictors of Adverse Events in the First 5Years After Predictive Testing for Huntington's Disease," *Clinical Genetics* 64: 300 – 309.

Angastiniotis, M., S. Kyriakidou, & M. Hadjiminas (1986) "How Thalassaemia Was Controlled in Cyprus," *World Health Forum* 7: 291 – 297.

Appadurai, Arjun (1990) "Disjuncture and Difference in the Global Cultural Economy," *Public Culture* 2: 1 – 24.

Beeson, Diane & Teresa Doksum (2001) "Family Values and Resistance to Genetics Testing," in B. Hoffmaster (ed), *Bioethics in Social Context* (Philadelphia: Temple University Press): 153 – 179.

Boyle, James (1996) *Shamans, Software, and Spleens: Law and the Construction of the Information Society* (Cambridge, MA: Harvard University Press).

Brodwin, Paul E. (ed) (2000) *Biotechnology and Culture: Bodies, Anxieties, Ethics* (Bloomington: Indiana University Press).

Callon, M. & V. Rabeharisoa (2004) "Gino's Lesson on Humanity: Genetics, Mutual Entanglements and the Sociologist's Role," *Economy and Society* 33: 1 – 27.

Caplan, Arthur L. (1993) "Neutrality Is Not Morality: The Ethics of Genetic Counseling," in D. M. Bartels, B. S. LeRoy, & A. L. Caplan (eds), *Prescribing Our*

Future: Ethical Challenges in Genetic Counseling (Hawthorne, NY: Aldine de Gruyter): 149–165.

Casper, M. & A. Clarke (1998) "Making the Pap Smear into the Right Tool for the Job: Cervical Cancer Screening in the United States, c. 1940–1995," *Social Studies of Science* 28(2/3): 255–290.

Clarke, Adele E, Janet K. Shim, Laura Mamo, Jennifer Ruth Foskett, & Jennifer Fishman (2003) "Biomedicalization: Technoscientific Transformations of Health, Illness and U.S. Biomedicine," *American Sociological Review* 68: 161–194.

Cohen, Lawrence (1998) *No Aging in India: Alzheimer's, the Bad Family, and Other Modern Things* (Berkeley: University of California Press).

Cohen, Lawrence (2002) "The Other Kidney: Biopolitics Beyond Recognition," in N. Scheper-Hughes & L. Wacquant (eds), *Commodifying Bodies* (London: Sage): 9–30.

Condit, Celeste M. (1999) "How the Public Understands Genetics: Non-Deterministic and Non-Discriminatory Interpretations of the 'Blueprint' Metaphor," *Public Understanding of Science* 8: 169–180.

Cowan, R. S. (1987) "The Consumption Junction: A Proposal for Research Strategies in the Sociology of Technology," in W. Bijker (ed), *The Social Construction of Technological Systems* (Cambridge, MA: MIT Press).

Cox, S. & W. McKellin (1999) "'There's This Thing in Our Family': Predictive Testing and the Construction of Risk for Huntington Disease," in P. Conrad & J. Gabe (eds), *Sociological Perspectives on the New Genetics* (London: Blackwell): 121–148.

Crowley-Matoka, Megan (2001) "Modern Bodies, Miraculous and Flawed: Imaginings of Self and State in Mexican Organ Transplantation," Ph.D. diss., University of California, Los Angeles.

Crowley-Matoka, Megan (in press) *Producing Transplanted Bodies: Life, Death and Value in Mexican Organ Transplantation* (Durham, NC: Duke University Press).

Crowley-Matoka, Megan and Galen Switzer (2005) "Nondirected Living Donation: A Preliminary Survey of Current Trends and Practices," *Transplantation* 79(5): 515–519.

Cussins, Charis M. (1998) "Ontological Choreography: Agency for Women Patients in an Infertility Clinic," in M. Berg & A. Mol (eds), *Differences in Medicine: Unraveling Practices, Techniques, and Bodies* (Durham, NC: Duke University

Press): 166-201.

Daniel, Valentine (1991) *Is There a Counterpoint to Culture?* Wertheim Lecture, Center for Asian Studies, Amsterdam.

Das, V. (2000) "The Practice of Organ Transplants: Networks, Documents, Translations," in M. Lock, A. Young, & A. Cambrosio (eds), *Living and Working with the New Medical Technologies: Intersections of Inquiry* (Cambridge: Cambridge University Press): 263-87.

de Witte, Joke I. & Henk ten Have (1997) "Ownership of Genetic Material and Information," *Social Science and Medicine* 45: 51-60.

Duster, Troy (1990) *Back Door to Eugenics* (New York: Routledge).

Everett, Margaret (2003) "The Social Life of Genes: Privacy, Property and the New Genetics," *Social Science in Medicine* 56: 53-65.

Feenberg, Andrew (1995) "Subversive Rationalization: Technology, Power and Democracy," in A. Feenberg & A. Hannay (eds), *Technology and the Politics of Knowledge* (Bloomington: Indiana University Press): 3-22.

Fox, Renée (1978) "Organ Transplantation: Sociocultural Aspects," in W. T. Reich (ed), *Encyclopedia of Bioethics* (New York: Free Press): 1166-1169.

Fox, Renée & Judith P. Swazey (1978) *The Courage to Fail: A Social View of Organ Transplants and Dialysis* (Chicago: University of Chicago Press).

Fox, Renée & Judith P. Swazey (1992) *Spare Parts: Organ Replacement in American Society* (Oxford: Oxford University Press).

Franklin, Sarah (2003) "Ethical Biocapital: New Strategies of Cell Culture," in S. Franklin & M. Lock (eds), *Remaking Life and Death: Toward an Anthropology of the Biosciences* (Santa Fe, NM: School of American Research Press).

Friedlaender, Michael M. (2002) "The Right to Sell or Buy a Kidney: Are We Failing Our Patients?" *Lancet* 359: 971-973.

Gibbon, Sahra (2002) "Re-examining Geneticization: Family Trees in Breast Cancer Genetics," *Science as Culture* 11: 429-457.

Ginsburg, Faye & Rayna Rapp (eds) (1995) *Conceiving the New World Order: The Global Politics of Reproduction* (Berkeley: University of California Press).

Granda, H., S. Gispert, A. Dorticos, M. Martin, Y. Cuadras, M. Calvo, G. Martinez, M. A. Zayas, J. A. Oliva, & L. Heredero (1991) "Cuban Programme for Prevention of Sickle Cell Disease," *Lancet* 337: 152-153.

Grove-White, Robin (2006) "Britain's Genetically Modified Crop Controversies: The Agricultural Environment Biotechnology Commission and Its Negotiation of 'Uncertainty,'" *Community Genetics* 9: 170-177.

Hallowell, Nina (1999) "Doing the Right Thing: Genetic Risk and Responsibility," *Sociology of Health and Illness* 5: 597-621.

Haraway, Donna (1991) "A Cyborg Manifesto: Science, Technology, and Socialist-Feminism in the Late Twentieth Century," in *Simians, Cyborgs, and Women: The Reinvention of Nature* (New York: Routledge): 149-181.

Haraway, Donna (1997) *Modest_Witness@Second_Millennium: FemaleMan_Meets_Oncomouse* (New York: Routledge).

Hardacre, Helen (1994) "The Response of Buddhism and Shinto to the Issue of Brain Death and Organ Transplants," *Cambridge Quarterly of Healthcare Ethics* 3: 585-601.

Hayes, C. (1992) "Genetic Testing for Huntington's Disease: A Family Issue," *New England Journal of Medicine* 327: 1449-1451.

Hedgecoe, Adam (2001) "Schizophrenia and the Narrative of Enlightened Geneticization," *Social Studies of Science* 31: 875-911.

Hendrick, Burton J. (1913) "On the Trail of Immortality," *McClure's* 40: 304-317.

Hill, Shirley (1994) *Managing Sickle Cell Disease in Low-Income Families* (Philadelphia: Temple University Press).

Hogle, Linda (1995) "Standardization Across Non-Standard Domains: The Case of Organ Procurement," *Science, Technology & Human Values* 20: 482-500.

Hogle, Linda (1999) *Recovering the Nation's Body: Cultural Memory, Medicine and the Politics of Redemption* (New Brunswick, NJ: Rutgers University Press).

Joralemon, Donald (1995) "Organ Wars: The Battle for Body Parts," *Medical Anthropology Quarterly* 9(3): 335-356.

Keller, Evelyn Fox (1992) "Nature, Nurture, and the Human Genome Project," in D. J. Kevles & L. Hood (eds), *The Code of Codes: Scientific and Social Issues in the Human Genome Project* (Cambridge, MA: Harvard University Press): 281-289.

Kerr, A., S. Cunningham-Burley, & A. Amos (1998) "The New Human Genetics and Health: Mobilizing Lay Expertise," *Public Understanding of Science* 7: 41-60.

Kevles, Daniel J. (1985) *In the Name of Eugenics: Genetics and the Uses of Human Heredity* (Cambridge, MA: Harvard University Press).

Kitcher, Philip (1996) *The Lives to Come: The Genetics Revolution and Human Possibilities* (New York: Simon and Schuster).

Konrad, Monica (2005) *Narrating the New Predictive Genetics: Ethics, Ethnography and Science* (Cambridge: Cambridge University Press).

Kopytoff, Igor (1986) "The Cultural Biography of Things: Commoditization as Process," in A. Appadurai (ed), *The Social Life of Things: Commodities in Cultural Perspective* (Cambridge: Cambridge University Press): 64–91.

Kuliev, A. M. (1986) "Thalassaemia Can Be Prevented," *World Health Forum* 7: 286–290.

Lacqueur, Thomas (1983) "Bodies, Death and Pauper Funerals," *Representations* 1: 109–130.

Latour, Bruno (1988) *The Pasteurization of France* (Cambridge, MA: Harvard University Press).

Lewontin, Richard C. (1992) "The Dream of the Human Genome," in H. C. Plotkin (ed), *New York Review of Books* (New York: Wiley): 31–40.

Lie, M. & K. H. Sorensen (eds) (1996) *Making Technology Our Own? Domesticating Technology into Everyday Life* (Oslo, Norway: Scandinavian University Press).

Linebaugh, Peter (1975) "The Tyburn Riot: Against the Surgeons," in D. Hay, P. Linebaugh, J. Rule, E. P. T. Thompson, & C. Winslow (eds), *Albion's Fatal Tree: Crime and Society in Eighteenth-Century England* (London: Allen Lane): 65–117.

Lippman, Abby (1998) "The Politics of Health: Geneticization Versus Health Promotion," in S. Sherwin (ed), *The Politics of Women's Health: Exploring Agency and Autonomy* (Philadelphia: Temple University Press).

Lock, Margaret (1993) *Encounters with Aging: Mythologies of Menopause in Japan and North America* (Berkeley: University of California Press).

Lock, Margaret (2002a) "Alienation of Body Tissue and the Biopolitics of Immortalized Cell Lines," in N. Scheper-Hughes & L. Waquant (eds), *Commodifying Bodies* (London: Sage): 63–92.

Lock, Margaret (2002b) *Twice Dead: Organ Transplants and the Reinvention of Death* (Berkeley: University of California Press).

Lock, Margaret (2002c) "Utopias of Health, Eugenics, and Germline Engineering," in M. Nichter & M. Lock (eds), *New Horizons in Medical Anthropology* (London: Routledge): 239–266.

Lock, Margaret (2003) "On Making up the Good-as-Dead in a Utilitarian World," in S. Franklin & M. Lock (eds), *Remaking Life and Death: Toward an Anthropology of the Biosciences* (Santa Fe, NM: School of American Research Press).

Lock, Margaret (2005) "Eclipse of the Gene and the Return of Divination," *Current Anthropology* 46: S47 – S70.

Lock, Margaret & Patricia Kaufert (eds) (1998) *Pragmatic Women and Body Politics* (Cambridge: Cambridge University Press).

Lock, Margaret, Stephanie Lloyd, & Janalyn Prest (2006) "Genetic Susceptibility and Alzheimer's Disease: The 'Penetrance' and Uptake of Genetic Knowledge," in A. Leibing & L. Cohen (eds), *Thinking About Dementia: Culture, Loss, and the Anthropology of Senility* (New Brunswick, NJ: Rutgers University Press): 123 – 154.

Lock, Margaret, Julia Freeman, Rosemary Sharples, & Stephanie Lloyd (2006) "When It Runs in the Family: Putting Susceptibility Genes into Perspective," *Public Understanding of Science* 15(3): 277 – 300.

Long, Susan O. (2003) "Reflections on Becoming a Cucumber: Culture, Nature, and the Good Death in Japan and the United States," *Journal of Japanese Studies* 29(1): 33 – 68.

Mantel, Hilary (1998) *The Giant, O'Brien* (Toronto: Doubleday).

McGuffin, P., B. Riley, & R. Plomin (2001) "Toward Behavioral Genomics," *Science* 291(5507): 1242 – 1249.

McNeil, S. M., A. Novelletto, J. Srinidhi, G. Barnes, I. Kornbluth, M. R. Altherr, J. J. Wasmuth, J. F. Gusella, M. E. MacDonald, & R. H. Myers (1997) "Reduced Penetrance of the Huntington's Disease Mutation," *Human Molecular Genetics* 6: 775 – 779.

Michie, S., H. Drake, M. Bobrow, & T. Marteau (1995) "A Comparison of Public and Professionals' Attitudes Towards Genetic Developments," *Public Understanding of Science* 4: 243 – 253.

Mitchell, John J., Annie Capua, Carol Clow, & Charles R. Scriver (1996) "Twenty-Year Outcome Analysis of Genetic Screening Programs for Tay-Sachs and β-Thalassemia Disease Carriers in High Schools," *American Journal of Human Genetics* 59: 793 – 798.

Novas, Carlos & Nikolas Rose (2000) "Genetic Risk and the Birth of the Somatic Individual," *Economy and Society* 29(4): 485 – 513.

Office of Technology Assessment (1988) *Mapping Our Genes* (Washington, DC: Government Printing Office).

Oudshoorn, Nelly & Trevor Pinch (eds) (2003) *How Users Matter: The Co-Construction of Users and Technologies* (Cambridge, MA: MIT Press).

Parens, Eric & Adrienne Asch (1999) "The Disability Rights Critique of Prenatal Genetic Testing: Reflections and Recommendations," *Hastings Centre Report* 29(5): S1–S22.

Park, Katherine (1994) "The Criminal and the Saintly Body," *Renaissance Quarterly* 47: 1–33.

Paul, Diane B. & Hamish G. Spencer (1995) "The Hidden Science of Eugenics," *Nature* 374: 302–304.

Petryna, Adriana (2006) "Globalizing Human Subjects Research," in A. Petryna, A. Lakoff, & A. Kleinman (eds), *Global Pharmaceuticals: Ethics, Markets, Practices* (Durham and London: Duke University Press): 33–60.

Potter, Paul (1976) "Herophilus of Chalcedon: An Assessment of His Place in the History of Anatomy," *Bulletin of the History of Medicine* 50: 45–60.

Quaid, K. A. & M. Morris (1993) "Reluctance to Undergo Predictive Testing: The Case of Huntington Disease," *American Journal of Medical Genetics* 45: 41–45.

Quaid, Kimberly A. & Melissa K. Wesson (1995) "Exploration of the Effects of Predictive Testing for Huntington Disease on Intimate Relationships," *American Journal of Medical Genetics* 57: 46–51.

Rabinow, Paul (1996) *Essays on the Anthropology of Reason* (Princeton, NJ: Princeton University Press).

Rapp, Rayna (1998) "Refusing Prenatal Diagnosis: The Meanings of Bioscience in a Multicultural World," *Science, Technology & Human Values* 23(1): 45–71.

Rapp, Rayna (1999) *Testing Women, Testing the Fetus: The Social Impact of Amniocentesis in America* (New York: Routledge).

Rapp, Rayna (2003) "Cell Life and Death, Child Life and Death: Genomic Horizons, Genetic Diseases, Family Stories," in S. Franklin & M. Lock (eds), *Remaking Life and Death: Toward an Anthropology of the Biosciences* (Santa Fe, NM: School of American Research Press).

Richards, Martin (1996) "Lay and Professional Knowledge of Genetics and Inheritance," *Public Understanding of Science* 5: 217–230.

Richardson, Ruth (1988) *Death, Dissection, and the Destitute* (London: Routledge).

Richardson, Ruth (1996) "Fearful Symmetry: Corpses for Anatomy, Organs for Transplantation," in R. C. Fox, L. J. O'Connell, & S. J. Youngner (eds), *Organ Transplantation: Meaning and Realities* (Madison: University of Wisconsin Press): 66–100.

Rix, Bo Andreassen (1999) "Brain Death, Ethics, and Politics in Denmark," in S. J. Youngner, R. M. Arnold, & R. Shapiro (eds), *The Definition of Death: Contemporary Controversies* (Baltimore, MD: Johns Hopkins University Press): 227–238.

Rose, Dale & Stuart Blume (2003) "Citizens as Users of Technology: An Exploratory Study of Vaccines and Vaccination," in N. Oudshoorn & T. Pinch (eds), *How Users Matter: The Co-Construction of Users and Technologies* (Cambridge, MA: MIT Press).

Rose, Nikolas (1993) "Government, Authority and Expertise in Advanced Liberalism," *Economy and Society* 22(3): 283–299.

Scheper-Hughes, Nancy (1998) "Truth and Rumor on the Organ Trail," *Natural History* 107(8): 48–56.

Scheper-Hughes, Nancy (2002) "Bodies for Sale: Whole or in Parts," in N. Scheper-Hughes & L. Wacquant (eds), *Commodifying Bodies* (London: Sage): 31–62.

Scheper-Hughes, Nancy (2003) "Rotten Trade: Millennial Capitalism, Human Values and Global Justice in Organs Trafficking," *Journal of Human Rights* 2: 197–226.

Schöne-Seifert, Bettina (1999) "Defining Death in Germany: Brain Death and Its Discontents," in R. M. Arnold, R. Shapiro, & S. J. Youngner (eds), *The Definition of Death: Contemporary Controversies* (Baltimore, MD: Johns Hopkins University Press): 257–271.

Shapin, S. & S. Schaffer (1985) *Leviathan and the Air-Pump: Hobbes, Boyle and the Experimental Life* (Princeton, NJ: Princeton University Press).

Sharp, Lesley A. (1995) "Organ Transplantation as a Transformative Experience: Anthropological Insights into the Restructuring of the Self," *Medical Anthropology Quarterly* 9(3): 357–389.

Sharp, Lesley A. (2006) *Strange Harvest: Organ Transplants, Denatured Bodies, and the Transformed Self* (Berkeley: University of California Press).

Siminoff, Laura A. & Kata Chillag (1999) "The Fallacy of the 'Gift of Life,'" *Hastings Center Report* 29(6): 34–41.

Simmons, Roberta G., Susan K. Marine, Robert Simmons, Susan D. K. Marine, Richard L. Simmons (1987) *Gift of Life: The Effect of Organ Transplantation on Individual, Family, and Societal Dynamics* (New Brunswick, NJ: Transaction Books).

Spallone, Pat (1998) "The New Biology of Violence: New Geneticisms for Old?" *Body and Society* 4: 47－65.

Steinberg, D. L. (1996) "Languages of Risk: Genetic Encryptions of the Female Body," *Women: A Cultural Review* 7: 259－270.

Stenberg, Avraham (1996) "Ethical Issues in Nephrology: Jewish Perspectives," *Nephrology, Dialysis, Transplant* 11: 961－963.

Strathern, Marilyn (1992) *Reproducing the Future: Anthropology, Kinship, and the New Reproductive Technologies* (New York: Routledge).

Strathern, Marilyn (1996) "Cutting the Network," *Journal of the Royal Anthropological Institute* 2(3): 517－535.

Strathern, Marilyn (2005) "Robust Knowledge and Fragile Futures," in A. Ong & S. J. Collier (eds), *Global Assemblages: Technology, Politics and Ethics as Anthropological Problems* (Malden, MA: Blackwell): 464－481.

Thomas, Nicholas (1991) *Entangled Objects: Exchange, Material Culture, and Colonialism in the Pacific* (Cambridge, MA: Harvard University Press).

Tilney, Nicholas L. (2003) *Transplant: From Myth to Reality* (New Haven, CT: Yale University Press).

Trescott, M. M. (ed) (1979) *Dynamos and Virgins Revisited: Women and Technological Change in History* (Lanham, MD: Scarecrow Press).

Turney, John & Jill Turner (2000) "Predictive Medicine, Genetics and Schizophrenia," *New Genetics and Society* 19(1): 5－22.

Van der Geest, Sjaak & Susan Reynolds Whyte (eds) (1988) *The Context of Medicines in Developing Countries: Studies in Pharmaceutical Anthropology* (Dordrecht, Netherlands: Kluwer).

Willis, Evan (1998) "Public Health, Private Genes: The Social Context of Genetic Biotechnologies," *Critical Public Health* 8(2): 131－139.

Winner, Langdon (1986) *The Whale and the Reactor: A Search for Limits in an Age of High Technology* (Chicago: University of Chicago Press).

Wright, Susan (2006) "Reflections on the Disciplinary Gulf Between the Natural and the Social Sciences," *Community Genetics* 9(3): 161 – 169.

Yoxen, E. (1982) "Constructing Genetic Diseases," in P. Wright & A. Treacher (eds), *The Problem of Medical Knowledge: Examining the Social Construction of Medicine* (Edinburgh: University of Edinburgh): 144 – 161.

Zargooshi, Javaad (2001) "Iranian Kidney Donors: Motivations and Relations with Recipients," *Journal of Urology* 165: 386 – 393.

35.
STS와 금융의 사회적 연구

알렉스 프레다

지난 20년 동안 주문제작된 기술들과 이론적 모델들은 금융시장 어디서나 볼 수 있는 특징이 되었다. 오늘날의 시장은 공공장소에서 끊임없이 가격의 흐름을 보여주는 화면, 복잡한 수학 모델의 도움을 얻어 설계된 금융상품, 금융 데이터를 즉시 보여주고 분석하는 소프트웨어 프로그램, 그 외 많은 것들을 의미한다. 전 지구적 확장을 배경으로 해서 이처럼 육중한 존재를 금융거래가 기술과 형식적 모델링에 의존하는 정도가 커진 것과 나란히 놓고 보면, 과학기술이 현대사회의 근간을 이루는 제도 중 하나에 미친 영향이라는 질문이 떠오른다. 이러한 질문의 적절성은 우리가 과학기술이 금융거래에 침투해온 과정의 역사적 차원을 염두에 두면 더 잘 이해할 수 있다. 최근 경제학사가와 사회학자들은 이러한 영향을 수십 년이 아닌 수 세기 규모로 측정해야 한다는 데 인식을 같이하고 있다.(예를 들어 Sullivan & Weithers, 1991; Harrison, 1997; Jovanovic & Le Gall, 2001) 그렇다면 그것은 선진국 사회에서 금융기관들이 점하고 있는 두드러진 지위에 어떻게 기여하는가? 금융은 어느 정도까지 과학기술에 의해 형성되는가?

1990년대 중반 이후 STS 학자들은 점차 이러한 질문들을 인식해왔다. 몇몇 학자들은 초기에 서로 독립적으로 작업하면서 금융시장에서 과학기술의 역할에 관한 연구 프로젝트를 시작했다. 이러한 프로젝트의 결과물은 책, 학술지 논문, 박사학위 논문, 학술대회, 비공식 정보교환 연결망, 협력 프로젝트뿐 아니라 국가 단위의 학회(예를 들어 프랑스에 있는 금융의 사회적 연구학회[Association d'études sociales de la finance])로도 결실을 맺었다. 서유럽과 북미의 여러 대학들에 자리 잡은 연구는 지속적으로 성장해서 박사과정 학생과 연구자금을 끌어들였고, 학술 출판사의 관심을 끌었으며, 행동재무학, 경제사회학, 경제인류학, 국제정치경제론, 지리학 같은 학술 분야들과 교류했다.

여기서 제기되는 한 가지 질문은 STS 학자들의 관심이 금융으로 향하게 된 배경이다. 몇 가지 발전들이 특정한 관심이나 동기와는 독립적으로 이러한 순간을 틀지었다. (1) 철의 장막이 무너지고 1990년대 중반에 전 지구적 금융확장이 가속화되면서 기술과 형식적 금융 모델이 점하는 중심적인 위치가 부각되었다. (2) 금융확장의 물결을 다소간 찬양하던 언론의 재현방식이 1990년대 말에 터진 몇 건의 심각한 위기들과 대조를 이뤘다. 이 위기들에서는 형식적 모델이 중요한 역할을 했는데(예를 들어 1998년의 롱텀캐피털 매니지먼트 위기), 이러한 사건들은 사회정책을 대체하는 금융시장의 능력에 관한 논의를 새롭게 촉발시켰고, 기술과 금융이론 모두와 직접 관련된 신뢰, 정당성, 시장구성의 문제를 제기했다. (3) 1980년대 중반 이후 신고전파 경제학의 중심 가정들에 대한 비판이 경제사회학뿐 아니라 경제학사에서도 보조를 높였다. 과학기술학에서 발전한 통찰과 이론적 접근들이 경제학사로 이전되어 결실을 맺었고, 이는 특히 필립 미로스키의 작업(Mirowski, 1989)에서 두드러졌다. 금융경제학사의 추가 연구(예를 들어 Mehrling, 2005; Bernstein, 1996) 또한 물리학(특히 열역학)과 금융이론 사이의 개념적 연결을 부각시켰다.

이러한 배경하에서 STS에서 금융시장연구로 연구주제, 개념, 접근들의 이전이 일어났고, 금융의 사회적 연구(social study of finance, SSF)가 새로운 연구 분야로 부상했다. 그러나 (새롭게 등장한 서로 다른 패러다임들로 이뤄져 있는) SSF는 과학기술학을 금융으로 단순히 연장 내지 적용한 것으로 볼 수는 없다. 먼저 다른 분야들, 아마도 가장 두드러진 것으로 경제사회학과의 상호교류가 있었다. 둘째, SSF는 이미 존재하는 STS 개념들을 그대로 넘겨받은 것이 아니라 이를 수정하고 풍부하게 만들어 자체적인 연구의제를 발전시켰다. 이어지는 내용에서 나는 STS와 금융의 사회적 연구를 잇는 가장 중요한 개념 및 주제 측면의 연결고리들을 논의하면서 SSF의 연구의제를 탐구할 것이다. 논증의 첫 번째 단계로 나는 다양한 SSF 접근들이 어떻게 지식과 금융행동 사이의 관계를 개념화하는지 보여줄 것이다. 이는 과학지식과 실천적 행동의 연결고리에 대한 STS의 개념화와 흡사하다. 두 번째 단계에서 나는 SSF가 금융경제학 및 시장과 관련해 어떻게 구획(demarcation) 문제에 접근하는지를 탐구할 것이다. 나는 금융의 사회적 연구가 과학기술학에서 탐구하던 구획 문제를 넘겨받아 재구성, 확장하고 있다고 주장하고자 한다. 세 번째 단계에서 나는 SSF에서 발전시킨 행위능력 개념을 논의하면서 이것이 과학기술학뿐 아니라 경제이론에서 제시되는 행위능력 개념과 갖는 유사점과 차이점을 보여줄 것이다. 결론에서는 금융의 사회적 연구의 연구의제를 개관하면서 STS 의제와의 상호교류 가능성을 논의할 것이다.

지식 주제로서 금융정보와 가격

정보는 1970년대의 경제이론에서 핵심적인 개념이 되었다. 이는 제2차 세계대전기의 오퍼레이션 리서치(예를 들어 Klein, 2001: 131; Mirowski, 2002: 60)에서 시작된 노력의 결과(이자 연속)였다. 오퍼레이션 리서치는 무작위적이고 불완전한 데이터에 근거해 행동의 결과를 최적화하려는 노력(예를 들어 대포로 비행기를 추적하거나 메시지를 암호화하는)의 산물이었다. 이를 위해서는 무작위성을 정해진 패턴으로 변형시키는 수학적 도구들이 필요했고, 이러한 도구들은 시장을 마치 전화 교환대와 흡사한 거대한 정보 분배기로 볼 수 있다는 관념(1930년대에 프리드리히 폰 하이에크와 오스트리아 경제학파가 정식화한)과 결합했다.(Mirowski, 2002: 37) 할당과정이 정보에 의해 결정된다는 관점과 정해진 패턴을 찾아내기 위한 무작위 신호의 형식 처리가 이렇게 결합하면서 정보를 수신자의 인지적 속성으로부터 독립된 부가 신호로 개념화하는 시각이 나타났다. 그 결과 정보는 인지와 분리됐다. 전자가 수신자로부터 반응을 유발하는 일종의 전화 신호 같은 것으로 간주된 반면, 인지는 무관한 것으로 여겨졌다. 잡음은 불확실성과 동일시되었고(Knight, [1921]1985), 정해진(혹은 의미 있는) 패턴을 흐리게 만드는 것으로 간주됐다. 마치 (일견) 무작위적인 신호를 삽입해 메시지를 헝클어뜨리는 암호화 기계처럼 말이다.

이처럼 정보를 신호로 보는 개념—경제사회학에서도 영향력을 발휘한(예를 들어 White, 2002: 100-101)—은 정보를 고정된 의사결정 규칙하에서 신호와 관련한 행동의 선택으로 보는 게임이론의 관념에 의해 도전을 받고 있다.(Mirowski, 2002: 380) 이는 경제 행위자의 편에서 합리적 기대라는 관념을 도입하는데(Sent, 1998: 22), 기대에는 무작위 신호를 걸러내는 결정론적 패턴이 포함된다. 이러한 두 번째 정보 관념은 정보와 인지의 구분을 유지했다. 이번에는 인지를 전적으로 무관한 것이 아닌, 통계적 추론으로 이해하는 식으로 말이다.

미로스키(Mirowski, 2002: 289; 2006)에 따르면, 정보를 상징적 계산으로 보는 세 번째 개념이 있다. 이는 인공지능에서 나온 것으로, 다른 두 가지 개념만큼 영향력이 있진 않았다. 이러한 맥락에서 중요한 것은 신고전파 경제이론에서 쓰이는 "정보"가 전화 신호와 유사한 것으로 여겨진다는 사실이다. 불확실성(혹은 잡음)은 그 밑에 깔린 의미 있는 패턴이 없는 무작위 신호로 이해되는 반면, 인지는 무관하거나 통계적 추론으로 환원할 수 있는 것으로 간주된다.

결국 금융시장은 행위자들이 (합리적인) 의사결정 규칙에 따라 선택을 할 수 있도록 근거가 되는 가격신호를 내보내는(Paul, 1993: 1475) 정보 처리기로 볼 수 있다. 이 과정에서 행위자들은 서로 자신들 각자의 기대를 예상해 이를 신호 속에 통합시킨다. 이러한 예상에는 다시 시장에서의 무지와 불확실성의 척도로 이해되는 분산과 변동성이 수반된다.(예를 들어 Stigler, 1961: 214) 가격관찰(Biais, 1993: 157)과 함께 관계의 연결망(예를 들어 Baker, 1984; Abolafia, 1996)과 전문화(Stigler, 1961: 220)도 소음을 줄이는 데 기여한다.

가격신호는 시장의 행위자들이 입수할 수 있는 모든 정보를 완전하게 반영한 것으로 간주된다.(Stigler, 1961) 이는 효율적 시장 가설(efficient market hypothesis, EMH)의 핵심 가정이기도 하다. 시장에서 서로 독립적으로 행동하며 자신들이 구할 수 있는 모든 관련 정보를 처리하는 다수의 행위자들의 존재는 시장의 효율성과 유동성을 위한 근본 조건이다.(Fama, 1970, 1991; Jensen, 1978) 이러한 참가자들은 "주식을 놓고 자유롭고 평등하게 경쟁하면서, 그러한 경쟁 및 참가자들이 입수할 수 있는 완전한 정보로 인해 주식의 가치가 그것의 시가에 완전하게 반영될 수 있도록 한다." (Woelfel, 1994: 328)

EMH는 무작위 행보 가설(random walk hypothesis, RWH)과 연관돼 있다. RWH는 주가변동을 브라운 운동처럼 다룬 루이 바슐리에(Bachelier, [1900]1964)와 19세기 중엽 프랑스의 중개인이었던 쥘 르뇨(Jovanovic & Le Gall, 2001)까지 거슬러 올라갈 수 있다. 가격은 기체 분자와 흡사하게 서로 독립적으로 움직이며 미래의 운동은 과거의 운동과 독립된 것으로 간주된다. 이러한 교의는 블랙-머턴-숄즈 공식(Black-Merton-Scholes formula)처럼 미래의 가격변동 확률을 계산하는 모델에 기반이 되고 있다.(Mehrling, 2005; MacKenzie, 2006) EMH 교의는 일찍이 브누아 망델브로의 문제제기를 받았다. 그는 가격 등락이 유가증권 가격의 가우스 분포와 일치하지 않으며("두터운 꼬리" 모양의 그래프가 나온다.) 가격은 규모 불변임을 눈여겨보았다.(Mirowski, 2004; 235, 239; Mehrling, 2005: 97-98)

시장 효율성의 가정은 어떤 주어진 시간에 경제 행위자가 인지의 문제에 의지하지 **않고** (의미 있는) 신호와 잡음, 관련된 것과 그렇지 않은 것을 구분할 수 있다고 전제한다. 여기서 몇 가지 인식론적 문제들이 부상한다. (1) 가격과 가격 데이터의 구분: 신호로서의 가격은 가격 데이터와 분리시킬 수 없는데, 가격 데이터는 생산 및 기록과정뿐 아니라 그것의 물질적 기반에 대해서도 중립적이지 않다. 데이터의 기록은 기술의 활용을 암시한다. 이에 따라 가격기록 기술이 어떻게 가격 데이터와 금융거래를 함께 형성하는가 하는 문제가 제기된다.('금융경제학의 사회적, 문화적 경계' 절을 보라.) (2) 데이터의 생성과 기록은 진실성, 일관성, 동질성, 재현가능성, 비교가능성, 암기에 관한 공식적, 비공식적인 이론적 가정들에 독립적이지 않다. 가정들은 기록절차 및 기술에 통합되어 분석과 해석에 반영된다. 이러한 가정들은 어떻게 생산되며, 이 과정에는 어떤 사회적 힘들이 관여하는가? (3) 금융 행위자들의 가격 데이터 활용은 관찰, 모니터링, 재현을 암시하며, 이러한 과정 각각은 (금융이론들이 제공하는) 해석, 숙련, 암묵적 지식을 필요로 한다.

이러한 시각에서 보면 가격 데이터는 결코 주어진 것, 자연스러운 것, 금융 행위자들의 내적 합리성에 의해 결정된 것으로 나타나지 않으며, 수신자의 반응을 유발하는 전화 신호와 흡사한 것으로 보이지도 않는다. 그보다 이러한 데이터는 인간행동학적(praxeological) 구조로 나타난다.(Lynch, 1993: 261) 다시 말해 사회적 행동의 일상적이고 설명가능한 순서로 나타난다는 말이다. 이러한 시각에서 금융경제학의 핵심 개념인 정보(Shleifer, 2000: 1-3)는 탐구의 자연스러운 출발점이 아니라 금융 행위자들의 실천적 문제로 간주된다. 학계의 경제학자들은 가격 데이터를 사용할 때 학계에 있지 않은 금융 행위자들과 일단의 지식 가정들을 공유한다. 진실성, 일관성, 동질성, 재현가능성 등에 관한 가정들이 그것이다. 금융 모델링이나 실험의 과학연구는 일반인과 근본적으로 다른(그리고 그것보다 더 우월한) 유형의 이해나 합리성 속에 배태되어 있지 않은 듯하다. 이와 동시에, 이론적 모델은 금융거래에서 사용되기 때문에 재현적 성질뿐 아니라 도구적 성질도 갖는다. 그렇다면 이론적 모델은 그것이 의존하는 바로 그 가정에 어떻게 영향을 주는가? 이에 따라 연구의제에 관한 첫 번째 과제는 이러한 가격 관련 지식 주제들을 탐구하는 것이 된다.

나는 가격관찰에서 시작하려 한다. 유가증권 가격을 객관적이고 주어진 것으로 관찰하는 것은 무엇을 의미하는가? 카린 크노르 세티나와 우르스 브뤼거는 분산된 트레이더들이 트레이딩룸에서 어떻게 컴퓨터 화면의 도움을 받아 가격을 관찰하는지를 연구해왔다. 그들은 가격관찰이 무엇보다 상호조정된 집단적 작업(Knorr Cetina & Bruegger, 2002: 923-924)이라고 주장한다. 이러한 작업은 상당한 지리적 거리를 두고 이뤄지며 공간적 공현존(co-presence)을 요구하지 않는다. 이것이 요구하는 것은 시간적 공현존—동일한 순간에 동일한 가격 데이터를 관찰하는 것—이다. 시간적 공현존은 다시 크노르 세티나와 브뤼거가 어빙 고프먼의 면대면(face-to-face) 상황(Goffman, 1982)과 대조해 면대화면(face-to-screen) 상황이라 부르는 형태의 상호작용에 의해 성취된다.(2002: 940) 이는 컴퓨터 화면에 나오는 가격의 흐름에 의해 매개되고 결정되는 개인적 상호작용을 뜻한다. 상호조정은 가격 데이터가 객관적이고 재현가능한 동시에 대화식 상호작용에서 지속적으로 생성되는 것으로 설명될 수 있음을 보여준다. 과학실험실에서는 공간적 조정(Gieryn, 2002: 128)이 과학적 대상의 관찰에서 중요한 역할을 하는 반면, 트레이딩룸에서는 시간적 조정이 결정적으로 중요해 보인다.

실험실은 "자연질서를 사회질서와 관련해 일상생활에서 경험되는 것으로 '개선'하는 '강화된' 환경"으로 나타난다.(Knorr Cetina, 1995: 145) 반면 트레이딩룸은 외부적(자연) 질서를 사회질서로 변형하고 통합하는 시스템으로 작동하지 않는다. 그보다 트레이딩룸은 외부 세계를 괄호에 넣어버린 데이터 관찰과 투사의 재귀적 시스템을 구축한다.(Knorr Cetina, 2005: 40) 그것이 다루는 가격 데이터는 시스템 자체의 대화식 상호작용에서 생성된다. 그러나 상호조정 과정에서 데이터는 대상화되고 시스템의 작동과 관련해 외부적인 것으로 간주된다. 이 과정에서는 금융 행위자들이 자신들의 상호작용 결과(즉, 가격 데이터)를 투사하는 컴퓨터 화면이 핵심적인 역할을 한다. 이와 동시에 과학 실험실과 흡사하게 트레이딩룸은 분산된 인지의 혼종적 틀을 구성하는데(Beunza & Stark, 2004: 92), 여기서 서로 다른 성질과 숙련을 지닌 장치와 행위자들은 각기 행동의 대상(즉, 금융상품)을 생산하고 범주화한다.

이는 진실성과 동질성 같은 지식 주제와 관련해 가격기록 및 표시 기술이 하는 역할에 관한 문제를 제기한다. 가격 데이터의 진실성은 참가자들이 이에 대해 지시적 성질을 귀속시킴과 동시에 신뢰를 부여한다는 것을 의미한다. 동질성은 모든 참가자가 가격 데이터를 동일한 형태로 입수할 수 있다(즉, 표준화돼 있다.)는 것을 의미하는데, 이는 데이터 관찰에 기반한 행위자들의 상호조정이라는 조건에서 유래한 요구사항이다. 신뢰, 표준화, 기술 사이의 관계는 지난 20년 동안 STS의 중심 주제였다.(가령 MacKenzie & Wajcman, 1985; MacKenzie, 2001a; Porter, 1995) 기술은 개인들의 특정한 숙련으로부터 데이터를 분리시켜 이것에 추상적 권위를 부여한다. 신뢰는 대인관계와 개인의 평판에서 분리되어 추상적 유능성과 반복가능한 규칙—기술 속에 통합된—이 뒤섞인 형태를 띤다. 가격 데이터와 관련해, 서로 경쟁하는 가격기록 기술에 대한 역사적 연구들은 1860년대 말 금융시장에 이런 기술이 도입되면서 가격 데이터의 진실성이 어떻게 변화했는지를 보여준다.(Preda, 2003) 어떤 기술(펜텔레그래프[pentelegraph])은 거래 파트너의 서명을 재현함으로써 가격 데이터에 진실성을 부여하려 한 반면, 그것의 경쟁 기술(주식시세 표시기[stock ticker])은 가격 데이터를 개인들로부터 분리시켜 서로 묶어주었다. 이에 따라 데이터는 거래의 흐름에 대한 자기충족적이고 추상적인 재현으로 등장했다. 그것의 진실성은 기술의 단순하고 반복가능한 일단의 규칙들에 기반했고, 이는 다양한 맥락을 가로질러 이러한 데이터를 재현할 수 있었다.

금융정보의 표준화는 계산기구(calculating agencies)—다시 말해 "경제적"인 것을 "사회적"인 것에서 분리시키는 절차와 기법들—를 포함한다.(Callon, 1998: 6-12; 1999: 183) 이론적 모델이 제공하는 이와 같은 절차들은 특정한 유형의 경제적 합리성이 상연되는 장치이다. 세계시장에서 표준화된 면화 가격을 연구한 코레이 칼리스칸(Çalişkan, forthcoming)은 표준화의 상이한 단계들이 달성되는 사회적 과정을 조사했다. 칼리스칸이 칼롱을 따라 "보철 가격(prosthetic prices)"이라고 부른 이러한 단계들에는 (1) 트레이더들의 가격결정 모델 및 기대의 상호 미세조정, (2) 일반적으로 인정된 계산에 기반을 둔 미래 가격의 투사, (3) 가격결정 공식의 서사 프레이밍이 포함된다.

표준화의 보완적 측면 중 하나는 금융 행위자들이 어떻게 가격 데이터—추상화되고 그것이 생성된 구체적 맥락에서 떨어져나온—를 활용해 집단행동의 경로를 계산하고 구성하는가 하는 것이다. 금융 계산에서 중심이 되는 차원 중 하나는 담화적 의미생산 절차가 데이터를 틀짓고 이를 금융 행위자들에게 설명가능한—다시 말해 현실적으로 이해가능한—것으로 만드는 것이다. 몇몇 사례연구들은 회계사들의 실천을 탐구했다. 회계사들은 금융정보를 다루면서 형식적 합리성 기준을 충족시키는 임무에 직면해 있다. 이러한 연구들은 회계사들이 금융 데이터를 추상적이고 탈배태되고 보편적인 것이 아니라 그것을 현실적으로 이해가능하게 만드는 국지적 절차에 의존하는 것으로 다루고 있음을 보여준다. 이러한 절차들에는 협상, 스토리텔링, 임시변통 등이 있다.(가령 Kalthoff, 2004: 168; 2005) 회계사들이 지닌 형식적 합리성의 기준은 이해가능한 데이터의 생성에 의존하며 이는 다시 국지적 의미생산 절차에 의존하기 때문에, 실제로는 형식적, 추상적 합리성과 현실적 이해가능성 간에 분명한 구분이 있을 수 없다는 결론이 나온다. 몇몇 저자들은 "민족회계학(ethnoaccountancy)" 연구의 필요성을 강조해왔다.(가령 Heatherly et al., forthcoming; Vollmer, 2003)

민족회계학은 금융 데이터가 생성되고 형식적 성질을 부여받는 실천적 방법들에 초점을 맞춘다. 금융지식의 역사적 범주로서 수익과 비용, 금융 데이터를 설명하는 국지적 방법, 이러한 데이터를 분류하는 실용적 규칙 등을 예로 들 수 있다.

금융 데이터의 관찰, 재현, 계산은 지식 주제로서 과학기술학에서 직간접적으로 영향을 받은 방식으로 다뤄지고 있다. SSF의 기여 중 하나는 가격 데이터—금융경제학과 경제사회학 모두에서 문제없는 것으로 간주되는—가 인간 행위자와 기술적 인공물 모두를 포함하는 상호작용 그물 속에서 구성된다는 사실을 보여준 것이다. 경제사회학이 경제적 거래의 사회구조적 배태성을 연구하는 데 주로 초점을 맞추는 반면, 금융의 사회적 연구는 정보가 복잡하고 다층적인 상호작용 과정의 산물이며 인지와 구분할 수 없는 것임을 보여준다. 이와 동시에 합리성 기준은 금융행동의 규범적 지평을 만드는 데 그치지 않고 실제로 행위자들의 거래 속에서 실용적 도구로 생성되고 활용된다. 국지적 실천과 이론적 지평 사이의 이러한 연결은 금융이론—처방이자 재현으로 이해되는—과 실천적 행동 사이의 관계에 의문을 제기한다. 이제 이 측면으로 눈을 돌려보도록 하자.

금융경제학의 사회적, 문화적 경계

금융경제학은 이미 확고하게 자리 잡은 학문 분야로서, 효율적인 행동이 가능해지는 합리성의 이상적 조건을 열거함으로써 구체적 행위자와 실천을 위한 이론적 지평의 건설을 내세운다. 앞선 절에서 보였듯이, 금융경제학의 주춧돌 중 하나는 EMH이다. 여기에 모든 행동 관련 정보가 신속하게 유가증권 가격에 통합되며, 따라서 행위자들은 가격변동에 관한 데이터에 기반해 거래 관련 결정들을 내릴 수 있다는 가정이 따라붙는다. 이러한 통합 메커니즘은 공개돼 있다. 충분히 많은 수의 행위자들이 가격변동에 관한 데이터에 접근할 수 있기 때문에. 어떤 한 사람 혹은 집단이 지속적으로 거래를 통제할 수는 없다. 미래 가격과 실제 가격 사이에 간극이 생길 확률은 형식적 모델에 따라 계산할 수 있고, 경험적 데이터로 검증할 수 있다. 이러한 설명에서 EMH—그 속에 여러 종류가 있다—는 가격 추이에 대한 연역적, 이론적 모델로 볼 수 있다.

이 지점에서 다음에 관한 몇 가지 질문들이 제기된다. (1) 역사적 발전의 산물인 금융이론과 여기서 역할을 하는 사회적, 문화적 요인들, (2) 이러한 모델의 경계는 어떻게 그려지는가, (3) 이론적 모델과 그것을 검증하는 경험적 데이터 사이의 관계. 경제학의 역사서술은 현대적 금융이론이 루이 바숼리에(와 그보다 앞선 쥘 르뇨)에서 시작해 1960년대와 1970년대에는 유진 파마와 폴 새뮤얼슨 등의 작업으로 이어진 단선적 발전의 결과로 제시해왔다.(가령 Dimson & Moussavian, 1998: 93) 그러나 좀 더 이해에 도움이 되는 접근법은 금융이론의 역사를 탈체현되고 사회와 무관한 사상의 연쇄로서가 아니라 일련의 사회문화적 과정—그것을 거치며 금융이론의 언어, 개념, 탐구대상이 형성된—으로 따라가는 것일 터이다. 알렉스 프레다(Preda, 2004a)는 이러한 전제에서 출발해 금융이론의 19세기 전사를 탐구했고, 세속적인 "금융투자의 과학"이 어떻게 투자자 행동을 주의와 관찰에 근거한 합리적인 것으로 재구성함과 동시에 가격 개념을 뉴스와 정보 개념과 연결시켰는지를 보여주었다. 이러한 "과학"은 금융 유가증권을 도박으로부터 분리시켰고 가격변동의 형식적 취급을 위한 장을 마련했다. 이와 동시에 쥘 르뇨와 같은 중개인들은 물리학의 원리들을 가격변동 연구에 적용했다.(Jovanovic & Le Gall, 2001) 바숼리에와 같은 형식적 모델은 투자자의 행동에서 가격 추이로 넘어갔고, 기하학적 방식이 아닌 대수적 방식으로 표현되었다. 여기서 우리는 효율적 시장의 형식이론을 위한 기틀을 닦은 몇 가지 문화적 경계들(합리적 행동과 비합리적 행동, 도박과 투자, 인간 행위자와 가격 사이의 경계)이 출현하는 것을 볼 수 있다.

금융이론의 전사가 이러한 문화적, 개념적 경계들의 기원을 규명하긴 했지만, 금융이론이 완전히 발달한 연역적, 형식적 모델로 성장한 것은 1950년대에서 1970년대 초 사이의 일이었다. 이러한 과정의 좀 더 일반적인 지적 배경은 제2차 세계대전 때 미국의 몇몇 연구소에서 시작된, 정보와 최적화 알고리즘에 대한 지속적인 경제학 연구 프로그램이었다. 당시까지의 신고전파 경제학은 고전역학의 에너지 관념을 모델로 한 효용 개념을 가지고 작동했던 반면, 이러한 연구 프로그램은 그 핵심에 정보 개념—전화 부호와 흡사한 신호의 패턴으로 이해되었던—을 갖고 있었다.(Mirowski, 2002: 7, 21) 그러나 금융이론이 지배적인 학문 모델로 성장하면서 (1) 형식적 가격결정 모델의 이론가와 금융 종사자들, (2) 학계 내의 금융이론가와 비금융 경제학자들과 관련해 추가적인 경계작업이 요구되었다. 여기서 두 번째 경계가 기원한 배경은 미국의 경영전문대학원들이 제공했다. 이곳은 1960년대에 급격한 "학문화"를 겪으면서 금융경제학에 요람을 제공했는데, 그렇지 않은 경우 금융경제학은 좀 더 확고하게 자리 잡은 경제학과에서 때때로 주변화되었다.

첫 번째 경계에 관해서는, 처음에 금융 종사자들이 가격결정 모델과 EMH의 전반적 가정들에 적대감을 보이긴 했지만, 그중 일부는 이러한 이론적 장치를 다른 금융 종사자들과의 논쟁과 불화에서 유용한 도구로 끌어들였다.(Mehrling, 2005; MacKenzie, 2006) 도널드 매켄지와 유발 마일로가 연구한 중심이 되는 사례연구(MacKenzie & Millo, 2003)는 피셔 블랙, 마

이런 숄즈, 로버트 C. 머턴이 1970년대 초에 개발한 옵션 가격결정 공식을 다루고 있다. 이용 초기단계에서는 경험 데이터가 블랙-숄즈-머턴 공식의 예측과 들어맞지 않았다. 그러나 시카고옵션거래소(Chicago Board Options Exchange)의 트레이더들은 인지적 단순성, 학문적 평판, 자유로운 이용가능성을 이유로 이를 활용했다. 블랙-숄즈-머턴 가격결정 공식은 트레이더들에게 자신들의 행동을 조정할 도구와 거래 및 연계매매의 지침을 제공했다. 블랙-숄즈-머턴 공식의 활용이 금융상품에서의 혁신과 결합하면서 경험 데이터와 이론적 예측은 점차 부합하게 되었고, 결국 이 모델의 학문적, 실용적 성공으로 이어졌다.

금융경제학이 성공한 학문 분야로 자리를 잡고, 그와 함께 EMH가 지배적인 이론적 모델이 된 것은 정당한 이론적 개념화와 경험적 조사의 영역으로서 금융의 경계를 규명한 복잡한 사회적 과정의 결과였다. 여기에는 금융 종사자들의 관할권 주장, 학계에 있는 집단과 그렇지 않은 집단 사이의 이해상충, 시장교환을 최적화 알고리즘으로 재개념화한 것 등이 수반되었다. 학문적 금융이론과 실천, 학문적 전문성과 다른 형태의 전문성 사이의 경계에는 구멍이 숭숭 뚫려 있고 계속 변화하는 듯 보인다. 가격을 정보로 보는 세속적 개념이 금융이론의 개념적 기반을 마련하는 데 일정한 역할을 했고, 다른 한편으로 학계에 있지 않은 집단들의 이해관계, 실천, 제도들이 중요한 방식으로 형식적 가격결정 모델의 전반적 성공에 기여해 왔다.

EMH의 중심 교의는 유가증권 가격이 무작위적 방식으로 변동하며 예측이 불가능하다는 것이지만, 기술적 분석(혹은 도표분석[chartism])은 가격이 예측가능한 패턴에 따라 변동한다고 주장한다. 학술이론과의 이러한 불일치(와 그로부터의 공격)에도 불구하고, 도표분석은 한 세기 동안 금융 종사자들에게서 성공을 거뒀다. 세속적 형태의 전문성은 어떻게 정반대를 단언하는, 이미 확고하게 자리 잡은 학술이론과 공존할 수 있는가? 이것은 어떻게 오랜 기간 동안 금융 종사자들에게서 계속 성공을 거둘 수 있었는가? 이러한 쟁점들에 대한 탐구가—구획과 전문성 연구(Evans, 2005; Collins & Evans, 2003)와 관련해—최근 들어 시작되었다.(가령 Preda, 2004b) 이와 동시에 금융이론이 시장에 미치는 영향은 기술이 수행하는 두드러진 역할과 함께 행위능력의 문제를 제기한다. 금융행동의 구조는 형식적 가격결정 모델에 의해, 가격기록 및 데이터 처리 기술에 의해 어떻게 변화하는가? 시장의 조직은 그것들에 의해 어떤 영향을 받는가?

이론적 모델과 기술이 미치는 영향: 금융시장에서의 행위능력

증권거래소의 "기술화"는 1860년대 말에 주식시세 표시기와 함께 시작되었고, 1920년대의 영화 스크린, 1930년대의 텔레타이프, 1960년대 초의 컴퓨터 도입이 그 뒤를 이었다. 1950년대에 뉴욕증권거래소(New York Stock Exchange, NYSE)는 거래 데이터를 컴퓨터로 기록하는 계획을 입안했고, 1962년에는 "현재 거래소의 주식시세 표시기와 시세 알림 서비스에 있는 거의 모든 수작업을 기계화할" "완전한 데이터 처리 시스템"을 개발하겠다는 목표를 천명했다.(NYSE, 1963: 48-49) 1963년에 증권거래위원회(Securities Exchange Commission, SEC)의 특별 연구는 금융시장의 자동화를 미국 의회에 권고했다.

외환시장에서는 로이터가 1967년에 처음으로 모니터 스크린과 키보드를 도입했고 1970년에 모니터 거래 서비스(Monitor Dealing Service, 컴퓨터화된 거래 시스템)를 도입했다. 1980년대 초에는 중개 사무소에서 PC가 전용 시스템에 승리를 거뒀는데, 이 과정은 유로넥스트(Euronext, 파리, 브뤼셀, 암스테르담 증권거래소의 합병으로 2000년에 생겼다.) 같은 대규모 금융거래소의 자동화를 촉진했다. 자동화된 금융거래소와 그렇지 않은 금융거래소의 공존은 가격과 변동 패턴에서 기술이 유발한 차이를 부각시켰고(Franke & Hess, 2000: 472), 유가증권 가격의 구성에서 기술의 역할이라는 문제를 제기했다. 1990년대 말에는 최초의 전자 증권거래 네트워크(electronic communications networks, ECNs)가 금융거래 플랫폼으로 SEC의 승인을 받았다. 2006년에는 아치펠라고(Archipelago) 같은 ECN이 NYSE와 합병했다.

신고전파 경제이론의 입장은 행위자(agent)를 고립된 개인들로 간주해 왔다. 그들은 계산 능력, 욕망, 선호를 지녔고 다른 인간 혹은 인공물과의 관계에 의해 영향을 받지 않는 존재로 그려진다.(Davis, 2003: 167) 이는 정보가 곧 신호라는 지배적 관념과 결합해 경제 행위자를 외부의 신호를 처리해 결정을 내리는 원자화된 계산자들로 상상하는 것으로 이어졌다.(Mirowski, 2002: 389) 그럼에도 불구하고 시장 미시구조 연구는 이러한 행위능력 가정에 의문을 제기한다.(가령 O'Hara, 1995: 5, 11)

과학의 사회적 연구가 남긴 이론적, 경험적 기여 중 하나는 행위능력(agency)을 인간의 의도성 내지 의지로 환원할 수 없음을 강조하면서 과학이론과 기술 인공물들이 미래의 집단행동 경로를 형성함을 보여준 것이었다. 적어도 두 가지 개념이 STS의 기여를 나타내준다. (1) (과학의 모델이나 수학의 형식주의 같은) 개념적 인공물이 문화 및 사회구조를 바꾸는 방식과 관련된 이론(혹은 분야)의 행위능력(가령 Pickering, 1995: 145), 그리고 (2) 물질적 배치와 기술적 인공물의 역할과 관련된 사회기술적 행위능력(가령 Bijker, 1995: 192, 262; Bijker et al., 1987)이 그것이다. 행위능력에 대한 STS

의 개념화는 기술결정론과 다르다. 기술이 (1) 행동경로를 사전에 설정하는 것으로 보이지 않고, (2) 제약뿐 아니라 사회적 저항도 암시하고 있으며, (3) 사회적 행동과 구분되는 것이 아니라 그것의 한 형태로 간주된다는 점에서 그렇다. 이에 따라 금융거래소의 컴퓨터화는 필연적인 것이 아니라 특정한 사회적 이해관계, 갈등, 집단 동원의 결과로 간주된다.

이론의 행위능력과 사회기술적 행위능력에 대한 연구는 (1) 형식적 모델과 기술의 생산이 어떻게 미래의 행동경로를 형성하는가(생산자 측면), 그리고 (2) 이론과 기술적 인공물의 활용은 어떻게 집단행동에 영향을 주고 공동체를 변화시키는가(사용자 측면)를 탐구했다. 사용자 집단은 시장 매개자로서 역할을 하며, 이에 따라 사회적 확산 및 행위능력과 관련해 특별한 역할을 한다는 주장이 있었다.(Pinch, 2003) 금융 분야와 관련해서는 이론적 모델과 기술이 어떻게 생산되고 금융시장에 도입되는지, 그것의 활용이 어떻게 금융거래에 영향을 미치고 시장의 조직 패턴을 바꿔놓는지 탐구할 필요가 있다.

(블랙-숄즈-머턴 공식 같은) 금융 모델은 그저 이것을 적용했을 때 이러한 거래가 효율성과 합리성 기준을 충족시킴을 보증할 일단의 규칙들을 공식화한 것이 아니다. 이러한 모델들을 규범적인 것으로 간주할 경우, 우리는 결정론적 입장—금융 행위자들은 단지 이론적 처방을 따를 뿐이라는—을 취할 위험을 안게 된다. 형식적 모델의 재현적 성격을 받아들일 경우, 우리는 금융거래를 고립되고 사회와 무관한 탐구영역으로 간주하고 자연주의적 입장을 취하게 된다.(MacKenzie, 2001b)

이러한 개념적 난점을 피하면서 이론의 행위능력 관념을 유지하기 위해 미셸 칼롱(Callon, 1998)은 **수행성**(performativity)이라는 개념을 제시했다. 칼롱에 따르면 경제이론은 거래가 이뤄지고 시장이 조직되는 방식을 형성한다. 수행적 성격을 갖는 것이다. 수행성에 관한 연구 프로그램은 성공적인 이론적 개입이 수행되는 환경을 이루는 사회적 힘, 집단, 이해관계, 메커니즘에 대한 조사를 포함해야 한다. 이러한 점을 보여주는 한 가지 사례(Callon, 1998)는 경제 컨설턴트에 의한 농산물 시장의 재형성—합리성에 대한 규범적 모델을 상연하는 재형성—이다. 그러나 이러한 상연은 자동적인 것이 아니라 이해집단 간의 갈등, 설득, 조직구조 및 인공물의 동원이 포함된다.

이론의 행위능력(수행성)은 두 가지 상반되지만 긴밀하게 뒤엉킨 과정들로 구성된다. 첫 번째는 경제적인 것과 사회적인 것 사이의 경계 구획 혹은 분리이다.(Callon, 1999: 186) 이는 윤리적, 사회적 측면들이 거래영역 바깥에 있는 것으로 재정의되는 과정이기도 하다. 두 번째 과정은 생산자와 사용자 집단의 사회적 연루이며, 이를 통해 그들은 각자의 이해관계를 상호조정하고 이러한 이해관계 실현을 위해 혼종적 자원들을 끌어들인다. 행위자 연결망 이론의 언어에서 수행성은 곧 혼종적 연결망의 창출을 의미한다. 혼종적 연결망은 그것의 이해관계를 정의하고 적절한 자원을 동원하면서, 동시에 이러한 과정의 산물(가령 경험 데이터, 결과)이 해당 자원을 강화시키는(가령 추상적 모델을 입증하는) 것처럼 보이는 방식으로 개념적, 문화적 경계를 규명한다. 그러나 경계 표시의 산물(데이터)은 사용된 자원(모델)과 독립적이지 않으며 이해관계에 중립적이지도 않기 때문에, 모델과 데이터는 순환적으로 서로를 강화한다는 결론이 나온다. 이론 생산자와 사용자 사이에 존재하는 유대와 비슷한 방식으로 말이다.

이론의 행위능력(수행성)은 경제이론의 규범적 측면을 경제 지식의 재귀적 성격과 결합시킨다. 경제과정에 대한 규범적 모델이 학술 연구자들에 의해 개발되고, 이와 동시에 시장 행위자들에 의해 모니터링된다. 시장 행위자들은 이러한 모델을 자신들의 이해관계, 실천, 상황에 도입해 변용한다.

블랙-숄즈-머턴 옵션 가격결정 공식을 역사적으로 분석한 매켄지와 마일로의 논문(MacKenzie & Millo, 2003)과 같은 경험연구들은 시카고옵션거래소에 있는 트레이더들(사용자 공동체)이 블랙-숄즈 가격이 너무 낮다고 믿는 사람들에게 그것을 어떻게 강제했는지를 강조했다. 트레이더들은 이 공식을 연계매매와 거래의 도구로 활용하면서 옵션 가격을 밀어 내리기 시작했다. 이 과정에서 그들은 이론적 모델에서 예측한 것에 부합하는 가격을 만들어냈고, 이는 다시 이론적 모델에 대한 경험적 입증으로 작용했다. 옵션 트레이더들의 공식 활용은 새로운 금융상품의 도입과 함께 이론적 예측과 실제 가격 사이의 간극을 좁혔다. 이와 동시에 옵션 가격결정 공식의 활용은 파생시장의 조직, 그것의 법률적 정의, 금융상품의 구조를 변화시켰다. 이러한 기반 위에서 매켄지(MacKenzie, 2004; 2006: 17)는 **포괄적 수행성**(generic performativity), **반즈 수행성**(Barnesian performativity), **역수행성**(counter-performativity)을 구분한다. 포괄적 수행성이 모델 활용을 금융 종사자들의 도구로 지목하는 반면, 반즈 수행성은 사용자들이 모델에서 데이터를 직접 유도하지 않고 모델의 예측을 입증하기 위한 데이터를 생성해내는 것을 의미한다. 이와 대조적으로 역수행성은 이론적 모델의 활용이 역효과를 초래하는 모방을 낳는 상황을 가리킨다. 모방거래에 의해 생성된 가격 데이터가 모델의 예측과 더 이상 부합하지 않는 경우(가령 "두터운 꼬리" 분포)가 이에 해당한다.

다른 연구들, 가령 주파수 경매를 탐구한 필립 미로스키와 에드워드 닉-카의 논문(Mirowski and Nik-Khah, 2007)은 경제적인 것과 사회적인 것 사이의 경계가 결코 완전하지 않다고 주장했다. 집단 이해관계 및 구조가 지배적 역할을 하기 때문이다. 뿐만 아니라 이러한 경계는 동맹을 결성해 서로 경쟁하는 사용자와 생산자 집단들 사이의 이해상충으로 점철돼 있다. 미로스키와 닉-카는 휴대전화 주파수 경매에서 전화회사(사용자 집단)와 실험경제학자(이론 생산자) 간의 서로 경쟁하는 동맹들—이론적, 정치적 측면들을 융합한 목표와 의제를 지닌—이 어떻게 결성되었는지를 보여준다. 그들은 또한 금융 전문성의 복잡성과 혼종성(학자들로부터 유가증권 분석가, 회계사, 합병전문 변호사에 이르는)이 집단 이해관계의 두드러진 역할과 합쳐지면서, 이론의 행위능력에 대해 수행성 개념이 제시하는 것보다 좀 더 미묘한 접근이 요구된다고 주장한다. 전반적 논증은 좀 더 다양하고 심지어 모순적인 형태의 금융 전문성들에 대해 좀 더 치밀한 분석이 요구된다는 것이다. 이는 금융에서의 경계들이 어떻게 생산되고 유지되는지 더 나은 이해를 기하기 위해 필요하다.(아울러 Miller, 2002도 보라.)

행위능력의 두 번째 측면은 전 지구적 금융시장이 데이터 처리 및 거래를 위해 기술시스템에 대대적으로 의존하고 있는 것과 관련돼 있다. 이러한 측면과 뒤얽힌 것은 다음과 같은 쟁점들이다. (1) 역사적 시각과 동시대의 시각 모두에서 금융거래의 기술화를 진전시킨 사회적 힘, (2) 트레이딩 프로그램의 설계 아래에 깔린 가정들, (3) 기술이 금융거래의 조직과 금융데이터의 지각에 미친 영향, (4) 기술과 (유가증권 분석 같은) 금융 전문성의 형태들 간의 연계.

첫 번째 쟁점과 관련해, 최근의 역사 연구들은 최초의 가격기록 기술(주식시세 표시기)이 NYSE에 도입되었을 때, 사용자와 생산자 집단(각각 주식 중개인과 전신회사)이 자신들의 독점을 촉진하고 가격 데이터를 통제하기 위해 동맹을 맺었음을 보여주었다. 이러한 기술은 몸을 쓰는 기록 기법을 밀어냈고, 데이터를 표준화했으며, 권위와 신뢰성을 개별행위자들로부터 분리시켰다.(Preda, 2006) 케이틀린 잘룸(Zaloom, 2003)은 시카고상품거래소(Chicago Board of Trade, CBOT)에 대한 연구에서 CBOT가 자동화에 격렬하게 저항했던 문제를 다룬 반면, 페이비언 무니에사(Muniesa, 2000, unpublished)는 1980년대 말에 파리증권거래소(Paris Bourse)가 자동화를 열성적으로 수용한 사실을 연구했다. 잘룸의 주장은 트레이딩 기술이 다층적이고 국지적 환경 속에 배태돼 있으며, 소프트웨어 프로그램뿐 아니라 트레이더들이 의사소통하고 관련 정보를 모을 때 활용하는 신체 기법과 공간적 배치에 의해서도 표현되고 있다는 것이다. 트레이딩 자동화가 진전되지 않았다고 해서 아무런 기법도 쓰이지 않는다는 것은 아니다. 트레이더들은 정보 문제를 해결하기 위해 일단의 분산되고 혼종적인 기법들에 의지한다. 트레이더들이 쓰는 신체 기법들은 변화에 저항하는 통상적 절차로 발전했고, 개인적 관계의 연결망 및 트레이딩 장소의 사회적 위계와 뒤엉켰다. 참가자들은 이러한 일단의 특정한 통상적 절차, 공간적 배치, 사회관계들을 독점적이고 외부인이 접근할 수 없는 것으로 인식했다. 트레이더들은 자동화에 저항했고, 이를 자신들의 특권, 기존의 관계 연결망, 그리고 아마 무엇보다도 정보를 수집하고 처리하는 기존의 방식들에 대한 위협으로 인식했다. 자동화된 트레이딩은 정보 불확실성을 감소시키는 것으로 인식되는 대신, 사회적 불확실성을 증가시키는 것으로 비쳤다. 이에 저항한다고 해서 CBOT 트레이더들이 어떤 종류의 기술에도 저항한다는 의미는 아니다. 오히려 정반대이다. 그들은 기존의 기법들을 독특한 자원으로 동원해 그들이 정보를 수집하고 처리하는 방식을 변화시키려는 시도들에 맞서 싸웠다.

컴퓨터화된 트레이딩에 대한 CBOT의 저항과 대조적으로, 페이비언 무니에사는 파리증권거래소에서 자동화가 어떻게 성공적으로 도입됐는지를 보여준다. 1980년대에 파리증권거래소의 문제는 다른 증권거래소들이 보유하지 않은 분명한 특징들을 제공함으로써 고객을 끌어들이는 것이었다. 이러한 경쟁압력은 다른 대규모 거래소(런던과 뉴욕)에 비해 파리증권거래소가 상대적으로 주변적인 위치에 있고, 런던증권거래소가 1986년에 탈규제화를 겪고 이후 기술적 개선을 이뤄냈다는 사실로 인해 더 고조되었다. 파리증권거래소의 경영진은 1975년에 토론토증권거래소(Toronto Stock Exchange)에 도입돼 제한적인 성공을 거뒀던 컴퓨터화된 트레이딩 시스템(CATS, 컴퓨터조력 트레이딩 시스템[computer-assisted trading system]의 약자)을 도입(해 변용)했다. 그러나 CATS 시스템을 수정하는 과정에서(이는 CAC[Cotation assistée en continu]가 되었다.), 파리증권거래소는 트레이딩 알고리즘의 기반이 되어야 하는 가정들(무엇보다도 균형과 공정성에 관한)의 문제에 직면했다. 이러한 가정들은 트레이딩 알고리즘 소프트웨어의 설계와 이에 따른 유가증권 가격의 형성과정(혹은 시장 참가자들이 "가격의 발견"이라고 부르는 것)을 결정한다.

가격결정이 이미 존재하는 "이상적" 내지 "객관적" 가격을 파악(내지 발견)하는 자연스러운 과정이 아님은 처음부터 분명해진다. 가격결정은 이해집단, 소프트웨어, 경제이론, 컴퓨터 네트워크 등을 포함하는 복잡한 사회적 협상과정으로 보인다. 인간 매개자(즉, 중개인)의 부재는 어떤 협상과정의 부재를 의미하는 것이 아니라 혼종적 행위자들로의 대체와 분산을 의미하는 것이다. 무니에사는 STS의 파리학파의 특징인 행위자 연결망 이론의 전통에서 작업하면서 사회기술적 행위능력의 생산자 관련 측면과 사용자 관련 측면을 모두 강조한다. 생산자 측면에서 그는 파리증권거래소에 자동화된 트레이딩이 성공리에 도입된 것은 관리자, 중개인, 소프트웨어 엔지니어들의 동맹에 의해 일어났음을 보여준다. 그들은 자신들의 입장을 상호조정했고 기존의 기술들을 국지적인 이해관계 배치에 맞춰 변용했다. 이러한 상호조정의 산물이 "시장의 전망"을 담은 트레이딩 소프트웨어의 제시로 나타났다.(Muniesa, 2000: 303) 이는 곧 어떤 주어진 것으로 이러한 동맹 안에 수입된 것이 아니라 동맹에 의해 생산된 "완전한" 시장균형이론이었다. 형식적 균형 모델이 갖는 행위능력의 성격은 그것의 규범적 성격이 아니라 그것이 이러한 혼종적 동맹 내에서 자원으로서 하는 역할과 더 관련이 있다.

사용자 측면에서 트레이딩 소프트웨어는 참가 행위자들이 가격을 계산할 수 있게 해준다. 그 이후에 그들은 가격을 "진짜이고", "실재하며", "발견된" 것으로 투사한다. 이러한 컴퓨팅 양식은 (통계적 수단을 사용했던) 이전의 양식과 다르며, 표준화로 환원되지는 않으면서 그것을 함축한다. 소프트웨어에 의해 수행되는 가격 계산은 표준화되어 중앙에서 오는 것으로 행위자들에게 표시된다. 트레이더들은 거래에서 오직 중앙의 데이터 제공 당국(컴퓨터)에만 알려진 익명의 참가자로 나타난다. 그러나 거래 참가가 익명이고 기술적 당국을 통해 이뤄진다는 바로 그 이유 때문에, 행위자들은 컴퓨터에 표시된 가격 데이터로부터 개인 내지 범주 정체성을 추론함으로써 자신들의 기대를 상호조정할 필요가 있다. 기대의 조정은 다시 트레이더들이 행위자들의 미래 경로를 예상하고 시장을 인간 및 비인간 행위자들의 집합적 움직임으로 구성할 수 있게 한다. 이러한 움직임은 시장의 공평성과 공정성에 대한 평가의 기반이 된다. 개인의 행위능력과 기술적 행위능력은 한데 합쳐져 시장을 고유한 실체로, 그 나름의 삶을 갖는 것으로 구성한다.

금융 모델, 기술, 위험

내 주장('지식 주제로서 금융정보와 가격' 절에서 제시한)의 출발점은 금융경제학에서 정보 개념의 중심성이었다. 이러한 입장을 인정하는 것은 이 개념의 지식 전제와 이 개념이 경제학사에서 그린 문화적 궤적뿐 아니라 이 개념과 기술의 연결고리로 탐구하는 것을 의미한다. 중요한 연결고리는 정보와 위험 사이의 관계이다. 금융경제학의 표준적인 주장(경제사회학도 받아들이고 있는)은 경제 행위자들이 정보를 수집하고 분배해 불확실성을 위험으로 처리함으로써(가령 Stinchcombe, 1990: 5) 경제적 의사결정을 가능하게 한다는 것이다. 그러나 정보가 혼종적인 인간 행위자와 인공물의 배치에 의존하기 때문에 지식 및 전문성의 (암묵적 혹은 명시적) 형태들과 분리될 수 없다면, 앞서 언급한 지식 형태들은 집단관계나 구체적 기술들과 함께 금융위험이 어떻게 생산되고 관리되는지에 영향을 미칠 것이다. 금융위험이 전 지구적 세계에서 중대한 문제를 이루기 때문에(이는 1980년대 말과 1990년대의 위기들에서 반복적으로 예시된 바 있다.), 이 영역에 대한 탐구는 실천적 기여의 잠재력도 아울러 제공해준다.

먼저 미시 상호작용 수준에서, 금융위험은 신체 기법 및 가격기록 기술과 합쳐져 "거래하는 자아(trading self)"를 관리하는 데 쓰이는 담론적 장치로 나타난다.(Zaloom, 2004: 379) 좀 더 일반적인 경제 담론은 위험에 부정적 함의를 부여하지만, 금융 행위자들의 실천은 계산과 공식을 통해 완전하게 관리할 수는 없지만 서사 프레이밍과 분류를 필요로 하는 무언가로 위험에 접근한다.(아울러 Mars, unpublished; Kalthoff, 2005도 보라.)

이와는 다른 조직적 수준에서, 금융위험은 1990년대에 급격히 전 세계로 확산된 소프트웨어 프로그램과 형식적 모델 같은 기술의 도움을 얻어 이해된다. 마이클 파워(Power, 2004)는 이러한 확산의 원천을 추적하면서, 기업 위험관리(enterprise risk management, ERM) 같은 기술들이 주주가치와 시장에서 회사 주가의 강세에 강조점을 두는 문화적 변화에서 유래했다고 주장한다. ERM은 금융위험 노출을 통제하고 금융거래에 대한 과잉관여를 막기 위해 전 세계 은행에서 시행되었다. 그러나 그러한 기술들은 인간 행위자들의 결정을 자동으로 기각하는 알고리즘에 기반하기 때문에, 트레이더들과 소프트웨어의 상호조정이 더 이상 가능하지 않다. 트레이딩 장소 바깥으로부터 관리되는 표준화된 위험측정 기술의 도입은 금융손실을 피하는 데 중요한 역할을 하는 인간 행위자들의 국지적 숙련과 개인적 지식을 차단한다. 위험측정 기술은 외부적으로 주어지는 현실("위험")을 측정하는 기구가 아니라 금융행동의 도구이다.(Holzer & Millo, 2004: 16) 이러한 모델들은 그것이 재현한다고 하는 바로 그 현상을 변화시키며, 이에 따라 모델의 활용은 금융위험과 변동성을 자동으로 줄여주지 않는다.(아울러 MacKenzie, 2005: 78도 보라.) 트레이더들은 옵션 가격과 노출을 계산하기 위해 모델을 활용하지만 동시에 서로를 관찰하고 모방하기도 하며, 그 결과 "슈퍼포트폴리오"가 출현하는 결과로 이어진다. 금융이 불안정한 상황에서는 동일한 거래에서 동일한 방식으로 동일한 가격결정 공식을 활용하는 것은 파괴적 영향을 미칠 수 있다.

결론

나는 금융의 사회적 연구의 두드러진 특징이 금융제도 내의 과학적 모델, 기술, 전문가 지식 형태에 대한 탐구라고 주장했다. 그렇다면 SSF를 STS의 하위 분야 중 하나로 간주해야 하는가? 금융제도는 좀 더 장기간에 걸쳐 신생 분야를 지탱할 만큼 충분히 복잡한가? SSF의 연구 프로그램은 어떤 형태를 띠게 될까?

분명한 것은 SSF 연구 대부분이 과학기술사회학에서 훈련받았거나 STS에서 확고한 명성을 쌓은 학자들에 의해 이뤄졌다는 점이다. 그들 중 상당수는 양쪽 분야 모두에서 연구 프로젝트를 계속 병행하고 있다. 연구의 주요 주제—몇 가지만 들자면, 관찰, 재현, 경계 표시, 행위능력, 위험 등—는 과학기술과 관련해 이미 성공적으로 연구되어온 것들이다. 그러나 분명한 친연성과 영향에도 불구하고, SSF는 STS의 단순한 하위영역으로 보이지 않는다. 여기에는 몇 가지 이유가 있다. 첫 번째는 SSF가 지식 주제들을 경제사회학이나 행태금융학 같은 영역들과 관련된 문제들의 연구와 결합시켜 금융제도에 대한 연구에 진정으로 기여한다는 것이다. 이러한 문제들 중 하나는 가격결정 메커니즘이다. 금융경제학은 기술의 영향에 줄곧 주목해왔지만, 가격 데이터, 이론적 가정, 트레이딩 소프트웨어, 컴퓨터 네트워크가 유가증권 가격의 구성에 어떻게 영향을 주는지 보여준 것은 SSF 연구의 역할이었다. 또 다른 진정한 기여는 금융시장의 초석인 정보에 대한 분석과 연관돼 있다. 금융경제학과 경제사회학이 정보를 신호 처리로 이해하면서 이를 암흑상자로 취급해온 반면, SSF는 이 개념의 사회적, 제도적 기원뿐 아니라 금융정보의 구성을 떠받치는 지식적, 문화적 가정들도 강조했다.

SSF 분야의 자율성이 커진 두 번째 이유는 이것이 사회학, 행태금융학, 경제학사 같은 분야들에서 개념적 기여를 해왔고 그렇게 인식되고 있다는 것이다. 수행성 개념을 하나의 예로 들 수 있는데, 이는 과학기술사회학에서 발전된 행위능력 관념의 연장이자 수정으로 볼 수 있다. 또 다른 예는 시장을 재귀적 시스템으로 보는 개념으로, 실험실 개념과의 유추에 기반을 두고 있다. 이는 STS와 SSF 사이의 연계에 영향을 주지는 않으면서도 분야의 자율성이 점점 커지고 있음을 말해준다. 이들 분야 간의 긴밀한 개인적, 지적 연계 때문에 나는 이들이 계속 활발한 대화를 나눌 거라고 기대하고 있다.

분야의 자율성이 가능한가와 관련해 추가적인 질문은 이러한 탐구 분야가 장기적으로 SSF 연구를 계속 지탱할 정도로 충분히 심오한가 하는 것이다. 나는 확신을 가지고 감히 단언할 수 있다. 1990년대 중반 이후 이뤄진 연구는 이 분야의 표면을 긁어본 정도에 불과하다고 말이다. 역사적 연구와 동시대 연구 모두에서 탐구되지 않았거나 그 정도가 미진한 주제들이 수두룩하다. 얼른 꼽아보더라도 서로 경쟁하는 가격기록 기술들의 사회적, 지식적 역사, 트레이딩 소프트웨어의 발전과 소프트웨어 산업-금융시장 사이의 접점, 트레이딩 로봇, 하나의 상품으로서 금융정보의 사회사, 금융 분석가 같은 지식 매개자의 출현, 금융 전문성의 역할 증대, 형식적 금융 모델과 세속적 경제학 사이의 관계, 학술이론과 비학술이론 사이의 관계, 금융지식 및 이론의 세속적 형태 등을 떠올릴 수 있다. 이 분야는 장기적으로 연구를 지탱하기에 충분한 깊이와 관련성을 보여주고 있다.

공식 연구 프로그램—예컨대 과학지식사회학의 강한 프로그램과 비견할 만한—도 없고(하지만 Preda, 2001을 보라.) 단일한 학파—STS에서 에든버러, 파리, 바스/카디프학파에 비견할 만한—도 없지만, 이는 오히려 장점으로 볼 수 있다. 다양한 연구 관심과 접근법을 포괄할 수 있기 때문이다. 그럼에도 불구하고, 공식 연구 프로그램이 출현하면서 처음 성장기 이후로 좀 더 내부적인 분화가 일어날 가능성도 배제할 수 없다. 이미 몇 가지 구분되는 접근법들이 생겨나고 있다. 하나는 수행성 개념을 중심으로 행위자 연결망 이론의 시각에서 영향을 받은(하지만 그것으로 국한되지 않은)

것이고, 다른 하나는 실험실연구의 전통에 기반해 트레이딩룸 내부의 현장연구를 중심에 두는 것이다. 더 많은 경험연구와 이론적 기여가 이뤄지면 분화과정은 더욱 심화될 것이다. 아무튼 우리가 사는 세상에서 금융제도가 두드러지고 금융이론, 전문성, 기술의 역할이 커짐에 따라 이 분야는 STS에서 출현한 가장 흥분되는 발전 중 하나가 될 것이다.

참고문헌

Abolafia, Mitchel (1996) *Making Markets: Opportunism and Restraint on Wall Street* (Cambridge, MA: Harvard University Press).

Bachelier, Louis ([1900]1964) "Theory of Speculation," in P. H. Cootner (ed), *The Random Character of Stock Market Prices* (Cambridge, MA: MIT Press): 17-78.

Baker, Wayne (1984) "The Social Structure of a National Securities Market," *American Journal of Sociology* 89: 775-811.

Bernstein, Peter L. (1996) *Against the Gods: The Remarkable Story of Risk* (New York: Wiley).

Beunza, Daniel & David Stark (2004) "How to Recognize Opportunities: Heterarchical Search in a Trading Room," in K. Knorr Cetina & A. Preda (eds), *The Sociology of Financial Markets* (Oxford: Oxford University Press): 84-101.

Biais, Bruno (1993) "Price Formation and Equilibrium Liquidity in Fragmented and Centralized Markets," *Journal of Finance* 48(1): 157-185.

Bijker, Wiebe E. (1995) *Of Bicycles, Bakelites, and Bulbs: Toward a Theory of Sociotechnical Change* (Cambridge, MA: MIT Press).

Bijker, Wiebe E., Thomas P. Hughes, & Trevor Pinch (1987) *The Social Construction of Technological Systems: New Directions in the Sociology and History of Technology* (Cambridge, MA: MIT Press).

Çalişkan, Koray (forthcoming) "Markets' Multiple Boundaries: Price Rehearsal and Trading Performance in Cotton Trading at Izmir Mercantile Exchange," in M. Callon, Y. Millo, & F. Muniesa (eds), *Market Devices: Sociological Review Monograph Series* (Oxford: Blackwell).

Callon, Michel (1998) "Introduction," in M. Callon (ed), *The Laws of the Markets* (Oxford: Blackwell): 1-57.

Callon, Michel (1999) "Actor-Network Theory: The Market Test," in J. Law & J. Hassard (eds), *Actor-Network Theory and After* (Oxford: Blackwell): 181-195.

Collins, Harry M. & Robert Evans (2003) "The Third Wave of Science Studies: Studies of Expertise and Experience," *Social Studies of Science* 32(2): 235-296.

Davis, John B. (2003) *The Theory of the Individual in Economics: Identity and Value* (London: Routledge).

Dimson, Elroy & Massoud Moussavian (1998) "A Brief History of Market Efficiency," *European Financial Management* 4(1): 91–103.

Evans, Robert (2005) "Demarcation Socialized: Constructing Boundaries and Recognizing Difference," *Science, Technology & Human Values* 30(1): 3–16.

Fama, Eugene (1970) "Efficient Capital Markets: A Review of Theory and Empirical Work," *Journal of Finance* 25: 383–417.

Fama, Eugene (1991) "Efficient Capital Markets: II," *Journal of Finance* 46: 1575–1617.

Franke, Günter & Dieter Hess (2000) "Information Diffusion in Electronic and Floor Trading," *Journal of Empirical Finance* 7: 455–478.

Gieryn, Thomas (2002) "Three Truth-Spots," *Journal of History of the Behavioral Sciences* 38(2): 113–132.

Goffman, Erving (1982) *Interaction Ritual: Essays on Face-to-Face Behavior* (New York: Pantheon).

Harrison, Paul (1997) "A History of an Intellectual Arbitrage: The Evolution of Financial Economics," in J. B. Davis (ed), *New Economics and Its History*, annual supplement to *History of Political Economy* 29(suppl.): 172–187.

Heatherly, David, David Leung, & Donald MacKenzie (forthcoming) "The Finitist Accountant: Classifications, Rules, and the Construction of Profits," in T. Pinch & R. Swedberg (eds), *Living in a Material World: On Technology, Economy, and Society* (Cambridge, MA: MIT Press).

Holzer, Boris & Yuval Millo (2004) "From Risks to Second-Order Dangers in Financial Markets: Unintended Consequences of Risk Management Systems," Discussion Paper 29 (London: CARR/LSE).

Jensen, Michael (1978) "Some Anomalous Evidence Regarding Market Efficiency," *Journal of Economic Literature* 6: 95–101.

Jovanovic, Franck & Philippe Le Gall (2001) "Does God Practice a Random Walk? The 'Financial Physics' of a Nineteenth-Century Forerunner, Jules Regnault," *European Journal of the History of Economic Thought* 8(3): 332–362.

Kalthoff, Herbert (2004) "Financial Practices and Economic Theory: Outline of a Sociology of Economic Knowledge," *Zeitschrift für Soziologie* 33(2): 154–175.

Kalthoff, Herbert (2005) "Practices of Calculation: Economic Representation and Risk Management," *Theory, Culture and Society* 22(2): 69–97.

Klein, Judy L. (2001) "Reflections from the Age of Economic Measurement," in J. L. Klein & M. S. Morgan (eds), *The Age of Economic Measurement*, annual supplement to *History of Political Economy* 33(suppl.): 111-136.

Knight, Frank ([1921]1985) *Risk, Uncertainty, and Profit* (Chicago: University of Chicago Press).

Knorr Cetina, Karin (1995) "Laboratory Studies: The Cultural Approach to the Study of Science," in S. Jasanoff, G. E. Markle, J. C. Petersen, & T. Pinch (eds), *Handbook of Science and Technology Studies* (Thousand Oaks, CA: Sage): 140-166.

Knorr Cetina, Karin (2005) "How Are Global Markets Global? The Architecture of a Flow World," in K. Knorr Cetina & A. Preda (eds), *The Sociology of Financial Markets* (Oxford: Oxford University Press): 38-61.

Knorr Cetina, Karin & Urs Bruegger (2002) "Global Microstructures: The Virtual Societies of Financial Markets," *American Journal of Sociology* 107(4): 905-950.

Lynch, Michael (1993) *Scientific Practice and Ordinary Action: Ethnomethodology and Social Studies of Science* (Cambridge: Cambridge University Press).

MacKenzie, Donald (2001a) *Mechanizing Proof: Computing, Risk, and Trust* (Cambridge, MA: MIT Press).

MacKenzie, Donald (2001b) "Physics and Finance: S-Terms and Modern Finance as a Topic for Science Studies," *Science, Technology & Human Values* 26: 115-144.

MacKenzie, Donald (2004) "Is Economics Performative? Option Theory and the Construction of Derivatives Markets," paper presented at the Harvard-MIT Economic Sociology Seminar, November 16.

MacKenzie, Donald (2005) "How a Superportfolio Emerges: Long-Term Capital Management and the Sociology of Arbitrage," in K. Knorr Cetina & A. Preda (eds), *The Sociology of Financial Markets* (Oxford: Oxford University Press): 62-83.

MacKenzie, Donald (2006) *An Engine, Not a Camera: Finance Theory and the Making of Markets* (Cambridge, MA: MIT Press).

MacKenzie, Donald & Yuval Millo (2003) "Constructing a Market, Performing a Theory: The Historical Sociology of a Financial Derivatives Exchange," *American Journal of Sociology* 109: 107-145.

MacKenzie, Donald & Judy Wajcman (eds) (1985) *The Social Shaping of Technology: How the Refrigerator Got Its Hum* (Philadelphia: Open University Press).

Mars, Frank (unpublished) *Wir sind alle Seher: Die Praxis der Aktienanalyse*, Ph.D.

diss., Bielefeld, Germany.

Mehrling, Perry (2005) *Fischer Black and the Revolutionary Idea of Finance* (Hoboken, NJ: Wiley).

Miller, Daniel (2002) "Turning Callon the Right Way Up," *Economy and Society* 31(2): 218–233.

Mirowski, Philip (1989) *More Heat Than Light: Economics as Social Physics, Physics as Nature's Economics* (Cambridge: Cambridge University Press).

Mirowski, Philip (2002) *Machine Dreams: Economics Becomes a Cyborg Science* (Cambridge: Cambridge University Press).

Mirowski, Philip (2004) *The Effortless Economy of Science?* (Durham, NC: Duke University Press).

Mirowski, Philip (2006) "Twelve Theses on the History of Demand Theory in America," in W. Hands & P. Mirowski (eds), *Agreement of Demand*, supplement to vol. 38 of *History of Political Economy*: 343–379.

Mirowski, Philip & Edward Nik-Khah (2007) "Markets Made Flesh: Performativity, and a Problem in Science Studies, Augmented with Consideration of the FCC Auctions," in D. MacKenzie, F. Muniesa, & L. Siu (eds), *Do Economists Make Markets? On the Performativity of Economics* (Princeton, NJ: Princeton University Press): 190–224.

Muniesa, Fabian (2000) "Performing Prices: The Case of Price Discovery Automation in the Financial Markets," in H. Kalthoff, R. Rottenburg, & H.-J. Wagener (eds), *Facts and Figures: Economic Representations and Practices* (Marburg, Germany: Metropolis): 289–312.

Muniesa, Fabian (unpublished) "Des marchés comme algorithms: Sociologie de la cotation électronique à la Bourse de Paris," Ph.D. diss., Ecole des Mines, Paris.

NYSE (1963) "The Stock Market Under Stress: The Events of May 28, 29, and 31, 1962: A Research Report by the New York Stock Exchange" (New York: New York Stock Exchange).

O'Hara, Maureen (1995) *Market Microstructure Theory* (Oxford: Blackwell).

Paul, Jonathan M. (1993) "Crowding Out and the Informativeness of Securities Prices," *Journal of Finance* 48(4): 1475–1496.

Pickering, Andrew (1995) *The Mangle of Practice: Time, Agency, and Science* (Chicago: University of Chicago Press).

Pinch, Trevor (2003) "Giving Birth to New Users: How the Minimoog Was Sold to Rock and Roll," in N. Oudshoorn & T. Pinch (eds), *How Users Matter: The Co-construction of Users and Technologies* (Cambridge, MA: MIT Press): 247-270.

Porter, Theodore M. (1995) *Trust in Numbers: The Pursuit of Objectivity in Science and Public Life* (Princeton, NJ: Princeton University Press).

Power, Michael (2004) "Enterprise Risk Management and the Organization of Uncertainty in Financial Institutions," in K. Knorr Cetina & A. Preda (eds), *The Sociology of Financial Markets* (Oxford: Oxford University Press): 250-268.

Preda, Alex (2001) "Sense and Sensibility: Or, How Should Social Studies of Finance Be(have)? A Manifesto," *Economic Sociology: European Electronic Newsletter* 2(2): 15-18.

Preda, Alex (2003) "Les hommes de la Bourse et leurs instruments merveilleux: Technologies de transmission des cours et origins de l'organisation des marches modernes," *Réseaux* 21(122): 137-166.

Preda, Alex (2004a) "Informative Prices, Rational Investors: The Emergence of the Random Walk Hypothesis and the Nineteenth-Century 'Science of Financial Investments,'" *History of Political Economy* 36(2): 351-386.

Preda, Alex (2004b) "Epistemic Performativity: The Case of Financial Chartism," paper presented at the workshop Performativities of Economics, École des Mines, Paris.

Preda, Alex (2006) "Socio-technical Agency in Financial Markets," *Social Studies of Science* 36(5): 753-782.

Sent, Esther-Mirjam (1998) *The Evolving Rationality of Rational Expectations: An Assesment of Thomas Sargent's Achievements* (Cambridge: Cambridge University Press).

Shleifer, Andrei (2000) *Inefficient Markets: An Introduction to Behavioral Finance* (Oxford: Oxford University Press).

Stigler, George (1961) "The Economics of Information," *Journal of Political Economy* 69(3): 213-225.

Stinchcombe, Arthur L. (1990) *Information and Organizations* (Berkeley: University of California Press).

Sullivan, Edward J. & Timothy M. Weithers (1991) "Louis Bachelier: The Father of Modern Option Pricing Theory," *Journal of Economic Education* 22(2): 165-171.

Vollmer, Hendrik (2003) "Bookkeeping, Accounting, Calculative Practice: The

Sociological Suspense of Calculation," *Critical Perspectives on Accounting* 3: 353–381.

White, Harrison (2002) *Markets from Networks: Socioeconomic Models of Production* (Princeton, NJ: Princeton University Press).

Woelfel, Charles (1994) *Encyclopedia of Banking and Finance* (Chicago: Irwin).

Zaloom, Caitlin (2003) "Ambiguous Numbers: Trading Technologies and Interpretation in Financial Markets," *American Ethnologist* 30(2): 258–272.

Zaloom, Caitlin (2004) "The Productive Life of Risk," *Cultural Anthropology* 19(3): 365–391.

36.
과학기술학에서의 자연과 환경*

스티븐 이얼리

자연에 대해 알기

환경에 관한 장(Yearley, 1995)을 포함한 첫 번째 STS 편람이 출간된 후 10년 동안, 환경 관련 주제들이 과학기술학 공동체에 가진 중요성은 놀랍도록 빠른 속도로 커져 왔다. 이는 부분적으로 환경논쟁(Carolan & Bell, 2004; Krimsky, 2000), 연구와 환경정책 간의 관계(Bocking, 2004; Sundqvist, et al., 2002), 환경 모델링(Shackley, 1997a; Sismondo, 1999), 생태계 관리실천(Helford, 1999), 환경적 이해와 의사결정에서 시민참여(Bush et al., 2001; Petts, 2001; Yearley et al., 2001), 환경연구의 형성(Jamison, 2001; Zehr,

* 이 장에 대해 상세하면서도 대단히 유익한 논평을 해준 미리엄 파돌스키, 조지프 머피, 유제니아 로드리게스, 마이크 린치, 그리고 두 명의 익명 심사자들에게 감사의 뜻을 표하고 싶다.

2004), 인증된 환경지식의 생산을 담당하는 혁신적 기구의 발달(가장 유명한 것은 아래에 다루어질 기후변화에 관한 정부 간 패널[Intergovernmental Panel on Climate Change]이다.) 등의 주제를 다룬 상세한 연구들이 점점 많이 쏟아져 나온 것에 기인한다. 아울러 STS 저자들은 환경 관련 주제들과 환경주의 사상을 이론적, 개념적으로 분석하는 데도 기여해왔다.(가령 정치생태학을 다룬 라투르[Latour, 2004]와 환경주의의 전 지구화를 다룬 이얼리[Yearley, 1996, 2005a: 41-53]를 예로 들 수 있다.) 이러한 두 가지 고려사항만 가지고도 새로운 논의를 해볼 만한 가치가 있지만, 오늘날 그런 논의가 시급하게 요청되는 데는 두 가지 이유가 더 있다.

첫째, 이 주제를 "환경과 환경과학에 관한 STS 연구"로 바라본 이전의 프레이밍은 너무 협소하다는 점이 명확해졌다. 이제 환경이 STS에 결정적으로 중요하다는 사실이 분명하게 드러났다. 그저 또 하나의 연구 장소로서가 아니라, 환경에 대한 연구가 후기 근대성(advanced modernity)에서 "자연적"인 것의 지위에 대한 핵심적 통찰을 제공하기 때문에 그렇다. 가장 단순한 수준에서 보면 과학지식은 오늘날의 환경정책에서 없어서는 안 될 존재이다. 자연의 상태가 어떠한지를 우리에게 말해주는 것이 과학이기 때문이다. 기후는 물론이거니와 식물과 동물은 스스로 말할 수 있는 능력이 없고, 그래서 생태학자, 해양학자, 기상학자들이 그들의 대리인이 되어왔다. 이런 생각은 전문적인 자문위원들을 고용해 새로운 개발(고속도로나 항구 같은)이 주변 환경에 미칠 영향을 이해하려 노력하는 "환경영향평가" 같은 것으로 제도화되어 있다. 그러나 그러한 실천들은 새로운 개발로 인해 추정되는 영향을 밝혀냄과 동시에 필연적으로 기준이 되는 조건으로 "자연"을 구성해내는데, 규모가 작은 경우라 하더라도 그런 구성은 결코 단순하지 않다. 행성 수준—태양에서 오는 복사열도 변화를 겪는 것으로 믿어지고 있으며, 기록에 남은 역사만 보더라도 기후가 대규모의 요동을 겪은 적이 있는 역동적인 생태계—에서는 "자연적" 기후가 현재 진행되는 상황과 달랐다면 어떠했을지를 구성하지 않고서는 인간이 유발한 기후변화라는 생각을 해낼 수 없다. 어떤 의미에서 보면 환경에 대한 영향이 크면 클수록 자연적 기준선은 현재 진행되는 상황과는 거리가 멀어져야 한다. 이것을 의도했던 것은 아니지만, 매키번(McKibben, 1989; Yearley, 2005b도 보라.)은 유명한 "자연의 종말" 선언에서 이 점을 암암리에 인정했다. 매키번이 보기에 인간이 유발한 전 지구적 기후변화는 지구상 어느 곳에 가도 순수하게 자연적인 환경을 더 이상 찾을 수 없다는 것을 의미했다. STS 학자에게 있어 그에 못지않게 흥미로운 질문은 그러한 주장을 개진하는 바로 그 과정에서 자연적인 것이 어떻게 구성되는가 하는 문제이다.[1)]

상식적인 차원에서 보면 대다수의 환경 쟁점들에서 "자연적인" 조건은 적합하고 건강하며 바람직한 조건일 것이다. 자연선택에 의한 진화는 자연이 정교하게 조정되어 있음을 보증해준다. 그러나 이처럼 안도감을 자아내는 관찰은 이내 문제에 봉착한다. 우선 오늘날의 시골은—특히 유럽에서 그러한데—정도의 차이는 있으되 전적으로 비자연적이다. 그것은 관리된 경관이며, 그런 관리가 없었다면 결코 그토록 풍부하게 존재하지 않았을 식물과 동물들의 경작과 사육을 위해 운영되는 곳이다. 영국에서는 심지어 "탁월한 자연미를 보여주는 지역(Areas of Outstanding Natural Beauty)"으로 공식 지정된 곳조차 다소 아이러니하게도 완벽하게 비자연적이다. 자연을 보는 상식적이고 우호적인 관점에 더 나쁜 소식은 "해악"으로 간주되

1) 이는 브라운과 캐스트리(Braun & Castree, 1998) 같은 문화지리학자들이 점차 제기하고 있는 문제이기도 하다. 아울러 Franklin(2002), Castree & Braun(2001), Yearley(2005d)도 보라.

어 정기적으로 맞서 싸워야 하는 많은 것들—질병, 해충, 지진—역시 자연적이라는 사실이다. 따라서 자연은 이론의 여지없이 좋거나 바람직한 것이 아니다. 결과적으로 환경 관련 주제를 다루는 STS 연구는 "자연"과 "자연적인 것"에 정면으로 반기를 들 기회를 잡은 셈이다.(우리가 희망했던 것만큼 강력하게 기회를 움켜쥔 사람은 없는 것 같지만) 그러나 환경은 자연을 둘러싼 다툼이 일어나는 유일한 영역이 아니다. 새로운 생물학과 유전공학에 관해서도 이와 유사한 논쟁이 진행 중이다. 요컨대 환경의 경우 문제는 인간이 외부 자연에 대해 부주의한 실험을 수행하고 있다는 것이고, 우리 종의 생물학적 본질의 경우 인간이 우리 종의 존재에 대해 점점 커지는 통제력을 어떻게 규제할 것인가를 놓고 씨름하고 있다는 것이다. 자연의 변화는 인간의 생활과 재생산을 지배하는 것으로 흔히 간주되었으나, 일단 그런 문제들이 의식적인 인간의 통제하에 놓인 것으로 이해되면서 지난 수 세기 동안 통용되어왔던 행운, 운명, 공평성 같은 관념들이 더 이상 동일한 방식으로 기능할 수 없게 되었다. 따라서 나는 이러한 두 가지 "자연"의 영역 모두에 약간씩의 시간을 할애하려 한다.

왜 새로운 개설이 요구되는지에 대한 두 번째의 추가적인 이유는 내용적인 것이다. 자연과 환경 내에서 대단히 넓은 범위의 쟁점들에 관해 STS 연구가 이뤄져 왔지만, 최근 연구의 많은 부분은 세 가지 내용적인 주제로 집약되어온 것이 분명하다. 인간이 유발한 기후변화, 유전자변형 작물과 식품, 유전체학과 인간의 재생산이 그것이다. 세 가지 주제는 모두 "자연적인 것"에 초점을 맞추고 있지만, 통상 앞의 두 가지만이 환경 관련 쟁점으로 분류된다. 세 가지 주제는 모두 자연과 환경에 관한 어떤 STS 관념에서도 중요성을 갖는데, 그 이유는 STS 내에서 이 주제들이 크게 주목받고 있어서이기도 하지만, 아울러 이 주제들이 정책, 사회이론, 사회변화에

STS가 관여하는 최전선에 위치해 있기 때문이기도 하다.

아울러 지적해둘 것은, 자연과 환경은 STS 학자들의 저작만 가지고 논의할 수는 없다는 점이다. 그 이유는 부분적으로 몇몇 대단히 영향력 있는 저자들(McKibben, 1989; Fukuyama, 2002; Beck, 1992, 1995)이 거의 전적으로 STS 바깥에서 온 사람들이기 때문이다. 그러나 이는 STS의 아이디어가 자신을 환경사회학자(McCright & Dunlap, 2000, 2003), 지리학자(Castree & Braun, 2001; Demeritt, 2002) 혹은 정책분석가(Hajer, 1995)에 좀 더 가깝다고 생각하고 있는 많은 저자들의 연구에 영향을 주었기 때문이기도 하며, 아울러 STS 저자들이 다른 전통에서 나온 연구—예컨대 세계화에 관한 문헌이나 친족관계와 자연적 관계에 관한 인류학 연구—에 의존해왔기 때문이기도 하다.(Strathern, 1992; J. Edwards, 2000)

요컨대 이 장에서 나는 환경을 다룬 최근 STS 연구의 개념적 핵심이 **자연에 대해 아는** 문제에 있다고 주장할 것이다. 과학기술이 환경관리에서 귀중한 이유는 바로 과학기술이 자연세계를 이해하는 권위 있고 광범위하며 강력한 방법을 제공해주기 때문이다. 다른 분야와 차별되는 STS 연구의 기여는 "자연에 대해 아는" 바로 그 일이 그 결과 얻어진 지식을 형성한다고 보는 데 있다. 이는 그런 지식이 다른 공공적 맥락에서 얼마나 효과적인지 여부에 결정적인 영향을 미친다.

지구온난화와 인간이 유발한 기후변화

얼른 보면 기후변화 문제는 STS 학자들이 그간 연구해온 수많은 다른 환경논쟁들과 비슷해 보인다. 잠재적 환경문제에 대한 주장이 과학자들에 의해 제기되고 이것이 언론과 환경단체들에 받아들여지고 증폭되어 시간이 가면서 정책적 대응이 뒤따르는 식이다. 잘 알려진 바와 같이, 과거 기후가 여러 차례에 걸쳐 극적인 요동을 겪었음을 이미 알고 있었던 기상학자들은 20세기 후반 들어 우리 문명에 장기적으로 영향을 미칠 수 있는 기후변화의 가능성에 관한 아이디어와 자문을 제공하기 시작했다.(Boehmer-Christiansen, 1994a; P. Edwards, 2001; Jäger & O'Riordan, 1996; Miller & Edwards, 2001; Kim, 2005) 회의론자들은 최초의 경고 중에 우리가 간빙기에서 빙하기로 접어들고 있을 가능성도 포함되어 있었다고 지적하길 좋아하지만, 이미 1950년대에 초점은 대기의 온난화에 맞추어져 있었다.(P. Edwards, 2000) 주로 1970년대와 1980년대에 컴퓨터의 성능 향상에 힘입어 그러한 기후연구가 정교해지면서, 다수 견해는 대기 중 이산화탄소 농도 증가로 인한 온난화가 문제로 부각될 수 있다는 이전 시기의 제안을 지지하게 되었다. 환경단체들은 처음에 이런 주장에 대해 조심스러운 태도를 보인 것으로 알려졌다.(F. Pearce, 1991: 284) 너무나 가능성이 희박한 일처럼 보였고 너무나 큰 것이 걸려 있었기 때문이다. 산성비 문제가 정책의제로 올라와 있고 많은 정부들이 이 효과에 관한 과학적 주장을 부인하는 데 적극적인 모습을 보이고 있던 시점에서, 온실기체의 방출이 기후 전체를 통제불능 상태로 만들 수 있다고 경고하는 것은 오만하게 느껴졌다.

그보다 더 나빴던 것은 환경운동가들이 구체적인 성공사례를 찾고 있던 시점에, 이 문제는 거의 논쟁을 야기하고 지속시키기 위해 만들어진 것처럼 보였다는 사실이다. 과거 기온에 대한 기록과 특히 과거의 대기 조성에 대한 기록은 종종 충분하지가 않았고, 도시의 기온 측정에서 나타나는 상승 경향이 단순히 인위적인 결과물일 위험도 존재했다. 도시는 크기가 커지면 자연히 좀 더 더워지기 때문이다. 태양에서 오는 열복사는 요동을 겪는 것으로 알려져 있었고, 따라서 온난화가 "오염"이나 인간의 다른 활동의 결과로 인한 지구상의 현상이라는 보장도 없었다. 다른 학자들은 추가적인 이산화탄소 배출이 대기 중에 축적될 거라는 데 의심을 품었다. 탄소의 대부분이 토양, 나무, 해양 속에 들어 있다는 점을 감안하면 해양생물이나 식물이 더 많은 탄소를 대기로부터 격리해버릴 수도 있기 때문이다. 설사 대기 중에 이산화탄소가 축적된다는 과학자 공동체의 생각이 옳다고 하더라도 그것이 갖는 함의가 뭔지를 알아내기란 끔찍하게 어려웠다.

하트와 빅터는 1950년대부터 1970년대 중반까지 기후과학과 미국의 기후정책 간의 상호작용을 추적하고 있다. 1970년대 중반쯤에 이르면 온실기체의 배출은 "오염의 문제로 자리매김되었다."(Hart & Victor, 1993: 668) "지도적인 과학자들은" 기후가 "산업주의의 공격으로부터 지켜낼 필요가 있는 천연자원으로 이해될 수 있음을 알게 되었다."(1993: 667) 보단스키(Bodansky, 1994: 48)에 따르면, 이후 이 주제가 정책에서 부각된 것은 다른 고려들에 힘입은 바가 컸다. 예를 들어 1987년에 "오존 구멍"의 발견 사실이 공표된 것을 들 수 있다. 이는 대기가 환경 악화에 취약하며 인간이 전 지구적 수준에서 뜻하지 않게 해악을 야기할 수 있다는 생각에 신뢰성을 부여해주었다. 아울러 중요했던 것은 1988년에 이 주제로 열린 상원 청문회와 그해 미국에서 매우 덥고 건조했던 여름이 우연히 겹쳐 나타났다는 사실이다. 심지어 조지 허버트 워커 부시는 대선 선거운동 기간에 "백악관 효과(White House effect)"로 온실효과에 맞서 싸우자는 얘기까지 했다. 정치인들은 이처럼 새롭게 파악된 위협에 맞서 행동하는 데 무기력하다는 주장을 반박하면서 말이다. 그러나 1980년대에 대다수의 정치인들은 경고에 대해 더 많은 연구를 요청하는 것으로 대응했다. 환경운동가들은 에너지 효율을 높이고 재생가능 에너지의 사용을 늘리기 전에 더 많은 연구가 필요한 것은 아니라며 반박했지만, 대다수의 대변인들은 더 많은 지식을 얻는 것이 중요하다는 관점에 동의했다. 특히 지금까지의 배출로 인해 온난화 경향이 이미 일부 나타나려는 조짐을 보이고 있었다는 점을 감안하면 말이다. 이러한 연구 지원이 가져온 한 가지 중요한 결과는 1988년에 새로운 형태의 과학조직인 기후변화에 관한 정부 간 패널(IPCC)이 세계기상기구(World Meteorological Organization)와 유엔환경프로그램(United Nations Environment Program) 산하에 설립되었다는 것이다.(Agrawala, 1998a, b) IPCC의 목표는 기후변화의 모든 측면에 있어서의 지도적 인물들을 모아서 이 문제의 성격과 규모를 권위 있는 방식으로 확인하자는 것이었다. 이러한 시도는 STS 공동체에 있어 대단히 중요하면서도 새로운 현상이었다. "IPCC가 국제적인 수준에서 과학자들을 자문 역할로 참여시키는 최초의 시도는 결코 아니었지만, 그 과정은 지금까지 있었던 그 어떤 시도에 비해서도 가장 포괄적이고 영향력 있는 노력이었다."(Boehmer-Christiansen, 1994b: 195; 아울러 Shackley, 1997b, Miller, 2001b도 보라.)

STS의 관심사는 여기서 제기되는 풍부하고 다양한 쟁점들과 잘 어울린다. 주목을 끈 첫 번째 쟁점은 이런 형태의 과학조직과 기후 모델링을 위해 요구되는 초고속 컴퓨터 시설에 대한 의존성 사이의 새로운 결합이었다. 이러한 의존성으로 인해 대부분의 기간 동안 핵심이 되는 연구는 전 세계적으로 몇 안 되는 센터들에서 이뤄질 수밖에 없었다. 섀클리와 윈은 일련의 논문들(Shackley & Wynne, 1995, 1996)을 통해 모델에서 나온 지식이 어떻게 생산되고 신뢰성을 얻고 정책공동체에 쓸모 있는 형태로 제시되는지를 연구했다.(아울러 Shackley et al., 1998, 1999도 보라.) 뒤이어 그들은 두 명의 네덜란드 동료들과 함께 쓴 논문(van der Sluijs et al., 1998)에서, 기후 민감도에 대한 추정치가 일련의 모델과 정책 검토를 거치면서도 놀라울 정도로 일관되게 유지돼온 사실을 연구했다. 그들이 떠안은 난제는 "이산화탄소 농도가 두 배로 늘었을 때 기온이 1.5℃~4.5℃ 올라간다는 기후 민감도의 추정치 범위가 지난 20년 동안 기후과학의 엄청난 성장에도 불구하고 놀라울 정도로 안정되게 유지되어왔다."는 것이었다.(1998: 315) 이에 대해 그들은 기후 모델링 공동체 내부의 사회학적 요인들이 정책적 처방에서 변화를 가하기보다는 연속성을 선호하는 경향을 보였다고 해석했다. 어쨌든 이 추정치는 충분히 넓어서 여기에 기여하는 과학자들 간에 거의 마찰을 일으키지 않고서도 수많은 다른 해석을 가능케 해주었다. 비록 그 추정치가 좀 더 파멸적인 시나리오는 암암리에 배제해버렸지만 말이다. 기후 모델링 공동체에 고유한 사회학적 요인들이 거기서 생산된 지식에 영향을 미친 듯 보였다. 라센은 기후 모델링 공동체에 대한 민족지연구를 수행하면서 어떻게 모델들(대순환모델, 줄여서 GCM으로 알려진)이 신뢰성을 획득하게 되는지를 연구했다.(Lahsen, 2005b; 아울러 Sundberg, 2005: 166-184도 보라.) 그 본성상 이러한 모델들은 미래에 비추어 검증될 수 없다. 또한 이러한 모델들은 과거 기후에 관한 데이터에 비춰서도 적절한 검증이 이뤄질 수 없다. 바로 과거에서 나온 정보에 비추어 그 모델들이 만들어졌기 때문이다.(P. Edwards, 2000: 232) 이 때문에 모델들은 필연적으로 다소간 추측에 기반할 수밖에 없으며, 이를 검증하는 한 가지 방식은 모델들을 서로 비교하며 돌려보는 것이다. 라센은 현재 활동하는 모델 제작자들이 이러한 절차에 내포된 비실재성과 순환성을 어떻게 관리하는지를 탐구했다. 모델링은 대단히 많은 시간과 비용을 잡아먹는 작업이다. "컴퓨터 성능이 엄청나게 향상되었음에도 불구하고 오늘날의 최신 GCM들을 완전한 형태로 돌려보는 데는 슈퍼컴퓨터로 여전히 수백 시간이 걸린다. 모델 제작자들이 모델에 복잡성을 더하는 속도가 컴퓨터 성능의 향상 속도보다 빠르기 때문이다."(P. Edwards, 2000: 232) 기후과학 공동체가 동질적이지 않음을 전제로 해서 섀클리(Shackley, 2001)는 모델링 공동체 내에 서로 상반되는 "지식 생활양식(epistemic lifestyle)"들이 존재한다고 주장했다. 일부 모델 제작자들은 최대한 포괄적인 모델을 개발하는 데 관심을 갖고 있는데, 그들은 이것이 유의미한 기후예측을 위한 필수 경로라고 주장한다. 반면 다른 모델 제작자들은 장기적인 경향을 다룰 수 있는 모델을 최대한 빨리 확립해 거기서 나온 예측을 정책과정에 투입할 수 있게 하는 데 관심이 있다.(아울러 Sundberg, 2005: 136-137도 보라.) 후자의 집단은 열역학자들이 지배하는 경향을 보이는데, 그들은 기후 시스템을 우주의 다른 부분과 에너지를 교환하는 암흑상자로 간주할 수 있다고 주장한다. 이어 섀클리는 이런 차이의 존재 여부가 연구지원 시스템과 관련돼 있다는 점을 지적한다.(P. Edwards, 1996을 보라; 아울러 Bloomfield, 1986도 보라.) 가령 미국에는 서로 다른 분야에 초점을 맞춘 수많은 센터들이 존재한다. 그들은 대체로 분야별 경계선으로 나뉘어 서로 상충하는 자문을 제공한다. 하나의 센터밖에 없는 영국에서는 과학자들이 좀 더 협동적이고 합의지향적이 될 것을 강제받는다.

다른 STS 연구들은 IPCC 내부의 협상 형성에 초점을 맞추었다. IPCC의 엄청난 규모와 그것이 하나의 제도로서, 또 그것이 평가하려 애쓰는 현상의 측면에서 갖는 새로움을 감안해보면, IPCC가 모든 세부사항들에서 추출해낸 판단에 어떻게 도달하는지는 핵심적인 쟁점이다. 한 가지 구체적인—전형적이지는 않을지라도—사례는 기후변화로 위협받는 생명들에 대한 경제적 가치평가의 문제이다. 정책적 대응의 측면에서는 넓게 보아 두 가지 가능성이 있는 듯하다. 온실기체의 축적을 제한하기 위한 노력을 기울이거나(배출을 감축하거나 탄소 격리를 늘리는 등), 아니면 변화한 기후에 적응하기 위한 조치를 취하는 것(바다 제방을 더 높이 쌓고, 주택을 다른 지역으로 이전시키고, 건물 냉방을 위한 대비를 늘리고, 그 외 연관된 조치들을 취하는 등)이다. "모조리 저감"과 "모조리 적응" 사이 어딘가에서 합당한 균형을 이뤄내려면 각각의 상대적인 장단점을 알 필요가 있다. 두 전략 모두 비용과 편익을 갖고 있는데, 1995년 보고서를 위한 평가작업을 했던 경제학자들은 이러한 이득과 비용에 대한 전 세계적 분석 없이는 다양한 정책 경로들을 평가할 수 없다고 주장했다. 그러한 분석이 완료된 후에야 최소의 비용으로 최대의 순익을 제공하는 정책 혼합을 얻는 방정식을 풀어낼 수 있다는 것이었다.(Fankhauser, 1995) 요컨대 그들은 온실기체 저감과 연관된 경제적 비용과 적응으로 가는 길에서 희생되는 사람들과 연관된 경제적 비용 모두를 알아내고 싶었다. 이를 위해서는 무엇보다도 다양한 국가에 사는 사람들의 전형적인 평생 수입에 가격표를 붙여야 했는데, 결과적으로 가령 남아시아인(그들 중 많은 수는 해수면 상승으로 고통을 겪을 가능성이 높다.) 한 사람은 수입을 잃는 서구인 한 사람에 비해 훨씬 적은 "비용 부담"을 자기 나라에 지우는 것으로 계산되었다. 경제학자들은 자신들이 사람들의 생명 가치를 평가하는 것이 아니며 단지 전형적인 개인들이 잃어버릴 수입에 가격표를 붙이는 것일 뿐이라고 주장했지만, 여기서의 절차는 남아시아인의 생명이 선진국 시민의 15분의 1의 가치를 갖는다고 평가하는 것처럼 보였다. 가치평가는 결정적으로 중요하다. 왜냐하면 남아시아인들의 가치가 상대적으로 낮게 평가되면 "합리적인" 전 지구적 정책은 저감에 상대적으로 신경을 쓰지 않고(저감은 소득이 높은 선진국 국민들에게 영향을 주는 경향이 있어 비용이 많이 들기 때문에) 적응에 집중 투자하는(대체로 개발도상국에서) 지향성을 갖게 되기 때문이다. 적응은 소득이 낮은 사람들에게 영향을 미치는 경향이 있기 때문에 상대적으로 비용이 적게 드는 것처럼 보인다. 이러한 추론 방식은 1995년 평가보고서의 3권 6장에 그대로 들어가긴 했지만(D. Pearce et al., 1996), NGO들 사이에서 광범한 비판을 받았다.(바로 이 쟁점을 다루기 위해 설립된 전지구공유지연구소[Global Commons Institute]가 두드러진 역할을 했다.) 결국 경제적 논증은 3권 맨 앞에 들어간 정책결정자를 위한 요약문에서는 대체로 부정되었다. 요약문에서는 인간이 유발한 기후변화의 사회적 비용에 관한 절에서 단언하기를,

> 이 절의 주제를 다룬 문헌들은 논쟁에 휩싸여 있다 … 통계적 생명에 대한 가치평가를 어떻게 할 것인지, 혹은 국가 간에 통계적 생명을 어떻게 총합할 것인지에 대해서는 어떠한 합의도 존재하지 않는다. 금전적 가치평가는 인간이 초래한 기후변화 피해가 인간에게 미치게 될 결과를 흐려서는 안 된다. 왜냐하면 생명의 가치는 금전적인 고려를 넘어서는 의미를 지니기 때문이다.(Bruce et al., 1996: 9-10)

이는 기후변화 쟁점의 과학적 개념화 그 자체를 둘러싼 깊은 철학적 견해차이를 드러내고 있지만(O'Riordan & Jordan, 1999), 이런 종류의 접근은 이후 발표된 평가들에서는 찾아보기 어렵다. 이에 대해 경제학에 열성적인 롬보르(Lomborg, 2001: 301)는 "[그러한 경제적 쟁점들이] 최신의[즉, 이후에 나타난] 보고서에서는 합리적으로 평가되고 있지 않아 유감스럽다."고 탄식하기도 했다.

이 점은 경제학에서 나온 사례에서 특히 두드러지지만, 좀 더 일반적인 쟁점을 부각시켜주고 있기도 하다. IPCC는 요약 판단에 도달해야 하며, 이러한 판단(판 데르 슬라위스 등의 1998년 연구[van der Sluijs et al., 1998]가 잘 보여준다; 아울러 van der Sluijs, 1997도 보라.)은 보고서에 들어 있는 엄청나게 넓은 범위의 과학적 결과들에 의해 협소하게 결정되는 것이 아니다. 사

회학적, 사회심리학적 고려 요인들이 이러한 판단을 공식화할 때 개입하는 것이 틀림없다.(이와 관련해 [아래 나오는] UNFCCC의 사례는 Miller, 2001a를 보라.) 뿐만 아니라 IPCC 보고서는 또 다른 차원의 판단에 의해 특징지어진다. 왜냐하면 보고서 각 권 맨 앞에 실리는 정책결정자를 위한 요약문(가령 Bruce et al., 1996)은 각국 대표들에 의해 세부사항을 승인받아야 하기 때문이다. 서문에서 밝히고 있는 것처럼 이것은 "**정부 간 협상이 이뤄진 텍스트**"인 것이다.(1996: x, 강조는 인용자)

STS 학자들의 세 번째 주된 관심은 IPCC—즉, 기후변화 규제공동체 전체—와 그 비판자들 사이의 관계였다.(Lahsen, 2005a) 비판자들은 재빨리 이 공동체가 기득권을 갖고 있다고 지적했다. 이 공동체가 얻는 연구자금은 그것이 경고하는 잠재적 해악의 심각성에 달려 있다. 따라서 이 공동체는 필연적으로 해악을 과장하는 쪽으로 구조적인 유혹을 받는다고 그들은 주장했다. 이는 IPCC의 두드러진 특징 중 하나를 부각시킨다. 그간 다른 대규모 과학 프로젝트([이 책의 32장에 다뤄진] 인간 유전체 프로젝트를 포함해서)도 있었지만, IPCC는 그것이 다루어야 하는 과학이 비교대상 프로젝트에 비해 좀 더 논쟁적이고 복잡했다.(Nolin, 1999) 물론 인간의 유전체 또한 엄청나게 복잡하며, 서열해독을 어떻게 해야 하는지를 놓고 날카롭게 견해가 나뉘었던 것도 사실이다. 그러나 해독결과가 어떤 형태를 띠어야 하는지에 대해서는 전문직 내에 높은 수준의 합의가 존재했으며, 그것의 기본 전제를 부정하는 조직적인 로비가 이뤄지지도 않았다. 반면 IPCC는 많은 다른 정책 자문위원들—몇몇 존경받는 과학자들을 포함해서—이 노골적으로 무시하는 정책 관련 분석을 제공하려 애쓰고 있다. IPCC는 대단히 많은 학문 분야에 걸치는 영역에서 작업을 하고 있었기 때문에 관련된 모든 과학적 권위자를 포괄할 수 있도록 연결망을 충분히 넓게 확장하려 했다. 그러나 이는 IPCC가 동료심사나 사람들이 인식하는 불편부당성에 있어 문제에 직면할 수 있음을 의미했다. 이미 IPCC 내에 들어와 있지 않은 "동료"가 사실상 거의 없기 때문이다.(제기될 수 있는 공격에 대한 분석은 P. Edwards & Schneider, 2001을 보라.) "정책을 위한 과학"의 고전적인 각본에 따라 IPCC는 구성원들의 과학적 객관성과 불편부당성을 들어 스스로를 정당화했다. 그러나 비판자들은 기후변화의 "정통 교의" 전체의 과학적 경력이 그 아래 깔린 가정들이 옳은지 여부에 달려 있다고 지적할 수 있었다. 더 나빴던 것은 누가 자격을 갖춘 전문가 클럽에 들어 있는지를 선택하는 것이 IPCC 자신이고, 따라서 IPCC는 그 구성원들의 경력이 매여 있는 현상의 중요성을 보여주는 증거를 계속 찾는 데 기득권을 가진 영속적 공동체가 될 우려가 있다는 점이었다.(Boehmer-Christiansen, 1994b: 198을 보라.) 2001년에 나온 3차 평가보고서의 한 장(章)만 보더라도 열 명의 선임 저자와 140명이 넘는 기여 저자들이 있는 상황을 보면,[2] 이것이 과학지식 생산의 표준적 관념에서 벗어난 것임이 분명해진다. 이것이 정책을 위한 과학의 잘 알려진 문제들 중에서도 으뜸가는 것임은 두말할 나위도 없다. 와인버그(Weinberg, 1972: 209)는 이를 "초과학(trans-science)"이라고 불렀고, 콜링리지와 리브(Collingridge & Reeve, 1986)도 과학자문에 대한 자신들의 "과잉비판(over-critical)" 모델에서 이를 묘사한 적이 있다.(기후변화와 관련해 이 쟁점을 다룬 글은 Yearley, 2005c: 160-173을 보라.) 아울러 이는 미지의 (하지만 엄청난) 복잡성을 지닌 시스템에서 미래의 기후를 모델링하려 할 때의 독특한 어려움 중에서도 으뜸으로 꼽혔다.

비판자들은 엄청나게 넓은 범위에 걸쳐 있었다. 한쪽 끝에는 학자들

2) 내가 든 예는 2장 "관찰된 기후변동성과 변화"이다.

과 온건한 비판자들이 있었다. 그들은 IPCC의 절차가 이의를 제기하는 목소리를 주변화하는 경향이 있으며, 특정한 정책제안(교토의정서[Kyoto Protocol] 같은)이 옹호자들의 주장만큼 현명하거나 비용효율적인 것이 못 될 수 있다는 우려를 나타냈다.(예컨대 Boehmer-Christiansen, 2003; Boehmer-Christiansen & Kellow, 2002) 또 화석연료 산업이 후원해 기후변화에 관한 주장에 의심을 던지는 역할을 하도록 고용된 수많은 컨설턴트들이 있었다.("비-문제[non-problem]"의 사회적 구성에 대한 논의는 Freudenburg, 2000을 보라.) 이러한 주장을 하는 사람들은 특정한 규제 조치들에 맞서 싸우는 우파 정치인 및 논평가들과 동맹을 맺었다.(McCright & Dunlap, 2000, 2003) "기후변화 회의론자"들이 정보를 교환할 수 있는 비공식 연결망—종종 웹에 기반한—이 만들어졌고, 그들은 교토의정서를 직접 반대하는 사람이건 풍력발전 단지의 반대자들(Haggett & Toke, 2006)이나 반핵 음모 이론가들처럼 다소 거리가 있는 동맹군이건 가리지 않고 모든 종류의 기여자를 환영했다. 러시 림보나 마이클 크라이튼처럼 재능 있는 문화영역의 행위자들도 이 논쟁에 뛰어들었다. 크라이튼이 2004년에 발표한 소설『공포의 제국(*State of Fear*)』은 기후과학의 오류를 다룬 "기술적 부록"을 달고 나왔다. 이와 동시에 주류 환경 NGO들은 사람들이 기후변화의 실재성에 관한 과학자들의 말을 받아들여야 한다고 단순하게 주장하는 경향을 보여왔다. 이는 그들이 다른 사례들에서는 분명 그리 열성적으로 추구하지 않았던 전략이다.(Yearley, 1993: 68-69; 1992)

IPCC는 또 다른 중요한 방식에서도 독특한 점이 있다. 쟁점의 경제적, 사회과학적, 정책적 측면들을 포괄하는 데 몰두한다는 점에서 그렇다. 이에 따라 다른 STS 연구들은 기후변화의 분석에서 사회과학의 역할에—어느 정도는 IPCC 그 자체의 사회과학에 대해서도—초점을 맞춰왔다. IPCC

가 스스로 이해하는 바에 따르면 이러한 분야들은 물리과학이 지향하는 정확성과 엄밀성을 가질 수 없지만, 그럼에도 전 지구적 기후변화가 사회에 대한 분석 없이는 연구될 수 없음이 분명한데, 여기에는 두 가지 이유가 있다. 한편으로 기후변화에서 우려를 자아내는 문제는 주로 사람들, 상업, 도시, 그리고 어느 정도는 야생생물에 미치는 영향이다. 실제로 나타날 영향은 분명 사람들이 어떻게 반응하느냐에 달려 있다. 이러한 정책적 사안들에 관한 전문가의 조언이 없으면 기후학자들의 연구에서 "출력" 측면에 대한 의미 있는 모델링은 불가능하다. 다른 한편으로 (기후변화가 일어나고 있다면) 가능한 정책적 대응은 다시 한 번 사람들이 정책적 처방을 얼마나 기꺼이 수용하느냐—가령 항공 여행을 삼가거나 기후 위험을 감수하거나 하는 식으로—에 달려 있다. IPCC는 자체적인 절차를 물리과학, 사회경제적 영향, 가능한 정책적 대응이라는 세 개의 병행 노선으로 나누는 식으로 이 쟁점을 다루었다. 레이너와 맬론이 편집한 4권짜리 책(Rayner & Malone, 1998)에서 STS와 사회과학 학자들은 문제를 뒤집어, 이른바 전 지구적 인간 변화가 기후에 미치는 영향에 초점을 맞춰줄 것을 요청받았다. 이러한 혁신적인 작업은 IPCC의 연구를 반영해 IPCC가 간과했던 분야별 지향을 부각시키는 것을 분명한 목표로 삼았다. 온실기체 농도의 변화는 대체로 사람들과 그들의 활동에서 배출되는 부산물에 기인하며, 따라서 그러한 대기 변화의 속도는 경제성장의 속도와 성격, 미래 인구의 규모, 사람들이 선택한 기술, 그들이 발달시킨 소비와 여가문화 등등에 달려 있다. IPCC가 제도적 차원에서 전제하는 가정은 이 문제에 적절한 사회과학이 경제학뿐이라는 것이다. 반면 레이너와 맬론의 책에 기고한 많은 학자들은 종종 메리 더글러스의 문화이론의 관점에서 문화의 역할에 초점을 맞추었다.(Douglas et al., 1998)

기후 쟁점에 관한 사회과학의 관여는 지구온난화에 대한 정책적 대응에서 시민참여 연구의 형태를 취하기도 했다. 기후변화의 중요한 측면들에 있어 흔히 인정되는 것처럼 환경적 쟁점들에 관한 과학적 이해가 불확실하다면, 정책결정은 전문가의 조언만 가지고 인도될 수 없다는 것이 여기서의 주장이다. 결정은 불가피하게 정치적 판단의 문제가 될 것이고, 민주주의 사회에서 그러한 결정은 민주적이고 투명해야 한다. 캐시미어 등이 편집한 책(Kasemir et al., 2003)에 요약된 일단의 연구들에서는 그러한 주제들을 민주적으로 다루는 하나의 강력한 수단으로 참여 기법들이 제안되고 있다. 이 연구는 율리시스(Ulysses, 도시 생활양식, 지속가능성, 통합된 환경평가[*U*rban *l*ifest*y*les, *s*u*s*tainability, and integrated *e*nvironmental a*s*sessment]의 약어)로 알려진 대규모의 유럽 프로젝트에 주로 기반하고 있다. 이 프로젝트는 일곱 개의 유럽 도시들(아테네, 바르셀로나, 프랑크푸르트, 맨체스터, 스톡홀름, 베네치아, 취리히)에서 진행되었고, 그 혁신적 성격 중 많은 부분은 포커스 그룹 방식의 워크숍을 폭넓게 활용한 데서 나왔다. 시민들은 이런 워크숍에 참여해 기후변화와 지속가능한 생활이라는 문제에 대처하기 위해 도시의 생활양식이 어떤 방식으로 바뀔 수 있는지를 성찰해볼 수 있었다. 이러한 회의는 공통적으로 참가자들에게 온실기체 배출과 같은 쟁점에 관한 컴퓨터 기반 모델을 알려주어 시민들이 이 모델을 써서 스스로 제안한 생활양식 변화의 가능한 결과를 탐구해볼 수 있게 했다.(Guimarães Pereira et al., 1999) 이 연구의 주된 단점은 참가자들이 사용한 모델이 연구용으로 고안된 것으로 지방정부나 환경 당국에 의해 사용되던 것이 아니어서 연구의 실천적 결과가 필연적으로 제약될 수밖에 없었다는 데 있다.(이는 Yearley et al., 2003에서 보고한 모델링 연구와는 대조적이다; 아울러 Yearley, 1999, 2006도 보라.)

마지막으로 STS 학자들은 정책과정 전반에서 과학자 공동체의—좀 더 구체적으로는 IPCC의—역할에 관심을 보여왔다.(아울러 Skodvin, 2000; Demeritt, 2001도 보라.) 1980년대 말과 1990년대 초에 과학을 올바르게 이해하는 것은 정책과정에 엄청난 중요성을 가지는 것처럼 보였다. 오존층 파괴는 이를 잘 보여준 사례로 흔히 생각되었다.(Benedick, 1991; Christie, 2000; Grundmann, 1998, 2006) STS의 관심은 대체로 IPCC와 그 외 다른 사람들이 이러한 지식을 어떻게 만들어내는가에 집중되었다. 그러나 처음부터 기후과학자들은 온실기체의 농도를 규제하려면 각국 정부들이 신속하게 행동할 필요가 있다고 조언했다. 어떤 형태로든 국제조약의 체결을 요구하는 압력이 커졌고, 1990년에 유엔은 기후변화협약(Framework Convention on Climate Change, FCCC)을 위한 정부 간 협상위원회(INC)를 설립하는 첫걸음을 내디뎠다.(Bodansky, 1994: 60)[3] 1992년에 제정된 FCCC는 이후 1997년에 교토의정서 체결로 이어졌다. 이는 참가국들이 온실기체 배출 목표를 달성하기 위해 힘쓰게 하는 강제성 있는 조약을 도입하는 과정을 시작했다. 이러한 발전에 내포된 아이러니는 IPCC가 두 번째 평가보고서를 완성하기도 전에 이미 협상기구가 마련되었으며, 과학의 세부사항은 일단 국가 간의 흥정이 시작되고 나서는 중요성이 떨어지기 시작했다는 점이다. 논평가들은 IPCC와 UNFCCC 사이의 긴장을 재빨리 눈치챘다. UNFCCC는 IPCC와는 다른 제도적 후원자를 갖고 있었고, 온실기체 정치

3) 느슨하게 정의해보면, 협약(framework convention)은 일정한 목적에 전념하는 포럼을 설립해 그 속에서 이후 구속력을 갖는 특정 조약을 의정서(protocol)의 형태로 개발하겠다는 약속을 말한다. 따라서 FCCC는 온실기체 감축에 대한 구체적인 약속을 담지는 않았고 단지 앞으로 그러한 질서를 개발하고 가능한 한 참여하겠다는 합의만 담고 있다. 그러나 이는 의사결정 등과 관련해 일정한 절차적 문제를 제기하는 의미를 갖는다. 많은 국제조약들이 이러한 형태를 취한다.

의 주도권을 실질적으로 가져감으로써 좀 더 정교한 GCM들에서 나온 결과를 있으나마나한 것으로 만들어버릴 우려가 있었다.(Miller, 2001a) 각국이 교토의정서에 서명하도록 만드는 쟁탈전 속에서는 정치적, 정책적 고려가 과학적 고려를 압도했다. 캐나다가 의정서를 비준하고 오스트레일리아는 비준하지 않은 까닭은 캐나다와 오스트레일리아에서 과학의 상대적인 신뢰성보다는 경제, 지역정치의 선거운동, 국제조약과 지역적 필요의 상대적인 부합 정도와 더 많은 관련이 있다.(Padolsky, 2006; 아울러 Victor, 2001도 보라.) IPCC와 정책과정의 관계는 여전히 복잡하다. 현재 많은 관심이 집중되고 있는 주제는 급격한 기후 영향의 가능성("임계점[tipping point]"으로 알려진)과 폭주하는 양(陽)의 되먹임 고리의 시동이다.[4)]

결론적으로 기후변화는 지식과 정책자문 간의 관계의 복잡성으로 인해 지난 10년간 STS 연구의 주요한 영역이 될 수 있음을 입증해왔다. 하지만 STS 학자들에게 결정적으로 중요한 두 가지 새로운 요인이 없었다면 이는 대단히 복잡한 사례연구 중 하나로 간주되고 말았을 것이다. 첫째는 IPCC의 과정이 과학 자문을 동료심사를 통한 정당화의 극한까지 밀어붙인다는 것이며, 둘째는 IPCC가 자체적으로 사회과학을 활용함으로써 필연적으로 사회과학(물론 STS도 포함된다; Jasanoff & Wynne, 1998을 보라.)의 역할에 관한 "성찰적" 질문을 제기한다는 것이다. 여기에 덧붙여 IPCC는 인간이 전지구적 수준에서 환경에 영향을 미치는 능력—너무나 속속들이 스며들어

4) 영국 정부의 수석 과학 자문위원 데이비드 킹 경의 기여는 과학 자문위원에 열려 있는 한 가지 종류의 역할을 보여준다. 2004년 1월에 그는 기후변화가 테러리즘보다 더 큰 위협을 제기한다는 자신의 판단을 전했다.(영국 신문 《인디펜던트(*The Independent*)》 2004년 1월 9일자에 실린 헤드라인은 "미국의 기후정책은 테러리즘보다 세계에서 더 큰 위협을 가한다."였다.)

있어 인간에 의한 배출이 해수면을 급격하게 상승시키고 폭풍과 허리케인의 강도를 증가시킬 수 있을 정도의—이 있음을 시사함으로써 자연의 자연성이 얼마나 위태위태할 수 있는지를 보여준다.(자연의 이데올로기적 측면에 관해서는 Sunderlin, 2003을, 이와는 다른 의미에서 자연의 상징에 관해서는 Douglas, 1982를 보라.)

유전자변형과 GM작물 및 식품

지난 10년간 환경정책과 논쟁을 지배하면서 아울러 STS 연구에서도 두각을 나타낸 두 번째 쟁점은 유전자변형(GM)작물과 식품이다. 유전자 식품을 둘러싸고 격렬한 대중논쟁이 전개된 것은 최근의 일이지만, 유전공학에 관한 연구는 30년에 걸친 역사를 갖고 있으며, STS 연구—특히 실험실 안전과 유전자변형생물체 규제를 다룬—도 일찍부터 시작되었다.(Bennett et al., 1986; 아울러 Jasanoff, 2005: 42-63도 보라.) 1980년대 내내 기업과 대학의 과학자들은 제품 개발을 위한 연구를 진행했고, 과학정책 분석에서 이 영역은 1980년대 말과 1990년대 초의 불황으로 침체된 경제에서 경제성장을 위한 잠재적 대박 중 하나로 흔히 간주되었다. 환경운동가들 역시 자신들의 입장을 준비하고 있었다. 그러나 조용한 준비 기간은 1990년대 들어 제품들이 시장으로 출시되기 시작하면서 종말을 고했다.

주된 쟁점은 검사에 있었다. 그것이 GM작물이건 동물이건 박테리아건 간에 평가를 필요로 하는 새로운 제품이 이미 나와 있었다. 물론 모든 주요 산업국가는 새로운 식품의 안전성 검사를 위한 기존의 확립된 절차를 가지고 있었다. 그러나 중요한 문제는 GM상품들이 얼마나 새로운 것으로 간주해야 하는가에 있었다. 일각에서는 GM생물체가 스스로 번식하거나 살아 있는 근연종과 예측불가능한 방식으로 교배를 할 가능성이 있다는 점을 들어, 이는 전례 없는 형태의 혁신이며, 따라서 전례 없는 형태의 신중함과 규제상의 주의를 요한다고 주장했다. 반면 산업체 대표들과 많은 과학자, 논평가들은 이것이 결코 전례를 찾아볼 수 없는 것이 아니라고 주장했다. 사람들은 동물을 교배하고 "변종"의 번식을 허용하는 등의 방식으로 수천 년에 걸쳐 농업혁신들을 도입해왔다. (통상적인 방식의) 현대적 식물육종은 잠재적으로 유익한 돌연변이를 촉진하기 위해 이미 특별한 화학적, 물리적 절차들을 사용했다. 이러한 관점에서 보면 규제기구들은 살아 있고 재생산을 하는 생명체들에서의 혁신을 다룰 준비가 이미 잘 되어 있었다. 재서노프(Jasanoff, 2005: 49)가 지적했듯이, 규제를 둘러싼 싸움의 기반은 미국에서 상당한 정도로 마련되어 있었다. 미국 법원은 과정(유전자변형)이 아닌 제품(특정한 식품이나 종자 등)을 검사의 중심에 두어야 한다는 규제기관의 결정을 지지한 바 있었다.(아울러 Kloppenburg, 2004: 132-140도 보라.)

GM작물은 미국에서 농무부, 식품의약청, 환경보호청이 마련한 검사들을 통과해 가장 먼저 승인되었다. 초기 제품이긴 했지만 플레이브 세이브(Flavr Savr) 토마토는 시장에서 거의 받아들여지지 않았고, 반면 GM옥수수, 대두, 여러 종류의 사탕무, 캐놀라(평지씨) 등은 성공을 거두었다. 그 본질에 있어 이런 작물들의 GM품종은 두 가지 종류의 추정상 이득을 제공했다. 작물이 해충에 유전적 저항성을 갖거나 특정 상표의 제초제에 내성을 갖는 것이었다. 전자의 잠재적 이점은 좀 더 분명한 반면(해충들이 내성을 얻을 거라는 우려가 있긴 하지만), 후자가 가져다준다고 하는 이득은 좀 더 간접적이다.[5] 여기서의 아이디어는 작물이 내성을 갖고 있으므로 제초제를 작물의 성장과정에서 후반단계에 사용할 수 있다는 것이다. 아울러 최소량만 살포하고도 잡초를 효과적으로 죽일 수 있다. 물론 회사도 이득을 본다. 농부들이 종자와 부합하는 제초제를 사야만 하며, 이에 따라 특허기간 만료 이후에도 시장에서 보호받는 기간을 더욱 연장할 수 있기 때문이다.

유럽 회사들은 이런 제품들을 시장에 내놓는 데서 미국 회사들에 그리 뒤지지 않았지만, 유럽의 소비자들은 북미 소비자들에 비해 이 기술을 수용하려는 태도가 훨씬 더 약했다.(Levidow, 1999) 이 쟁점에 대한 STS 연구는 두 가지 측면에 초점을 맞추었다. 이처럼 서로 다른 반응을 유럽과 북미의 정치제도의 차이로 설명하려는 관심이 일부 있었다. 아울러 대서양 양쪽에 존재하는 규제 논리의 범위에 대해서도 많은 주목이 이뤄졌다.

후자부터 시작해보면, 유럽의 규제기관들이 미국 관리들에 비해 이 기술에 대해 좀 더 예방적인 경향을 보여온 것은 분명하다. 그러나 예방의 원칙(precautionary principle)이 실제 적용되는 사례를 연구해보면, 원칙 그 자체는 얼마나 예방적이어야 하는지에 대해 규제기관에 말해주는 바가 없음을 알 수 있다.(Levidow, 2001; 아울러 Marris et al., 2005도 보라.) 규제기준에 관한 논쟁은 이내 예방의 의미에 관한 논쟁으로 전환되었다.(아울러 Dratwa, 2002도 보라.) 예방성에 대한 서로 다른 해석은 "실질적 동등성(substantial equivalence)"으로 알려진 기준을 둘러싼 논쟁에서 좀 더 정확한 형태를 띠었다. 밀스톤, 브루너, 메이어가 《네이처》 기고문(1999)에서 지적했듯이, GM식품의 안전성에 대한 검사 방법을 결정하려면 모종의 시초

5) 그러한 저항성은 유전자변형 없이도 만들 수 있다.(일례로 오스트레일리아에서는 "자연적으로" 살충제 저항성을 가진 작물 품종이 쓰이고 있다.) 그러나 이는 대체로 여러 개의 유전자들이 관여하는 특성이므로 GM 살충제 저항성과는 동일하지 않은 것으로 간주된다.

가정들이 있어야 한다. GM작물은 그 정의상 기존의 작물과 분자 수준에서 다르기 때문에, 어떤 수준에서 둘 사이의 차이점—우려할 만한 대목을 알려줄 수 있고 심지어 새로운 작물기술을 배제할 수도 있는—을 검사하기 시작할 것인가를 결정할 필요가 있다. 밀스톤 등에 따르면(Millstone et al., 1999: 525; 강조는 인용자),

> 생명공학 회사들은 자신들의 제품이 안전하다는 점을 소비자들에게 설득하는 데 정부 규제기관이 도움을 주기를 원했지만, 동시에 규제의 장애물이 가능한 한 낮게 설정되기를 원했다. 각국 정부들은 국제적으로 합의에 도달할 수 있고 자국의 생명공학 회사들의 발전을 저해하지 않을 GM식품 규제의 접근법을 원했다. 이에 따라 FAO/WHO[유엔 식량농업기구/세계보건기구] 위원회는 권고하기를, GM식품은 GM이 아닌 이전 작물과의 유사성에 따라 다뤄야 하고, 일차적으로 그 **성분조성 데이터**를 자연적인 작물의 그것과 비교해서 유사하게 받아들일 만한 것으로 가정할 수 있는지를 평가해야 한다고 했다. 조성에서 눈에 띄게 중요한 차이가 있는 경우에만 추가적인 검사를 요청하기에 적합한 것으로 간주되었고, 이때 판단은 건별로 이뤄져야 했다.

규제기관과 산업체들은 그러한 비교를 실행하는 수단으로 실질적 동등성의 기준에 합의했다.

이 기준에 따르면 GM식품이 기존의 식품과 성분조성에서 동등하면 소비자 안전의 측면에서 실질적으로 동등한 것으로 간주된다. 이에 따라 GM 대두는 "제한적인 일단의 성분조성 변수들"에 초점을 맞춘 검사를 통과한 후 소비에 적합하다는 판정이 내려졌다.(1999: 526) 그러나 밀스톤 등이 주장했듯, 규제기관들은 GM식품을 사람들의 식단 속으로 들어오는 새로운 화학물질로 간주하는 노선을 선택할 수도 있었고, 이 역시 그에 못지 않은 정당성을 갖고 있었다. 새로운 식품 첨가물이나 그 외 혁신적인 성분들은 식용으로 허용되기 전에 광범한 독성학 검사를 받는다. 이어 이러한 검사결과를 이용해 "허용가능 일일 섭취량(ADI)" 수준에 대한 한계를 보수적으로 정하게 된다. 물론 GM 식료품(곡물 등)의 경우 ADI 문턱값을 넘을 수 있는 작은 양은 상업적으로 충분치 않을 것이다. 그러나 안전성에 대한 우려는 중요하게 다뤄질 것이다. 밀스톤 등의 논점은 GM식품을 식품첨가물이나 의약품으로 다뤄야 한다는 것이 아니라, 실질적 동등성 기준을 도입한 결정 그 자체가 과학연구에 기반한 것이 아니라는 데 있다. 그러한 결정은 후속 연구가 그 위에서 이뤄지는 기반을 제공한다.(동일한 "논리"에 대해서는 Jasanoff, 1990을 보라.) 이 기술의 주창자들이 보기에 실질적 동등성은 단순명료하고 상식적인 표준이다. 그러나 이 표준은 동일성의 적절한 기준이 무엇인가를 놓고 벌어질 수 있는 논쟁을 감추고 있다. 밀스톤, 브루너, 메이어가 지적했듯, GM 종자회사들은 다른 목적을 위해서는 자신들의 제품이 갖는 차별성을 기민하게 강조하는 모습을 보였다. GM 물질은 그것이 참신성의 기준을 충족시킬 때만 특허를 얻을 수 있다. 그렇다면 그것이 특허의 보호를 받을 정도로 충분히 새로우면서, 실질적 동등성의 수준을 뛰어넘는 차이가 앞으로 10~20년 동안 문제가 되지 않을 정도로 새롭지는 않다는 것을 어떻게 확신할 수 있는가?

이 쟁점은 영국에서 널리 알려진 "푸스타이 사건"에서도 중심적인 것이었다. 아파드 푸스타이는 스코틀랜드의 애버딘 인근에 있는 대규모 정부지원 연구시설에서 일했고 GM작물의 식품안전성을 검사하는 방법을 연구하는 팀의 일원이었다. 그를 포함한 연구자들은 성분조성에서 유사한 식품이 영양이나 식품안전성에서 동일한 함의를 갖지 않을 수도 있다는 우려를 품었다. 그가 악명을 얻게 된 실험들은 쥐를 대상으로 수행되었다. 그는 실험실 설치류에 비GM 감자, 비GM 감자에 아네모네에서 나온 렉틴을 첨가한 것, 아네모네 렉틴을 발현시키도록 유전자변형된 감자라는 세 가지 종류의 감자를 먹였다. 렉틴은 일군의 단백질들을 총칭하는 말로, 그 중 일부는 살충효과 때문에 관심의 대상이 되고 있다. 또한 어떤 렉틴(가령 적강낭콩에서 나온)은 먹었을 때 소화장애를 일으킬 수 있다는 사실이 알려져 있다. 그가 얻은 결과는 렉틴을 생산하는 GM 감자를 먹은 쥐의 상태가 다른 두 가지 표본보다 나빴음을 보여주었다. 이는 문제를 일으킨 것이 렉틴이 아니라 유전자변형 과정 그 자체의 어떤 측면일 수 있음을 암시했다.

에릭슨(Eriksson, 2004)이 상세하게 보여준 바와 같이, 이 논쟁은 놀라운 방식으로 전개되었다. 푸스타이는 저명한 영국 TV 프로그램에 출연해 자신의 결과를 알렸다. 그가 의도했던 것은 GM **그 자체**에 대한 반대가 아니라, 안전성에 대한 우려를 완전하게 다루기 위해서는 좀 더 정교한 형태의 검사—바로 그와 동료들이 수행할 수 있었던 것과 같은 종류의 검사—가 필요하다는 주장이었던 것 같다. 그러나 영국 언론을 휩쓴 헤드라인의 메시지는 GM식품을 먹었을 때 건강상의 문제를 야기할 수 있다는 것이었다. 푸스타이의 결론은 뒤죽박죽의 혼란스러운 방식으로 그가 속한 연구소로부터 비판을 받게 되었고 그는 은퇴를 통보받았다. 뒤이은 논쟁과 성급한 뉴스 관리 시도는 그의 발견과 실험설계의 세부사항에 분명하게 초점을 맞추지 못했다. 대신 사람들은 논쟁 그 자체의 진행을 둘러싸고 편을 나누어, 푸스타이를 불편한 발견을 공표해 상급자로부터 부당한 처벌을 받은 내부고발 연구자로 옹호하거나, 제대로 점검되지도 않았고 심사도 받지 않은 결과를 성급하게 대중 앞에 가지고 나온 부주의한 과학자로 무시했다. 언뜻 보면 그처럼 중요한 연구가 거의 되풀이되지 않았다는 사실 그 자체가 호기심을 자아내는 사회학적 현상이다. 푸스타이 사건이 더 폭넓은 정책논쟁에서 계속해서 영향을 미치고 있는데도 말이다. 에릭슨의 연구는 이 논쟁이 실험 그 자체가 아니라 이 분야에서 푸스타이가 전문가로서 갖는 지위를 둘러싼 논란에 초점을 맞춤으로써 그처럼 약화된 형태를 띠게 되었음을 보여준다. 그녀는 또한 그러한 다학문적 영역에서 전문성이 구성되고 논란이 벌어지는 다양한 방식을 탐구하기도 했다.

GM 사례에 대한 STS의 관심은 제조업체와 공급업체들이 저지른 실수에도 맞추어졌다. 새로운 작물기술이 잘 검사되고 통제되고 있다는 단호한 확언이 있었음에도 일련의 문제들이 계속 발생해왔다. 예를 들어 사료용으로만 승인된 옥수수가 사람이 먹는 식품망에 섞여 들어가거나 식물에 주입된 형질이 야생 근연종에서 발현되거나 하는 문제가 그것이다. STS 학자들은 이에 대한 분석적 관심을 발전시키면서, 이러한 난점들이 어떻게 계속해서 문제를 제기하고 있는가를 지적했다. 그처럼 개방적이고 결코 완전하게 이해되지 못한 맥락 속에서 무엇을 합당한 검사로 간주해야 하는가 하는 문제가 그것이다. 뿐만 아니라 그러한 난점들은 GM생물체(GMOs)에 대한 공포를 관리하는 한 가지 인기 있는 전략에 흥미로운 도전을 제기한다. 바로 GM식품에 표시를 붙여야 하고 엄격한 추적가능성을 확보해야 한다는 생각이다.(아래에서 보겠지만 표시제 역시 논란이 되고 있다.) 그러나 표시제와 추적가능성의 관념은 이 기술을 확인하고 추적하고 봉쇄하는 일상적인 방법이 적절한가에 달려 있는데, 이 모든 점은 그간 논란의 대상이 되어왔다.(Klintman, 2002; Lezaun, 2006) 뿐만 아니라 레존(Lezaun, 2004)은 또 다른 사례를 통해 이 기술의 통제불가능성이 자사 기술의 지적 재산권을 관리하려는 회사의 노력에도 문제를 낳고 있음을 솜씨 좋게 보여주었다. 캐나다에서 있었던 사례에서 한 농부가 자신의 농장에 GM 종자를 불법으로 사용했다—즉, 종자를 구입해 사용료를 지불하지 않았다—며 몬샌토로부터 고발을 당했다. 이 농부는 자신의 농장에 몬샌토의 제품이 침입해 들어와 오염되었다고 주장함으로써 국면 전환을 꾀했다. 그는 회사의 제품이 자신의 권리를 침해했다고 비난하려 했다. 레존은 이 사례의 복잡성을 강조한다. 왜냐하면 법원이 해결해야 하는 문제의 일부는 몬샌토가 자사 제품의 행동—적어도 해당 농부의 말에 따르면 그의 재산권을 침해한—에 대해 얼마만큼 책임을 져야 하느냐에 있었기 때문이다. 그러나 달리 보면 작물은 생식활동에서 자신의 본성이 내리는 명령을 단지 따르고 있었던 것뿐이다. 이 사례는 "자연"을 둘러싸고 그려져야 하는 경계선이 얼마나 미묘한 것인지를 잘 보여준다. 먼저 무엇이 자연적인 식물이고 무엇이 합성 식물인가 하는 문제가 있었고, 이어서 작물의 행동이 갖는 "침입"의 속성은 인간의 통제에 따른 것으로 보아야 하는가, 아니면 작물에 자연스러운 것으로 보아야 하는가의 문제가 있었다.

STS 학자들의 주목을 끈 두 번째 주된 주제는 대중의 저항과 소비자의 불안이 나타나는 정확한 이유가 무엇인가 하는 문제였다.[6] 논쟁 내부의 행위자들 역시 동일한 질문을 놓고 고심했지만, 그들은 비대칭적인 방식의 설명 경향을 보여왔다. 기술의 옹호자들은 대중의 불안을 겁주기 전술과 무역 보호주의 탓으로 돌리는 경향을 보인 반면, 반대자들은 기업의 탐욕이 대중의 통찰력과 싸우는 양상이라고 해석했다. STS 저자들은 주로 세 가지 요인을 지적하면서 좀 더 대칭적인 접근을 취해왔다. 첫째, 유

6) 몇몇 분석가들은 행위자들의 입장을 파악하기 위해 애썼는데, 이는 그러한 입장을 설명하기 위해서가 아니라 그들이 "가장 덜 최악인" 진행 방식에 합의하도록 만들기 위해서였다. Stirling & Mayer(1999)와 이에 대한 논평으로 Yearley(2001)를 보라.

럽인들은 BSE, 일명 "광우병" 사태가 일어난 직후에 이 새로운 식품기술을 접하고 있었다. 광우병 프리온의 방출과 확산을 가능케 한 조건을 만들어 냈다고 현재 판단되고 있는 식품가공 절차의 변화가 당시에는 동일한 규제당국에 의해 안전하다는 판정을 받았다. 특히 영국에서, 애초 정부는 최선의 과학적 조언에 따르면 감염된 쇠고기가 인간에 미칠 위험이 전혀 없다고 주장했다가 1996년에 갑자기 말을 바꿨다. 결과적으로 GMO는 안전한 것으로 간주할 수 있다는 규제당국과 정부 자문위원들의 발언은 쉽사리 무시당하고 불신의 대상이 될 수 있었다. 푸스타이 사건 같은 일들은 기성 과학자 사회는 믿을 수 없다는 느낌을 강화하는 데 일조했다. 설득력 있고 포괄적인 보증이 없는 상황에서 일반 시민들은 무엇을 먹을지에 대한 결정을 어떻게 내리며 생활을 어떻게 계속 영위해나가는가 하는 질문도 나왔다.(이러한 쟁점들은 좀 더 폭넓은 사회학적 관심을 불러일으키기도 했다.[가령 Tulloch & Lupton, 2003을 보라.]) 예를 들어 영국에서는 이름난 슈퍼마켓들이 정부기구들이 제공하지 못한 안심보증을 제도화하는 조치를 취했다.(Yearley, 2005a: 171-174) 재서노프는 BSE의 사례에서 나타난 유사한 반응에 대해 지적한 바 있다.(Jasanoff, 1997)

또 다른 설명 요인은 앞서 언급했듯이 유럽의 경관이 여러 세기에 걸친 농업 관행에 의해 결정적으로 형성된 것이라는 사실에서 찾을 수 있다. 자연적 유산과 농업은 서로 떼려야 뗄 수 없는 것이다. 이 새로운 기술이 야생생물에 미칠 영향에 대해 환경운동가들의 우려와 심지어 공식 자연보호기구, 농촌단체들의 우려가 표출된 것은 이 때문이다. 특히 프랑스에서 이는 세 번째 설명 요인과 결합했다. 세계화와 경제적 자유화가 던지는 것으로 인식된 위협에 맞서 전통적인 농촌 생활양식을 지키려는 욕망이 그것이다. 이러한 새로운 기술들은 유럽의 농업시장에 침투해 이를 재형성하려는 미국의 시도를 보여주는 또 다른 증거로 간주되었다.

이 마지막 논점은 GM식품과 종자를 둘러싼 무역갈등의 전개에 반영되었다. 미국 회사들은 유럽이 GM 수입에 저항하는 것에 대해 WTO 제소로 맞대응해야 한다고 주장해왔다. 공식적인 제소는 2003년에 이뤄졌고, 미국은 WTO를 이용해 유럽 시장을 미국 농부들과 종자회사들에 개방하려는 희망을 품었다. 미국의 주장은 GM식품과 작물이 해악을 낳는다는 아무런 과학적 증거도 없으며, 이러한 제품들은 모두 미국의 시스템 내에서 적절한 규제 장애물을 통과했고 EU 내의 해당 규제도 통과했다는 것이다. 뿐만 아니라 이러한 관점에 따르면 유럽 시장에서 GM 농산물에 표시제를 시행하는 어떠한 미래의 전략(많은 유럽연합 회원국들이 가능한 타협안으로 선호하는 절차)도 차별적이고 부당한 무역관행이다. 이는 제품의 안전성과는 전혀 무관한 측면에 소비자의 주의를 집중시키기 때문이다.(Klintman, 2002를 보라.) 표시는 소비자에게 GM 성분에 대해 "경고"를 해주지만, 만약 그 성분이 위험하지 않다면 표시의 기능은 미국과 그 외 GM 성분을 사용하는 공급업체들에 불이익을 주는 것뿐이다. 따라서 WTO는 이러한 표시제 관행을 정당하지 않은 무역 장벽으로 간주해 불법화해야 한다는 것이다. 반면 유럽 소비자 대표들은 미국의 검사가 충분히 예방적이지 않으며, 적절한 과학적 검사를 위해서는 미국이나 유럽연합에서 정한 시험에서 적용되는 것보다 훨씬 더 많은 시간과 다양한 검사법이 요구된다고 주장하고 있다.

이 사례에서 두드러진 난점은 대체로 보아 양측의 공식적인 전문가 과학자 공동체가 서로 정반대의 관점을 취하고 있다는 점이다.(하지만 대서양 양편의 전문가들이 만나는 점도 있는데, Murphy & Levidow, 2006을 보라.) 미국에서 이 쟁점을 이해하는 방식은 주로 이런 식이다. 모든 제품은 잠재적으로 연관된 위험을 갖고 있으며, 정책결정가는 위험과 편익에 대한 적절한 평가가 이뤄지도록 보장하는 솜씨를 발휘해야 한다는 것이다. 반면 유럽의 분석가들은 위험의 개념틀 자체에 뭔가 문제가 있다는 주장으로 기울어 있다. 위험의 계산은 필연적으로 위험이 정량화될 수 있고 그에 대해 합의에 도달할 수 있다는 가정을 내포하기 때문이다. 이런 논증에 따르면, GM작물의 사례에서는 가능한 위험의 전체 범위를 확인하는 방법이 아직 존재하지 않으며 따라서 어떤 "과학적" 위험평가도 완결적일 수 없다.

서로가 관할하는 지역 내에서는 이러한 상반된 관점 각각이 분별 있게, 또 어느 정도는 일관되게 유지될 수 있다. 그러나 서로 다른 관점들은 GM작물의 안전성과 적합성을 평가하는 데 있어 공약불가능한 패러다임들과 동등한 것처럼 보인다. 어느 쪽 접근법이 옳은지 말해달라고 호소할 수 있는 더 상위의 과학적 합리성이나 전문성은 존재하지 않으며, WTO가 그런 쟁점들을 해결할 수 있는 "슈퍼 과학자들"을 자체적으로 보유하고 있지 않음은 두말할 나위도 없다. 그러나 WTO를 지켜봐온 사람들은 WTO의 분쟁해결 절차가 일견 중립적이고 법률적, 행정적 문제만 다루는 것처럼 보임에도 불구하고, 암암리에 미국 패러다임을 선호한다는 우려를 표시한다. 안전성 기준에 대한 WTO의 접근법은 과학적인 안전성 입증의 역할을 강조하는데, 과거의 판결에서 "과학적"이라는 것은 대체로 미국 방식의 위험평가와 동일한 것으로 간주되어왔기 때문이다.(Busch et al., 2004; Winickoff et al., 2005) 이 사례는 GMO에 관한 정책에 영향을 미치는 데서 그치지 않고 WTO에서 논쟁적인 과학적 관점들을 어떻게 다루는가에 있어 대단히 중요한 선례를 만들 수 있다.(아울러 Murphy et al., 2006도 보라.)

현재로서는 GM 사례가 주로 부유한 선진국들 간의 논쟁거리지만, 다른 국가들도 논쟁에 휘말렸다. 가뭄으로 인한 식량부족 사태에 직면한 잠비

아는 2002년에 미국의 식량원조—때마침 유전자조작 곡물로 이뤄진—를 제안받았다.[7] 많은 이들은 미국이 이 사례를 트로이의 목마로 이용해 GM 식품에 대한 수용을 촉진하려 하는 것이 분명하다고 보았다. 반면 잠비아인들은 자신들이 GM 청정국(GM-free) 지위를 잃게 된다면 앞으로 유럽연합에 대한 수출이 위협받을 수 있음을 알아챘다. 그래서 잠비아 정부는 식량원조를 받아들이는 데 대해 모호한 태도를 취했다.

GM 사례가 STS 공동체로부터 크게 관심을 끈 또 다른 이유는 각국 정부들이—특히 유럽이 많았지만 그 외에 뉴질랜드 같은 나라도 포함되었다—기술의 도입을 놓고 다양한 대중 자문과정을 운영하는 데 발벗고 나섰기 때문이다.(Walls et al., 2005) 이 주제에 관한 STS 연구는 다양한 형태를 띠었다. 이 책의 25장에서 에번스와 콜린스가 언급했듯이, 먼저 기술적 쟁점에 관한 대중 자문의 근거와 적절성에 대한 일반적인 관심이 존재한다. 그러나 이러한 일반적 쟁점들을 제쳐두면, 이 사례에서 유럽과 뉴질랜드의 핵심 고려사항은 대중의 말에 귀 기울이는 것처럼 보임으로써 대중의 불안과 맞서 싸우려는 노골적인 시도였음이 상당히 분명하다. 핸슨(Hanson, 2005)은 덴마크, 독일, 영국에서의 자문과정을 비교분석했고, 홀릭-존스 등(Horlick-Jones et al., 2004; 2007)은 영국의 "GM 국가(GM Nation)" 행사에서 본행사와 나란히 진행된 외부 평가를 수행했다.(아울러 Pidgeon et al., 2005; Rowe et al., 2005도 보라.) 그들은 "믿을 만한" 자문결과를 얻기가 어려웠다고 지적했다. 참가자들이 자기선발에 의거해 뽑혔고, 자문과정도 참가자들이 아닌 토론 유도자들에 의해 틀지어졌기 때문이다. 하비(Harvey, 2005)는 GM 국가의 참가자 그룹 일부에 대한 참여관찰 연구

7) http://news.bbc.co.uk/1/hi/world/africa/2371675.stm을 보라.

를 소규모로 진행했다. 그는 참가자들이 자신들과 GMO 정책결정 간의 관계에 대해 분명히 알지 못하는 것처럼 보였음을 확인해주었다. 아울러 그는 참가자들이 행사를 어떻게 경험했고 어떤 종류의 주제에 대해 말하는 것을 선택했는지에 초점을 맞추었다. 그는 토론이 종종 과학적 정보를 건드렸다고 지적했다. 어느 정도 자유롭게 토론할 수 있는 여지를 주자, 참가자들은 안전한 파종 거리, GM작물이 익충에게 미치는 영향 등과 같은 쟁점들을 놓고 논쟁하는 길을 택했고, 그 결과 그들이 모임의 맥락 안에서 대체로 해결이 불가능한, 끝도 없고 좌절을 안겨주는 논쟁에 빠져들게 되었다고 그는 보았다.

이 때문에 하비(Harvey, 2005)는 대중의 반응에 대해 윈(Wynne, 2001)이 개진했던 것과는 다른 관점을 취하게 되었다. 윈은 시민들이 대체로 정책 논쟁의 구조에 의해 소외를 경험해왔다고 주장했다. 논쟁은 대중이 선택하지도 않았고 여러 가지 의미에서 대중이 선호하는 쟁점의 개념화 방식과 전혀 맞지 않는 기반 위에서 추진되고 있다. 심지어는 논쟁의 윤리적 측면들—대중이 일종의 특권적인 발언권을 가졌다고 생각되어온—조차도 의무론과 실용주의 논증이라는 전문가 메타윤리 담론으로 변질되었다. 그러나 하비의 관찰에 따르면, 참가자들은 윈의 주장이 암시하는 것처럼 윤리적 고려와 폭넓은 정치적 고려를 선호한 것이 아니라 "사실적" 유형의 주장들에 초점을 맞추었다. 그들이 지닌 관심사가 과학자들이 권위 있게 답변해줄 수 있는 것이 아니었는데도 말이다. 따라서 정책논쟁은 GMO에 대해 많은 것을 말해주지만, 그에 못지않게 그러한 정책 쟁점에 대한 대중의 개념화와 참여의 세부적인 본질에 대해서도 많은 것을 얘기해준다.

영국 정부는 GM 국가 행사와 나란히 일련의 농장규모 시험을 농부들이 자진해서 제공한 농지에서 실시해 새로운 기술이 갖는 환경적, 실천적 함의를 조사했다. 처음에 이러한 시험은 GM 반대운동가들에게 사이비로 간주되었고, 성공이 어느 정도 보증되도록 미리 짜맞춰 놓은 것으로 생각되었다. 이에 따라 그린피스와 여타 단체들은 시험 재배지를 파괴하는 행동에 돌입했다.(Yearley, 2005a: 173-174) 그러나 2005년에 시험결과가 마침내 발표되었을 때, 일부 사례에서 GM 재배가 야생생물에 부정적인 영향을 나타냈다는 보고가 있었다. GM 물질 그 자체가 유해해서가 아니라, 잡초 제거가 너무나 효과적이어서 야생생물이 씨앗이나 다른 식량을 빼앗겨 버렸기 때문이다. 마지막 아이러니는 최근의 STS 연구에서 시험재배를 담당한 농부들이 결과 해석에서 발언권을 갖지 못했다고 지적한 것이다. 농부들과의 인터뷰에 따르면, 농부들의 판단을 포함하는 "참여적" 방법을 채택했다면 전문가들만의 평가에 비해 GM에 더 우호적인 결과가 나왔을 수도 있다. 농부들은 시험재배 들판의 관리가 "비현실적으로" 경직되어 있다고 보았기 때문이다.(Oreszczyn & Lane, 2005)

GM 사례에 대한 언론보도 역시 STS 학자들의 주목을 끌었다. 기후변화를 포함하는 다른 환경 쟁점들을 언론이 다루는 방식에 대해서도 여러 연구가 있었지만(Carvalho & Burgess, 2005; Mazur & Lee, 1993; Zehr, 2000를 보라.), 유럽과 일부 북미 소비자들이 GMO에 드러내 보인 불안감은 이 사례에서 대중의 불안감을 틀짓는 데 언론이 어떤 역할을 했는지에 특별한 관심을 유발했다. 프리스트는 이 연구를 요약하면서 이렇게 단언했다. "과학계의 주류는 뉴스 매체가 반대쪽 관점을 지나치게 강조함으로써 부적절한 정당화를 제공해주었다는 우려를 계속해서 품고 있다. 이러한 우려는 미국이나 유럽의 생명공학 뉴스 보도를 조사해 나온 증거들에 의해 뒷받침을 받고 있지 못한 듯하다."(Priest & Ten Eyck, 2004: 178; 아울러 Priest, 2001도 보라.) 대규모 연구가 유럽과 북미에서 GM 사례를 다룬 언론보도—특히 신문보도—를 추적해왔고, STS 분석을 위한 핵심 자료를 제공해주고 있다.(Gaskell & Bauer, 2001에 수록된 논문들을 보라.)

요약하자면, GMO 사례는 국제적 시각에서 비교 안전성 평가와 과학적 증거 및 예방에 대한 해석에 시사점을 던져줌으로써 STS 연구자들의 폭넓은 관심의 대상이 되었다. 이는 지난 10년 동안 "기술영향평가"에서 엄청난 중요성을 가진 주제였다. 그러나 기후변화의 경우와 마찬가지로 이는 오늘날의 사회들이 혁신적인 생명 형태의 취급과 규제에서 자연에 대해 아는 것의 도전에 어떻게 대응해왔는지를 생생하게 보여주고 있기도 하다.

자연의 구성과 수행

STS와 인류학의 저자들이 관찰해온 것처럼(가령 Ingold, 1993), "자연"과 "자연적인 것"에 대한 개념화는 주류 서구문화 안에 불편하게 자리 잡고 있다. 인간은 어떤 식으로건 자연 속에 있기도 하고 자연을 넘어선 곳에 있기도 한 존재이다. 환경 담론들은 자연을 문화로부터 동떨어진 것으로 그리는 경향을 보여왔는데, 이런 움직임은 역으로 사회과학에도 반향을 일으켜왔다. 그러나 이러한 경계작업은 불안감을 자극한다. 인간은 동물이자 생물권의 거주자로서 자연과 연속적으로 존재하는 것이 분명하다. 마찬가지로, 인간 개체들은 철두철미하게 자연으로 구성돼 있다. 오늘날의 서구문화에서는 인간을 자연적인 것에서 분리시키는 것을 변호할 수 있는 근거를 찾을 수 없다. 인간의 유전체가 이해되는 방식에서, 또 로즈가 "육화된 개인(somatic individual)"이 되는 과정이라고 지칭했던 것(Novas & Rose, 2000)에서 나타난 최근의 발전은 이러한 개념적 영역의 추가적인 변형의 시작을 알렸다. 지난 10년 동안 저자들은 다시금 인간의 본성에 관해 글을 쓰기 시작했다.(Fukuyama, 2002; Habermas, 2003 등의 상이한 사례들을 보라.) 래비노(Rabinow, 1996)는 "생명사회성"이라는 용어를 통해서 여러 문화들이 자연/문화 분할을 그리는 방식에서 나타난 변화가 어떻게 문화적 변형을 수반하는가에 대해 통찰력 있는 논평을 했다. STS와 이 문헌들 사이의 관계는 이 책의 32장에서 자세하게 검토되고 있다.

자연 속에서 인간의 위치를 둘러싼 개념적 관심과 달리, "자연적인 것"에 대한 STS 연구의 핵심 지점은 서로 다른 나라들에서 이뤄지고 있는 자연 복구의 다양한 시도들—복원생태학(restoration ecology)이라고 불리는—에 맞춰져 있다. 자연의 서식지가 파괴되거나 질이 떨어진 많은 산업화 지역들에서 사라진 것들을 원상태로 되돌리기 위한 시도들이 이뤄지고 있는데, 그러한 노력들은 자연을 모방하거나 복제하기 위해 자연 상태란 어떠한 것인가라는 질문을 명시적으로 던진다. 이와 같은 활동에서 인간문화는 자연을 생산하는 역할을 도맡는다. 기후변화나 GM의 사례 모두에서 그랬듯이 북미와 유럽의 접근법은 대조를 이룬다. 북미(그리고 오스트레일리아)는 황야로, 유럽인들이 뒤늦게 도착한 자연적 장소로 이해되었다. 전형적인 야심은 콜럼버스 이전의 시대에 그랬던 방식으로 서식지를 복원하는 것이다. 유럽의 역사에는 이러한 결정적 전환점이 없고, 따라서 준거점을 찾아내기가 좀 더 어렵다.

자연을 복구하는 세부적인 작업은 북일리노이에서 나온 헬퍼드의 통찰력 있는 사례연구(Helford, 1999)가 보여주듯 종종 복잡하다. 오크숲의 생태를 복원하려는 시도는 서식지 분류의 성격 그 자체에 대한 재협상으로 이어졌다. 복원 실무자들은 오크 초원(oak savanna)의 "자연성"을 주장한 반면, 학계의 생태학자들은 이것이 오크숲과 대초원(prairie) 사이의 점이지대에 불과한 것으로 간주했다. 그 자체가 하나의 서식지라고 정확히 보기 어려우며, 따라서 복원활동의 가치 있는 목표가 될 수 없다는 것이었다. 헬퍼드는 오크 초원의 자연적 성격이 자연보호 구역을 설립하는 바로 그 활동과정에서 어떻게 구성되었는지를 그려낸다. 생태학 내에서는 안정된 "극상" 식생이라는 전통적 개념이 이미 폐기되었다. 삼림은 항상 반복되는 재난에 노출되어 있으며 안정된 최종 상태란 존재하지 않는다는 설이 받아들여졌다. 다른 지역, 특히 오스트레일리아와 캘리포니아에서는 삼림 생태에서 산불이 하는 역할이 면밀한 연구의 대상이 되었으며, 오스트레일리아의 경우 이는 원주민들이 산불을 내는 식으로 삼림과 상호작용하는 관행이 "자연적"이고 바람직한지와 특히 연관되어 있었다.(Verran, 2002를 보라.)

유럽의 맥락에서는 사라진 서식지를 어떻게 복구할 것인가를 놓고 많은 기술적 연구들이 있었다. 예를 들어 네덜란드의 토탄 늪(peat bog)은 특별한 관심의 대상이 되었고, STS 학자들은 방법론과 원칙들에 관한 토론에 관여해왔다.(Wackers et al., 1997) 스코틀랜드 역시 사람들이 드문드문 흩어져 사는 시골 지역이 많아 복원에 적합한 곳으로 생각되었다. 새뮤얼(Samuel, 2001)은 럼섬의 서쪽 해안 관리를 둘러싼 논쟁을 명료하게 개관해주고 있다. 주의 자연보호 기구는 섬의 생태를 인간의 손길이 닿기 이전 모습으로 되돌려놓는 것을 목표로 했다. 그러나 다른 사람들은 고고학적 증거를 이용해 사슴 사냥을 하는 인간들이 수천 년 동안 섬 생태의 일부였다고 주장했다. 지역 정치의 맥락에서 이는 스코틀랜드를 사람이 살지 않는 야생의 장소로 보는 잉글랜드/남부의 관점과 유서 깊은 지역문화로 보는 고지대/지방의 관점이 대조를 이루는 전형적인 사례로 보였다. 자연의 "올바른" 복구는 필연적으로 정치적 신념과 감수성의 렌즈를 통해 이해됐다. 기후와 심지어 식물생태의 유전적 특성들이 그간의 세월 동안 변화를 겪었기 때문에 애초의 조건을 문자 그대로 복구하는 것은 불가능하다는 데 모든 당사자가 결국 합의를 했는데도 말이다.

유사한 고려가 기상조절 기술이라는 놀라운 맥락에서도 제기되어왔다. 거의 20세기 내내 몇몇 모험적인 개인과 조직들이 기상조절을 위한 다양한 기술들을 제시했는데, 주로 강우를 촉진하거나 방지하는 것과 연관이 있었고 대체로 농촌공동체를 대상으로 했다. 날씨의 예측불가능성을 감안하면 이러한 개입이 제대로 작동하는지를 평가하는 것은 언제나 어려운 일이다. 예를 들어 구름이 전혀 없을 때는 비가 내리게 할 수 없으며, 구름이 있는 경우에도 개입을 통해 비가 내린 것인지 여부는 판단하기 어렵다. 매튜먼(Matthewman, 2000)과 터너(Turner, 2004)는 각기 독립적인 연구를 통해 이러한 개입의 사회적 동역학을 연구했다. 이러한 동역학에서는 변덕스러운 날씨의 자연성이 흔히 중요한 담론적 역할을 했다.(아울러 Kwa, 2001도 보라; 그리고 기상학에서의 모델링에 관한 좀 더 일반적인 논의는 Jankovic, 2004를 보라.) 터너에 따르면, 일부 농촌공동체는 다른 의뢰인들을 위한 인공 강우가 "자신들에게 내릴" 비를 다른 사람들의 밭에 내리게 한다는 사실에 불편함을 느꼈고, "자연적 날씨"를 위한 협회를 설립해 기상조절에 반대하는 운동을 전개했다. 그러한 연구들은 "자연적인 것"을 분명한 용어로 서술하는 어려움과 사람들이 놀라운 장소에서 계속해서 자연성을 찾는 성향을 잘 보여준다.

결론: 자연, 환경, STS

이 개설을 통해 "환경과 자연"이 지난 10년 동안 STS에서 주요 연구주제 중 하나였다고 결론 내릴 수 있다. 경험적 분석은 폭넓은 주제들을 다루어왔는데, STS 학자들이 특히 노력을 집중한 것은 기후변화와 GM작물이라는 두 가지 영역이었다. 이 두 가지 주제는 정책적, 정치적 함의 때문에 마땅히 주목을 받을 만하지만, 동시에 환경에 관한 STS 연구가 근본적으로 자연에 대해 어떻게 권위 있게 알 수 있는가 하는 문제에 관한 것이라는 인식을 분명하게 보여주고 있기도 하다. 나는 STS 연구의 두드러진 기여가 "자연에 대해 아는" 바로 그 활동이 결과로 도출되는 지식을 형성한다는 통찰에 있다고 주장했다. IPCC가 구성되는 방식이 거기서 나오는 전 지구적 기온 변화의 예측을 형성하며, GMO의 위험평가가 조직되는 방식이 위험의 판단에 영향을 미친다. 이러한 이유 때문에 STS가 후기 근대성의 조건하에서 "자연에 대해 아는 것"을 이해하는 대단히 중요한 분야의 기반을 이루게 되었다고 결론 내릴 수 있다.

참고문헌

Agrawala, Shardul (1998a) "Context and Early Origins of the Intergovernmental Panel on Climate Change," *Climatic Change* 39: 605-620.

Agrawala, Shardul (1998b) "Structural and Process History of the Intergovernmental Panel on Climate Change," *Climatic Change* 39: 621-642.

Beck, Ulrich (1992) *Risk Society: Towards a New Modernity* (London: Sage).

Beck, Ulrich (1995) *Ecological Politics in an Age of Risk* (Cambridge: Polity).

Benedick, Richard E. (1991) *Ozone Diplomacy: New Directions in Safeguarding the Planet* (Cambridge, MA: Harvard University Press).

Bennett, David, Peter Glasner, & David Travis (1986) *The Politics of Uncertainty: Regulating Recombinant DNA Research in Britain* (London: Routledge & Kegan Paul).

Bloomfield, Brian P. (1986) *Modelling the World: The Social Constructions of Systems Analysts* (Oxford: Blackwell).

Bocking, Stephen (2004) *Nature's Experts: Science, Politics and the Environment* (New Brunswick, NJ: Rutgers University Press).

Bodansky, Daniel (1994) "Prologue to the Climate Change Convention," in Irving M. Mintzer & J. Amber Leonard (eds), *Negotiating Climate Change: The Inside Story of the Rio Convention* (Cambridge: Cambridge University Press): 45-74.

Boehmer-Christiansen, Sonja (1994a) "Global Climate Protection Policy: The Limits of Scientific Advice," part 1, *Global Environmental Change* 4: 140-159.

Boehmer-Christiansen, Sonja (1994b) "Global Climate Protection Policy: The Limits of Scientific Advice," part 2, *Global Environmental Change* 4: 185-200.

Boehmer-Christiansen, Sonja (2003) "Science, Equity, and the War Against Carbon," *Science, Technology & Human Values* 28: 69-92.

Boehmer-Christiansen, Sonja & Aynsley J. Kellow (2002) *International Environmental Policy: Interests and the Failure of the Kyoto Process* (Cheltenham: Edward Elgar).

Braun, Bruce & Noel Castree (eds) (1998) *Remaking Reality: Nature at the Millennium* (London: Routledge).

Bruce, James P., Hoesung Lee, & Erik F. Haites (1996) "Summary for Policymakers," in J. P. Bruce, H. Lee & E. F. Haites (eds), *Climate Change 1995: Economic and*

Social Dimensions of Climate Change (Cambridge: Cambridge University Press): 5–16.

Busch, Lawrence, Robin Grove-White, Sheila Jasanoff, David Winickoff, & Brian Wynne (2004) Amicus Curiae Brief Submitted to the Dispute Settlement Panel of the World Trade Organization in the Case of "EC: Measures Affecting the Approval and Marketing of Biotech Products," April 30, 2004.

Bush, Judith, Suzanne Moffatt, & Christine E. Dunn (2001) "Keeping the Public Informed? Public Negotiation of Air Quality Information," *Public Understanding of Science* 10: 213–229.

Carolan, Michael & Michael M. Bell (2004) "No Fence Can Stop It: Debating Dioxin Drift from a Small U.S. Town to Arctic Canada," in Neil Harrison & Gary Bryner (eds), *Science and Politics in the International Environment* (Boulder, CO: Rowman & Littlefield): 385–422.

Carvalho, Anabela & Jacquie Burgess (2005) "Cultural Circuits of Climate Change in U.K. Broadsheet Newspapers, 1985–2003," *Risk Analysis* 25(6): 1457–1469.

Castree, Noel & Bruce Braun (eds) (2001) *Social Nature: Theory, Practice and Politics* (Oxford: Blackwell).

Christie, Maureen (2000) *The Ozone Layer: A Philosophy of Science Approach* (Cambridge: Cambridge University Press).

Collingridge, David & Colin Reeve (1986) *Science Speaks to Power: The Role of Experts in Policymaking* (New York: St Martin's Press).

Demeritt, David (2001) "The Construction of Global Warming and the Politics of Science," *Annals of the Association of American Geographers* 91: 307–337.

Demeritt, David (2002) "What Is the 'Social Construction of Nature'? A Typology and Sympathetic Critique," *Progress in Human Geography* 26: 766–789.

Douglas, Mary (1982) *Natural Symbols: Explorations in Cosmology* (New York: Pantheon Books).

Douglas, Mary, Des Gasper, Steven Ney, & Michael Thompson (1998) "Human Needs and Wants," in Steve Rayner & Elizabeth L. Malone (eds), *Human Choice and Climate Change*, vol. 1 (Columbus, OH: Battelle Press): 195–263.

Dratwa, Jim (2002) "Taking Risks with the Precautionary Principle: Food (and the Environment) for Thought at the European Commission," *Journal of Environmental Policy and Planning* 4: 197–213.

Edwards, Jeanette (2000) *Born and Bred: Idioms of Kinship and New Reproductive Technologies in England* (Oxford: Oxford University Press).

Edwards, Paul N. (1996) "Global Comprehensive Models in Politics and Policymaking," *Climatic Change* 32: 149-161.

Edwards, Paul N. (2000) "The World in a Machine: Origins and Impacts of Early Computerized Global Systems Models," in Agatha C. Hughes & Thomas P. Hughes (eds), *Systems, Experts, and Computers: The Systems Approach in Management and Engineering, World War II and After* (Cambridge, MA: MIT Press): 221-254.

Edwards, Paul N. (2001) "Representing the Global Atmosphere: Computer Models, Data, and Knowledge About Climate Change," in Clark A. Miller & Paul N. Edwards (eds), *Changing the Atmosphere: Expert Knowledge and Environmental Governance* (Cambridge, MA: MIT Press): 31-65.

Edwards, Paul N. & Stephen H. Schneider (2001) "Self-Governance and Peer Review in Science-for-Policy: The Case of the IPCC Second Assessment Report," in Clark A. Miller & Paul N. Edwards (eds), *Changing the Atmosphere: Expert Knowledge and Environmental Governance* (Cambridge, MA: MIT Press): 219-246.

Eriksson, Lena (2004) *From Persona to Person: The Unfolding of an (Un)Scientific Controversy*, Ph.D. diss., Cardiff University, Wales.

Fankhauser, Samuel (1995) *Valuing Climate Change: The Economics of the Greenhouse* (London: Earthscan).

Franklin, Adrian (2002) *Nature and Social Theory* (London: Sage).

Freudenburg, William R. (2000) "Social Constructions and Social Constrictions: Toward Analyzing the Social Construction of 'the Naturalized' as Well as 'the Natural,'" in Gerd Spaargaren, Arthur P. J. Mol and Frederick H. Buttel (eds), *Environment and Global Modernity* (London: Sage): 103-119.

Fukuyama, Francis (2002) *Our Post-Human Future: Consequences of the Biotechnology Revolution* (London: Profile).

Gaskell, George & Martin W. Bauer (eds) (2001) *Biotechnology, 1996–2000* (London: Science Museum).

Grundmann, Reiner (1998) "The Strange Success of the Montreal Protocol: Why Reductionist Accounts Fail," *International Environmental Affairs* 10: 197-220.

Grundmann, Reiner (2006) "Ozone and Climate: Scientific Consensus and Leadership," *Science, Technology & Human Values* 31(1): 73-101.

Guimarães Pereira, Âgela, Clair Gough, & Bruna De Marchi (1999) "Computers, Citizens and Climate Change: The Art of Communicating Technical Issues," *International Journal of Environment and Pollution* 11: 266–289.

Habermas, Jürgen (2003) *The Future of Human Nature* (Cambridge: Polity).

Haggett, Claire & David Toke (2006) "Crossing the Great Divide: Using Multi-method Analysis to Understand Opposition to Windfarms," *Public Administration* 84(1): 103–120.

Hajer, Maarten (1995) *The Politics of Environmental Discourse: Ecological Modernization and the Policy Process* (Oxford: Clarendon Press).

Hansen, Janus (2005) *Framing the Public: Three Case Studies in Public Participation in the Governance of Agricultural Biotechnology*, Ph.D. diss., European University Institute, Florence, Italy.

Hart, David M. & David G. Victor (1993) "Scientific Elites and the Making of U.S. Policy for Climate Change Research," *Social Studies of Science* 23: 643–680.

Harvey, Matthew (2005) *Citizens, Experts and Technoscience: A Case Study of 'GM Nation? The Public Debate,'* Ph.D. diss., Cardiff University, Wales.

Helford, Reid M. (1999) "Rediscovering the Resettlement Landscape: Making the Oak Savanna Ecosystem 'Real,'" *Science, Technology & Human Values* 24(1): 55–79.

Horlick-Jones, Tom, John Walls, Gene Rowe, N. F. Pidgeon, Wouter Poortinga, & Tim O'Riordan (2004) "A Deliberative Future? An Independent Evaluation of the *GM Nation?* Public Debate About the Possible Commercialisation of Transgenic Crops in the U.K., 2003," Understanding Risk Working Paper 04–02 (Norwich, U.K.: Centre for Environmental Risk): 1–182.

Horlick-Jones, Tom, John Walls, Gene Rowe, N. F. Pidgeon, Wouter Poortinga, Graham Murdoch, & Tim O'Riordan (2007) *The GM Debate: Risk, Politics and Public Engagement* (London: Routledge).

Ingold, Tim (1993) "Globes and Spheres: The Topology of Environmentalism," in Kay Milton (ed), *Environmentalism: The View from Anthropology* (London: Routledge): 31–42.

Jäger, Jill & Tim O'Riordan (1996) "The History of Climate Change Science and Politics," in Tim O'Riordan & Jill Jäger (eds), *Politics of Climate Change: A European Perspective* (London: Routledge): 1–31.

Jamison, Andrew S. (2001) *The Making of Green Knowledge* (Cambridge: Cambridge

University Press).
Jankovic, Vladimir (2004) "Mesoscale Weather Prediction from Belgrade to Washington, 1970–2000," *Social Studies of Science* 34(1): 45–75.
Jasanoff, Sheila (1990) *The Fifth Branch: Science Advisers as Policymakers* (Cambridge, MA: Harvard University Press).
Jasanoff, Sheila (1997) "Civilization and Madness: The Great BSE Scare of 1996," *Public Understanding of Science* 6: 221–232.
Jasanoff, Sheila (2005) *Designs on Nature* (Princeton, NJ: Princeton University Press).
Jasanoff, Sheila & Brian Wynne (1998) "Science and Decisionmaking," in Steve Rayner & Elizabeth L. Malone (eds), *Human Choice and Climate Change*, vol. 1 (Columbus, OH: Battelle Press): 1–87.
Kasemir, Bernd, Jill Jäger, Carlo C. Jaeger, & Matthew T. Gardner (eds) (2003) *Public Participation in Sustainability Science: A Handbook* (Cambridge: Cambridge University Press).
Kim, Sang-Hyun (2005) *Making the Science of Global Warming: A Social History of Climate Science in Britain*, Ph.D. diss., University of Edinburgh.
Klintman, Mikael (2002) "The Genetically Modified Food Labeling Controversy," *Social Studies of Science* 32(1): 71–92.
Kloppenburg, Jack Ralph (2004) *First the Seed: The Political Economy of Plant Biotechnology*, 2nd ed. (Madison: University of Wisconsin Press).
Krimsky, Sheldon (2000) *Hormonal Chaos: The Scientific and Social Origins of the Environmental Endocrine Hypothesis* (Baltimore, MD: Johns Hopkins University Press).
Kwa, Chunglin (2001) "The Rise and Fall of Weather Modification: Changes in American Attitudes Toward Technology, Nature and Society," in Clark A. Miller & Paul N. Edwards (eds), *Changing the Atmosphere: Expert Knowledge and Environmental Governance* (Cambridge, MA: MIT Press): 135–165.
Lahsen, Myanna (2005a) "Technocracy, Democracy and U.S. Climate Politics: The Need for Demarcations," *Science, Technology & Human Values* 30(1): 137–169.
Lahsen, Myanna (2005b) "Seductive Simulations: Uncertainty Distribution Around Climate Models," *Social Studies of Science* 35(6): 895–922.
Latour, Bruno (2004) *Politics of Nature: How to Bring the Sciences into Democracy* (Cambridge, MA: Harvard University Press).

Lezaun, Javier (2004) "Pollution and the Use of Patents: A Reading of *Monsanto v. Schmeiser*," in Nico Stehr (ed), *Biotechnology: Between Commerce and Civil Society* (New Brunswick, NJ: Transaction): 135-158.

Lezaun, Javier (2006) "Creating a New Object of Government: Making Genetically Modified Organisms Traceable," *Social Studies of Science* 36(4): 499-531.

Levidow, Les (1999) "Britain's Biotechnology Controversy: Elusive Science, Contested Expertise," *New Genetics and Society* 18: 47-64.

Levidow, Les (2001) "Precautionary Uncertainty: Regulating GM Crops in Europe," *Social Studies of Science* 31: 845-878.

Lomborg, Bjørn (2001) *The Skeptical Environmentalist: Measuring the Real State of the World* (Cambridge: Cambridge University Press).

Marris, Claire, Pierre-Benoit Joly, Stéphanie Ronda, & Christophe Bonneuil (2005) "How the French GM Controversy Led to the Reciprocal Emancipation of Scientific Expertise and Policy Making," *Science and Public Policy* 32(4): 301-308.

Matthewman, Steve (2000) "Reach for the Skies: Towards a Sociology of the Weather," *New Zealand Sociology* 15(2): 205-225.

Mazur, Allan & Jinling Lee (1993) "Sounding the Global Alarm: Environmental Issues in the U.S. National News," *Social Studies of Science* 23(4): 681-720.

McCright, Aaron M. & Riley E. Dunlap (2000) "Challenging Global Warming as a Social Problem: An Analysis of the Conservative Movement's Counter-claims," *Social Problems* 47: 499-522.

McCright, Aaron M. & Riley E. Dunlap (2003) "Defeating Kyoto: The Conservative Movement's Impact on U.S. Climate Change Policy," *Social Problems* 50: 348-373.

McKibben, Bill (1989) *The End of Nature* (New York: Random House).

Miller, Clark A. (2001a) "Challenges in the Application of Science to Global Affairs: Contingency, Trust and Moral Order," in Clark A. Miller & Paul N. Edwards (eds), *Changing the Atmosphere: Expert Knowledge and Environmental Governance* (Cambridge, MA: MIT Press): 247-285.

Miller, Clark A. (2001b) "Hybrid Management: Boundary Organizations, Science Policy, and Environmental Governance in the Climate Regime," *Science, Technology & Human Values* 26(4): 478-500.

Miller, Clark A. & Paul N. Edwards (eds) (2001) *Changing the Atmosphere: Expert Knowledge and Environmental Governance* (Cambridge, MA: MIT Press).

Millstone, Erik, Eric Brunner, & Sue Mayer (1999) "Beyond 'Substantial Equivalence,'" *Nature* 401: 525-526.

Murphy, Joseph and Les Levidow (2006) *Governing the Transatlantic Conflict over Agricultural Biotechnology* (London: Routledge).

Murphy, Joseph, Les Levidow, & Susan Carr (2006) "Regulatory Standards for Environmental Risks: Understanding the U.S.-European Union Conflict over Genetically Modified Crops," *Social Studies of Science* 36(1): 133-160.

Nolin, Jan (1999) "Global Policy and National Research: The International Shaping of Climate Research in Four European Union Countries," *Minerva* 37(2): 125-140.

Novas, Carlos & Nikolas Rose (2000) "Genetic Risk and the Birth of the Somatic Individual," *Economy and Society* 29: 485-513.

Oreszczyn, S. & A. Lane (2005) "Farmers' Understandings of Genetically Modified Crops Within Local Communities," ESRC Science in Society Programme. Available at: http://www.sci-soc.net/SciSoc/Projects/Genomics/Famers+understandings+of+gentically+modified+crops.htm.

O'Riordan, Tim & Andrew Jordan (1999) "Institutions, Climate Change and Cultural Theory: Towards a Common Analytical Framework," *Global Environmental Change* 9(2): 81-94.

Padolsky, Miriam (2006) *Bringing Climate Change Down to Earth: Science and Participation in Canadian and Australian Climate Change Campaigns*. Ph.D. Dissertation, Department of Sociology and Science Studies Program, University of California, San Diego.

Pearce, David W., et al. (1996) "The Social Costs of Climate Change: Greenhouse Damage and the Benefits of Control," in James P. Bruce, Hoesung Lee, & Erik F. Haites (eds), *Climate Change 1995: Economic and Social Dimensions of Climate Change* (Cambridge: Cambridge University Press): 179-224.

Pearce, Fred (1991) *Green Warriors: The People and the Politics Behind the Environmental Revolution* (London: Bodley Head).

Petts, Judith (2001) "Evaluating the Effectiveness of Deliberative Processes: Waste Management Case Studies," *Journal of Environmental Planning and Management* 44(2): 207-222.

Pidgeon, N. F., W. Poortinga, Gene Rowe, Tom Horlick-Jones, John Walls, & Tim O'Riordan (2005) "Using Surveys in Public Participation Processes for Risk Decision-

Making: The Case of the 2003 British *GM Nation?* Public Debate," *Risk Analysis* 25(2): 467–479.

Pimentel, David S. & Peter H. Raven (2000) "Commentary: Bt Corn Pollen Impacts on Non-target Lepidoptera: Assessment of Effects in Nature," *Proceedings of the National Academy of Sciences of the United States of America* 97(July 18): 8198–8199.

Priest, Susanna Hornig (2001) *A Grain of Truth: The Media, the Public, and Biotechnology* (Lanham, MD: Rowman & Littlefield).

Priest, Susanna Hornig & Toby Ten Eyck (2004) "Peril or Promise: News Media Framing of the Biotechnology Debate in Europe and the U.S.," in Nico Stehr (ed), *Biotechnology: Between Commerce and Civil Society* (New Brunswick, NJ: Transaction): 175–186.

Rabinow, Paul (1996) *Essays on the Anthropology of Reason* (Princeton, NJ: Princeton University Press).

Rayner, Steve & Elizabeth L. Malone (eds) (1998) *Human Choice and Climate Change*, vols. 1–4 (Columbus, OH: Battelle Press).

Rowe, Gene, Tom Horlick-Jones, John Walls, & N. F. Pidgeon (2005) "Difficulties in Evaluating Public Engagement Initiatives: Reflections on an Evaluation of the U.K. GM Nation? Public Debate about Transgenic Crops," *Public Understanding of Science* 14(4): 331–352.

Samuel, Andrew (2001) "Rum: Nature and Community in Harmony?," *ECOS: A Review of Conservation* 22(1): 36–45.

Shackley, Simon (1997a) "Trust in Models? The Mediating and Transformative Role of Computer Models in Environmental Discourse," in Michael Redclift & Graham Woodgate (eds), *The International Handbook of Environmental Sociology* (Cheltenham: Edward Elgar): 237–260.

Shackley, Simon (1997b) "The Intergovernmental Panel on Climate Change: Consensual Knowledge and Global Politics," *Global Environmental Change* 7(1): 77–79.

Shackley, Simon (2001) "Epistemic Lifestyles in Climate Change Modeling," in Clark A. Miller & Paul N. Edwards (eds), *Changing the Atmosphere: Expert Knowledge and Environmental Governance* (Cambridge, MA: MIT Press): 107–133.

Shackley, Simon & Brian Wynne (1995) "Global Climate Change: The Mutual

Construction of an Emergent Science-Policy Domain," *Science and Public Policy* 22(4): 218–230.

Shackley, Simon & Brian Wynne (1996) "Representing Uncertainty in Global Climate Change Science Policy: Boundary-Ordering Devices and Authority," *Science, Technology & Human Values* 21(3): 275–302.

Shackley, Simon, J. Risbey, & M. Kandlikar (1998) "Science and the Contested Problem of Climate Change: A Tale of Two Models," *Energy and Environment* 8: 112–134.

Shackley, Simon, J. Risbey, P. Stone, & Brian Wynne (1999) "Adjusting to Policy Expectations in Climate Change Science: An Interdisciplinary Study of Flux Adjustments in Coupled Atmosphere Ocean General Circulation Models," *Climatic Change* 43: 413–454.

Sismondo, Sergio (1999) "Models, Simulations, and Their Objects," *Science in Context* 12: 247–260.

Skodvin, Tora (2000) "The Intergovernmental Panel on Climate Change," in Steinar Andresen, Tora Skodvin, Arild Underdal, & Jørgen Wettestad (eds), *Science and Politics in International Environmental Regimes* (Manchester, U.K.: Manchester University Press): 146–181.

Stirling, Andy & Sue Mayer (1999) *Re-Thinking Risk: A Pilot Multi-Criteria Mapping of a Genetically Modified Crop in Agricultural Systems in the U.K.* (Brighton, Sussex: Science Policy Research Unit).

Strathern, Marilyn (1992) *After Nature: English Kinship in the Late Twentieth Century* (Cambridge: Cambridge University Press).

Sundberg, Mikaela (2005) *Making Meteorology: Social Relations and Scientific Practice* (Stockholm: Stockholms Universitet).

Sunderlin, William D. (2003) *Ideology, Social Theory and the Environment* (Lanham, MD: Rowman & Littlefield).

Sundqvist, Göran, Martin Letell, & Rolf Lidskog (2002) "Science and Policy in Air Pollution Abatement Strategies," *Environmental Science and Policy* 5(2): 147–156.

Tulloch, John & Deborah Lupton (2003) *Risk and Everyday Life* (London: Sage).

Turner, Roger (2004) "Weather Modification: Trust, Science, and Civic Epistemology," paper presented at 4S-EASST conference, Paris, September.

van der Sluijs, Jeroen (1997) *Anchoring Amid Uncertainty: On the Management*

of Uncertainties in Risk Assessment of Anthropogenic Climate Change (Utrecht, Netherlands: Universiteit Utrecht).
van der Sluijs, Jeroen, Josée van Eijndhoven, Simon Shackley, & Brian Wynne (1998) "Anchoring Devices in Science for Policy: The Case of Consensus Around Climate Sensitivity," *Social Studies of Science* 28(2): 291–323.
Verran, Helen (2002) "A Postcolonial Moment in Science Studies: Alternative Firing Regimes of Environmental Scientists and Aboriginal Landowners," *Social Studies of Science* 32: 729–762.
Victor, David G. (2001) *The Collapse of the Kyoto Protocol and the Struggle to Slow Global Warming* (Princeton, NJ: Princeton University Press).
Wackers, G., T. van Hoorn, & W. E. Bijker (1997) "Het Natuurontwikkelingsdebat: Dilemma's van een Open Leerproces," in N. E. van der Poll & A. Glasmeier (eds), *Natuurontwikkeling: Waarom en Hoe? Verslag van een Debat* (Den Haag: Rathenau Instituut): 41–58.
Walls, John, Tee Rogers-Hayden, Alison Mohr, & Tim O'Riordan (2005) "Seeking Citizens' Views on Genetically Modified Crops: Experiences from the United Kingdom, Australia, and New Zealand," *Environment* 47(7): 22–36.
Weinberg, Alvin M. (1972) "Science and Trans-Science," *Minerva* 10: 209–222.
Winickoff, David, Sheila Jasanoff, Lawrence Busch, Robin Grove-White, & Brian Wynne (2005) "Adjudicating the GM Food Wars: Science, Risk and Democracy in World Trade Law," *Yale Journal of International Law* 30: 81–123.
Wynne, Brian (2001) "Creating Public Alienation: Expert Cultures of Risk and Ethics on GMOs," *Science as Culture* 10: 445–481.
Yearley, Steven (1992) *The Green Case: A Sociology of Environmental Arguments, Issues and Politics* (London: Routledge).
Yearley, Steven (1993) "Standing in for Nature: The Practicalities of Environmental Organisations' Use of Science," in Kay Milton (ed), *Environmentalism: The View from Anthropology* (London: Routledge): 59–72.
Yearley, Steven (1995) "The Environmental Challenge to Science Studies," in Sheila Jasanoff, Gerald E. Markle, James C. Petersen, & Trevor Pinch (eds), *Handbook of Science and Technology Studies* (London: Sage): 457–479.
Yearley, Steven (1996) *Sociology, Environmentalism, Globalization* (London: Sage).
Yearley, Steven (1999) "Computer Models and the Public's Understanding of Science:

A Case-Study Analysis," *Social Studies of Science* 29: 845–866.

Yearley, Steven (2001) "Mapping and Interpreting Societal Responses to Genetically Modified Food and Plants: Essay Review," *Social Studies of Science* 31: 151–160.

Yearley, Steven (2005a) *Cultures of Environmentalism: Empirical Studies in Environmental Sociology* (Basingstoke, U.K.: Palgrave Macmillan).

Yearley, Steven (2005b) "The 'End' or the 'Humanization' of Nature?" *Organization and Environment* 18: 198–201.

Yearley, Steven (2005c) *Making Sense of Science: Science Studies and Social Theory* (London: Sage).

Yearley, Steven (2005d) "The Wrong End of Nature," *Studies in History and Philosophy of Science* 36: 827–834.

Yearley, Steven (2006) "Bridging the Science-Policy Divide in Urban Air-Quality Management: Evaluating Ways To Make Models More Robust Through Public Engagement," *Environment and Planning C* 24: 701–714.

Yearley, Steven, John Forrester, & Peter Bailey (2001) "Participation and Expert Knowledge: A Case Study Analysis of Scientific Models and Their Publics," in Matthijs Hisschemöller, Rob Hoppe, William N. Dunn, & Jerry R. Ravetz (eds), *Policy Studies Review Annual 12: Knowledge, Power and Participation in Environmental Policy Analysis* (New Brunswick, NJ: Transaction Publishers): 349–367.

Yearley, Steven, Steve Cinderby, John Forrester, Peter Bailey, & Paul Rosen (2003) "Participatory Modelling and the Local Governance of the Politics of U.K. Air Pollution: A Three-City Case Study," *Environmental Values* 12: 247–262.

Zehr, Stephen C. (2000) "Public Representations of Scientific Uncertainty About Global Climate Change," *Public Understanding of Science* 9: 85–103.

Zehr, Stephen C. (2004) "Method, Scale and Socio-Technical Networks: Problems of Standardization in Acid Rain, Ozone Depletion and Global Warming Research," *Science Studies* 7: 47–58.

37.

STS와 커뮤니케이션학의 연결: 매체 및 정보기술에 관한 학술연구*

파블로 보츠코스키, 리 A. 리브루

어떤 기준으로 보더라도 매체 및 정보기술(media and information technologies)—매개된 문화 표현, 개인 간 상호작용, 정보 상품과 서비스의 생산과 유통을 지원하고 촉진하는 사회기술 시스템—은 오늘날 많은 사회들에서 사회, 경제, 문화생활의 근간을 이루고 있다. 이 기술은 문화적, 기술적 인공물로서 그 자체로 중요하며, 금융, 제조업, 채취산업, 운

* 우리는 이 장의 편집 책임을 맡은 주디 와츠먼과 대단히 도움이 되는 논평을 해준 네 명의 익명 심사위원들에게 감사를 표하고 싶다. 아울러 젠 라이트, 덕 토머스, 그리고 이 장의 초기 버전이 발표된 과학의 사회적 연구학회의 2005년 연례 학술대회 세션 참가자들이 해준 귀중한 제안들에도 감사의 뜻을 표한다. 여기에 더해 보츠코스키는 2005년 가을에 노스웨스턴대학에서 이 장에 제시된 아이디어들에 관해 한 학기 동안 세미나를 같이했던 학생들—맥스 도슨, 버니 게이건, 디브야 쿠마르, 단 리, 리민 리앙, 부바나 머티, 벤 실즈, 지나 왈레이코—로부터 받은 의견에 감사를 표한다. 마지막으로 우리는 이 논문을 커뮤니케이션학과 과학기술학 사이의 대화를 개척했던 로저 실버스톤의 추억에 헌정하고자 한다.

송, 공익설비, 교육, 보건의료, 국방, 경찰 등에서 쓰이는 것을 포함하는 거의 모든 다른 유형의 전문화된 기술 시스템에 필수적인 일부로 기능한다. 현대 생활에서 매체 및 정보기술의 발전과 활용에 의해 어떤 식으로건 영향을 받지 않은 측면을 찾아내기란 실로 어려운 일이다.

이 기술의 편재성과 사회 속에서 미치는 범위, 그리고 지난 30년 동안 시스템 그 자체가 얼마나 빨리 변화해왔는지에 비추어보면, 이런 부류의 기술에 대한 연구가 커뮤니케이션학과 과학기술학의 연구의제에서 중심적인 역할을 해왔을 거라고 기대해봄직하다. 두 분야는 이 기술에 대해 분명 관심을 가진 것처럼 보인다. 그러나 각각의 경우에 얘기는 좀 더 복잡했다.

매개된 메시지와 내용이 미치는 사회적, 심리적, 문화적 영향은 커뮤니케이션학이라는 분야가 생겨난 이래로 줄곧 분석의 대상이 되어왔다. 그러한 영향에서 기술의 역할에 대한 관심은 1960년대에서 1980년대 사이에 텔레비전의 인기가 점차 높아진 것과 나란히 부상했다.(Meyrowitz, 1985; McLuhan, 1964; Postman, 1985; Williams, 1975) 그러나 이러한 논쟁은 대체로 매스커뮤니케이션과 문화연구 내의 전문화된 탐구영역에 국한되어 있었다. 이러한 기술들에 대한 연구가 다양한 탐구영역들을 연결하는 지적 공간 속으로 확장되고 커뮤니케이션학에서 그 자체로 중요한 관심 주제가 된 것은 네트워크 컴퓨팅과 원격통신 기술들이 기업, 엔터테인먼트, 대학의 환경 속으로 빠르게 확산되어 “매스미디어”, 개인 간 커뮤니케이션, 조직 커뮤니케이션 사이의 통상적인 경계와 융합하고 이에 도전장을 내민 1970년대와 1980년대 이후의 일이었다.(Parker, 1970; Pool, 1977, 1983; Rice et al., 1984; Rogers, 1986; Williams et al., 1988)

STS에서 매체 및 정보기술이 중심적인 탐구대상으로 등장하는 데는 시간이 더 오래 걸렸다. STS 분야는 정교한 엔지니어링 지식과 재료를 가진 복잡한 기술에 초점을 맞추는 경향이 있다. 이 분야의 학자들이 1990년대 초까지 매체 및 정보기술에 대해 몇몇 중요한 연구들을 만들어낸 것은 분명하다. 그중에는 "대규모 기술시스템"으로서의 전화와 비디오텍스에 대한 연구(Mayntz & Schneider, 1988; Galambos, 1988; Schneider et al., 1991), 라디오, 전화, 전자매체의 문화사(Douglas, 1987; Fischer, 1992; Martin, 1991), 컴퓨팅에 대한 사회적 연구(Forsythe, 1993; Kling & Iacono, 1989; Star, 1995; Suchman, 1987; Turkle, 1984; Woolgar, 1991) 등이 포함되었다. 그러나 매체 및 정보기술이 STS 내에서 주된 연구의 초점이 된 것은 월드와이드웹이 도입된 이후의 10여 년 정도에 불과하다. "인터넷"이 학계와 대중문화 전반에 걸쳐 학자, 예술가, 비평가들의 책상 위에 도달해 그들의 지적 호기심—단지 인터넷에 관해서뿐 아니라 이전 시기와 현재의 다른 기술들에 관해서도—을 자극했을 때 비로소 그렇게 된 것이다.

오늘날 매체 및 정보기술에 대한 연구는 커뮤니케이션학과 STS 모두에서 중요한 주제이다. 이는 두 분야 모두에서 관련된 책, 논문, 학술대회 패널과 발표, 학문적 진로 등이 늘어나고 있는 추세라는 점이 잘 말해준다. 우리가 보기에 이러한 변화는 부분적으로, 공유된 관심사를 중심으로 발전해온 두 분야 간에 몇몇 중요한 지적 가교가 나타났기 때문이다. 이러한 가교는 분야들 간의 대화를 활성화시켰고 혁신적 학술연구를 촉진했다. STS에 대해 커뮤니케이션학은 매개된 내용, 개인의 행동, 사회구조와 과정, 그리고 문화적 형태, 실천, 의미 사이의 관계를 기록하는 광범한 일단의 사회과학연구와 비판적 탐구를 제공해왔다. 커뮤니케이션학에 대해 STS는 문화적, 사회적 상황에 처한 인공물이자 시스템인 매체 및 정보기술 그 자체의 독특한 사회기술적 성격을 분명히 드러내고 연구할 수 있는 정교한 개념적 언어와 균형 잡힌 방법을 제공해왔다.

그러나 그것이 갖는 중요성에도 불구하고, 이러한 지적 가교들은 각각의 분야에 속한 문헌들에서 명시적으로 표현되지 못했다. 그래서 이 장에서 우리는 두 분야 모두에 특히 도움이 되어온 세 가지 개념적 가교들에 초점을 맞추려 한다. 이들을 한데 모으면 STS와 커뮤니케이션학의 접점에 위치한 매체 및 정보기술에 대한 학술연구의 지도를 상당 부분 그려낼 수 있다.[1)]

- 기술-사회 관계에서 **인과성**에 대한 지배적 관념
- 기술발전의 **과정**
- 기술변화의 사회적 **결과**

두 분야 모두에서 이러한 가교들은 주로 이항대립으로, 서로 경합하는 가정 내지 접근법들 사이의 긴장으로 틀지어지고 탐구되어왔다. 인과성에 관한 질문들은 결정과 우연성 사이의 논쟁으로 틀지어졌다. 기술발전에 관한 질문들은 서로 대립하는 생산과 소비의 과정이라는 측면에서 틀지어졌다. 그리고 매체 및 정보기술이 가져올 결과에 관한 질문들은 사회변화의 불연속적 방식 대 연속적 방식, 파괴적인 "혁명" 대 점진적인 "진화"의 대립구도로 틀지어졌다.

이항대립 접근법의 가치는 이원성의 한쪽 요소를 전면에 내세워 다른 쪽 요소와 대비시킬 수 있다는 데 있다. 그러나 이 장에서 우리는 이러한 세 가지 이원성이 변증법적 관계로 더 잘 이해될 수 있다고 주장한다. 이

1) 이러한 가교들은 모든 기술에 대한 사회적, 문화적, 역사적 연구에서의 기본 쟁점들과도 부합한다.

원성을 구성하는 어느 한쪽은 다른 쪽의 존재를 가정하고, 비판하고, 그 위에 기반을 둔다. 이러한 관계의 상보적 동역학에 초점을 맞춤으로써 우리는 STS와 커뮤니케이션학의 접점에 위치한 매체 및 정보기술에 관해 미묘하면서도 포괄적인 학술적 설명을 제공할 수 있기를 희망한다.

이어지는 내용에서 우리는 세 가지 가교와 각각의 가교를 떠받치는 개념적 이원성을 조사할 것이다. 이러한 접근법은 매체 및 정보기술에 관한 학술연구에서 관련된 모든 쟁점을 다루는 것은 아니다. 이 연구는 여러 분야에 걸쳐 엄청나게 폭넓은 이론적, 경험적 접근들을 포괄하기 때문이다.(Lievrouw & Livingstone, 2006a를 보라.) 우리가 시도하는 것은 다음의 두 가지 쟁점에 빛을 던져줄 수 있는 매체 및 정보기술에 관한 연구를 선별적으로 개설하는 것이다. 첫째는 지난 수십 년 동안 이러한 부류의 기술에 대해 STS와 커뮤니케이션학이 서로 어떠한 지적 영향을 주고받았는가 하는 것이고, 둘째는 개념적 연결고리들이 사회 속에서 매체 및 정보기술을 이해하는 현재의 “영역”을 어떻게 형성해왔는가 하는 것이다. 우리는 먼저 핵심적인 용어와 개념들을 정의한 후, 이어지는 절들에서는 인과성, 과정, 결과에 대한 논의로 넘어갈 것이다. 결론에서 우리는 세 가지 가교에 의해 틀지어진 매체 및 정보기술의 연구 지형도를 요약하고, 그러한 지형도가 두 분야 간의 지속적인 지적 대화에 던지는 함의를 생각해볼 것이다.

매체 및 정보기술: 진화하는 정의들

매체 및 정보기술의 특징을 어떻게 정의할 것인가? 이러한 기술들을 하나의 부류로 구분해주는 특징은 무엇인가? 우리가 “정보통신기술”, “뉴미디어”, “IT”처럼 좀 더 흔히 쓰이는 용어들 대신 “매체 및 정보기술”이라는 폭넓은 꼬리표를 선택한 데는 몇 가지 이유가 있다. 하지만 용어 문제를 다루기 전에 먼저 커뮤니케이션학[2]과 STS 각각에서 이러한 기술들을 정의하는 데 쓰여온 서로 다른—하지만 연관된—접근법들을 개관해보려 한다.

커뮤니케이션학에서 중요한 탐구 전통 중 하나는 기술들을 그것이 지닌 기술적 특징들에 따라 보는 경향을 갖고 있었다. 여기서는 특히 시공간을 가로질러 인간의 감각지각과 의사소통 행위를 뒷받침하고 확장하는 기술적 특징이 중요했다. 사고와 경험을 표현하고 형성하기 위한 상징, 언어, 문자의 사용에서(Goody, 1981; Ong, 1982), 기계적으로 인쇄된 텍스트가 제시하는 문화적 고정성과 표준화(Eisenstein, 1979), 사진, 영화, 녹음, 전자매체를 통한 음향과 영상의 "확장"(Williams, 1981), 전신이 이뤄낸 "운송과 통신의 분리"(Carey, 1989: 203)에 이르기까지, 이러한 계열의 커뮤니케이션 학술연구 안에서 매체기술이 갖는 중요성은 종종 그것이 "인간의 연장"으로서 하는 역할에 달려 있었다.(McLuhan, 1964)

예를 들어 해롤드 이니스(Innis, 1972)는 고대문명에 대한 고전적 분석에서 사회적, 정치적 시스템은 그것이 "시간편향적" 매체(돌처럼 내구성이 있고 고정되어 있으며 변화시키기 어려운)에 의존하느냐, "공간편향적" 매체(양피지

2) 이 장에서 여러 차례에 걸쳐 우리는 커뮤니케이션학 내부의 두 가지 학파 내지 탐구 전통을 구분하고 있다. 한편에는 대체로 행동주의적이고 매체지향적이며 사회과학에 기반한 전통이 있다. 이 전통은 매체가 미치는 사회적, 심리적 영향과 매체 전문직 및 매체산업에 관한 응용연구에 초점을 맞추는 경향을 갖는다. 반면 다른 전통은 비판이론/문화이론과 정치경제학에 더 많이 의존하며 경제적 불공평과 권력, 제도적 구조, 문화적 지배/헤게모니의 문제에 초점을 맞추는 경향을 갖는다. 우리는 두 전통 모두가 커뮤니케이션학과 STS의 연계에서 역할을 해왔음을 보여주려 시도했다. 역사적으로 영국/버밍엄 매체연구 학파와 연관되어 있고 현재 영국과 유럽 및 남미 일부에서 지배적 시각을 점하고 있는 두 번째 전통의 지지자들이 역사적으로 북미와 동아시아에 위치한 첫 번째 전통을 종종 비판적으로 바라본다는 점을 상기시켜준 익명의 심사위원에게 감사 드린다.

나 종이처럼 수명이 짧고 들고 다닐 수 있으며 수정하기 쉬운)에 의존하느냐에 따라 서로 다르게 진화한다고 주장한다. 나중에 이니스의 동료인 마셜 매클루언(McLuhan, 1964)은 매체기술을 좀 더 추상적인 범주인 "뜨거운" 매체와 "차가운" 매체로 분류했다. 인쇄물이나 라디오 같은 뜨거운 매체는 수용자로부터 격렬한 심리적 참여를 이끌어내는 반면, 텔레비전 같은 차가운 매체는 심리적 분리와 거리를 유발한다고 그는 말했다.

커뮤니케이션학 안에서 또 다른 중요한 탐구 전통은 행동주의적 접근법을 취해 오늘날 매체기술의 복잡성과 컴퓨팅 및 원격통신에 대한 의존성을 부각시켰다. 예를 들어 윌버 슈람(Schramm, 1977)은 매체기술을 인간의 감각지각과의 대응성에 따라 분류한다. 동작 대 정지 이미지, 음향 대 정적, 텍스트 대 그림, 일방향/단신 대 쌍방향/이중 전송 등이 그것이다. 그러나 아울러 그는 값싸고, 지역적이고, 규모가 작은 "소형 매체"(소식지, 인쇄소, 지역 라디오 방송국 같은)와 광범하고, 값비싸고, 복잡한 하부구조와 조직적 배치를 갖춘 "대형 매체"(전화 시스템, 전국 방송 네트워크, 통신위성 같은)를 대비시키는 식으로 매체기술의 제도적 맥락을 끌어들인다. 라이스와 그 동료들(Rice & Associates, 1984: 35)은 "매스미디어"와 대비되는 "뉴미디어"를 이렇게 정의한다. 원격통신기반, 컴퓨터기반의 하부구조가 갖는 쌍방향 전송 능력 덕분에 "사용자들 간의, 혹은 사용자와 정보 간의 상호작용성을 가능하게 하거나 이를 용이하게 해주는 … 커뮤니케이션 기술"이 바로 "뉴미디어"라는 것이었다. 이디얼 풀(Pool, 1990: 19)은 컴퓨팅이나 원격통신 기술을 통합시킨 "대략 25종의 주요 장치들"을 "새로운" 커뮤니케이션 매체의 목록에 포함시키고 있다.

이들 간의 차이에도 불구하고, 두 가지 접근법은 모두 기술적 특징과 능력에 지속적으로 초점을 맞추고, (특히 미국에서는) 매체기술과 내용이 개인과 수용자들에게 미치는 사회적, 심리적 "영향"에 끊임없이 관심을 보인다는 점을 공유한다. 영향 연구자들은 매체가 미치는 영향의 본질과 정도를 계속해서 탐구하며 매체 경로와 내용의 관리와 규제에 도움을 준다.

반면 STS 내에서 매체 및 정보기술의 정의는 기술적 특징에만 초점을 맞추기보다는, 특정한 기술시스템이 갖는 의미, 실천, 그리고 좀 더 폭넓은 인공물 "지형도"와의 연결과 같은 문제들에 초점을 맞추는 경향을 보였다. STS의 기본 교의 중 하나에 따르면, 기술의 물질적 측면은 그것의 다양한 사회적, 시간적, 정치적, 경제적, 문화적 맥락 속에 위치시켜 연구해야 한다. 1980년대에 STS 안팎에서 대단히 많은 역사적, 사회학적 연구를 촉발시켰던 기술결정론 비판은 부분적으로 다음과 같은 생각에 근거를 두고 있었다. 어떤 기술이 갖는 기술적 속성은 그것이 실제로 어떻게 쓰이는가보다 덜 중요하다—사람들이 그것에 부여한 의미를 감안하면—는 것이었다. 예를 들어 서치먼(Suchman, 1987)은 인간-기계 상호작용이 탈체현되고 탈맥락화된 규칙보다는 국지적이고 우연적인 의미 부여에 더 크게 의존함을 보여주었다. 설사 기술적 숙련을 갖춘 개인들이 복사기처럼 복잡하고 컴퓨터화된 장치를 조작하는 상황이라 하더라도 말이다. 이와 유사하게 클링과 아이어코노(Kling & Iacono, 1987)는 컴퓨터기반 정보 시스템을 형성하는 데 있어 데이터 구조, 소프트웨어 혹은 하드웨어 구조 **그 자체**보다는 조직적 제약과 문화, 그리고 제도적 형태의 기여가 더 크다는 것을 보여주었다.

라디오(Douglas, 1987), 전화(Fischer, 1992; Galambos, 1988), 음향기술(Pinch & Trocco, 2002; Thompson, 2002), 비디오텍스(Schneider et al., 1991)의 기원, 그리고 컴퓨팅과 인터넷의 발전(Abbate, 1999; Edwards, 1996)에 관한 연구들은 STS 학자들 사이에서 무엇이 매체 및 정보기술로 간주되는

지에 대한 폭넓은 관점을 확립하는 데 도움을 주었다. 인쇄술과 방송, 컴퓨팅과 원격통신, "낡은" 매체기술과 "새로운" 매체기술 모두가 STS 내에서 적절한 학술연구의 범위에 포함된다. STS는 장기적인 역사적 관점을 취하고 의미와 실천의 문제를 강조함으로써, 특정 기술시스템과 좀 더 폭넓은 인공물과 문화의 세계 사이의 결정적 연결고리를 조명해왔다.

흥미로운 것은 역사에 뿌리를 두고 의미와 실천에 기반한 STS 내부의 전형적 학술연구가 영국과 유럽의 "매체연구" 전통에서 작업하고 있는 커뮤니케이션 학자들에서 흔히 찾아볼 수 있는 매체기술에 대한 관점과 공명한다는 점이다. 이러한 전통이 취하는 비판적, 문화적 시각은 영향과 규제에 "행정적"으로 초점을 맞추는 주로 미국에 있는 학자들의 시각과 대조를 이룬다.(Lazarsfeld, 1941) 대신 이러한 시각에서는 영화, 텔레비전 프로그램, 대중음악, 패션과 같은 "문화 생산물" 내지 "매체상품"의 "생산-유통-수용"의 순환을 강조한다.(O'Sullivan et al., 2003: 15; 아울러 Williams, 1981도 보라.) 이는 휴대전화나 인터넷 같은 최신 시스템을 포함하는 매체기술을 문화적 분석과 비판에 열려 있는 "텍스트"로 보는 경향을 갖는다. 매체기술은 사회적, 정치적, 경제적 지배, 질서, 특권의 재생산을 목표로 하는 문화적, 경제적 시스템의 산물임과 동시에 도구이기도 하다. 다른 세력의 수중에 들어가면 매체기술은 저항, 해방, 공평이라는 이해관심에 봉사할 수도 있다.

예를 들어 영국과 미국의 텔레비전에 대한 역사적, 제도적 분석에서 레이먼드 윌리엄스(Williams, 1975)는 텔레비전 기술과 편성의 물질적 성격과 그것이 갖는 사회적, 문화적 의미 사이를 탐색한다. 그는 기술결정론과 그가 "징후적 기술"(1975: 13)이라고 부른 것—다시 말해 기술은 그것을 만들어낸 문화에 의해 완전히 사회적으로 결정되는 "징후"라고 보는 것—모두에 대해 경고를 남기고 있다. 그는 특정 기술이 "새로운 사회적 형태"로 진화할 수 있긴 하지만(1975: 18-19), 진화의 경로는 거기에 관여하는 행위자와 이해관계에 의존하며 미처 예측하지 못했거나 의도하지 않은 결과를 빚어낼 것이라고 주장한다. 윌리엄스가 일차적으로 관심을 가진 것은 텔레비전의 내용이었지만, 그럼에도 그의 분석은 많은 STS 학자들이 오늘날 기술과 사회에 관한 "상호형성" 시각—물질성과 행동의 상호작용—이라고 부를 만한 것과 일치한다.

1980년대와 1990년대 이후 STS와 매체연구 내에서 개진된 매체 및 정보기술에 관한 수많은 관점들은, 매체의 영향 연구에서 암암리에 전제된 기술결정론과 신기술이 사회, 행동, 문화에 **미치는** "충격"이라는 언어에 만족하지 못하던 커뮤니케이션 연구자들 사이에 좀 더 폭넓게 받아들여졌다. 이는 1980년대에 이 분야 내에서 나타난 좀 더 폭넓은 변화, 즉 행정적 시각에서 벗어나 국지적 실천, 일상생활, 주체성, 상호작용, 의미를 강조하는 맥락적 시각으로 넘어갔던 변화와 부합하는 것이었고(Gerbner, 1983), 많은 커뮤니케이션 학자들은 새로운 매체 및 정보기술에 대한 이론화와 분석에서 기술의 해석적 유연성, 사회적 형성, 사회적 구성처럼 STS에서 끌어온 개념들에 눈을 돌렸다.[3] 오늘날 커뮤니케이션 기술 연구에서 "영향"과 "충격"이라는 결정론적 언어는 대부분 좀 더 관계적이고 주체적이며 의미주도적인 인식틀과 개념들로 대체되었다. 기술결정론의 거부, 그리고 상대적으로 강한 형태의 사회구성주의의 수용은 유럽, 북미,

3) 작업장에서 ICT의 도입 및 관리를 다룬 행정적 시각의 연구들이 이미 다수 존재했던 조직커뮤니케이션 연구에서는 맥락적 시각으로의 전환과 STS에서 나온 개념의 영향이 특히 두드러졌다.(가령 Fulk, 1993; Jackson, 1996; Jackson et al., 2002; Orlikowski & Gash, 1994를 보라.)

그 외 지역에서 새로운 매체연구의 지배적 시각이 되었다. 이러한 발전은 STS가 이 분야에 미친 가장 중요한 간분야적 영향 중 하나로 간주할 수 있다.(Lievrouw & Livingstone, 2006b; 아울러 이 책의 7장도 보라.)

왜 "매체 및 정보기술"인가? 용어에 대한 주석

앞서 기술한 바와 같이, 우리는 STS와 커뮤니케이션학 모두에서 연구되고 있는 폭넓은 부류의 사회기술 시스템을 묘사하기 위해 흔히 쓰이는 다른 꼬리표 대신 "매체 및 정보기술"이라는 용어를 의도적으로 선택했다. 이러한 다른 용어들과 비교할 때, "매체 및 정보기술"이라는 어구는 이러한 시스템의 네 가지 독특한 측면들을 전면에 부각시킨다. 그러한 시스템의 폭넓은 역사적 범위, 하부구조의 차원, 근본적 물질성, 이러한 물질성과 상징적 내용 및 의미 사이의 독특한 상호작용이 그것이다.

첫째, "매체 및 정보기술"은 역사적 포괄성과 범위의 감각을 제시하는 의미를 갖는다. STS 내부에 존재하는 기술에 대한 강한 역사적, 의미지향적, 실천지향적 접근법과 부합할 수 있도록, 이러한 기술은 오래된 장인적, 기계적, 전기적 기술들(인쇄술, 타자기, 전신, 방송 등)과 좀 더 새로운 시스템(인터넷, 휴대전화, 위성 시스템, 검색 엔진 등)을 모두 포괄한다. 반면 "뉴미디어", "정보통신기술(ICT)", "정보기술(IT)" 같은 용어들은 컴퓨팅과 원격통신 기술들을 다른 유형의 인공물에 비해 우위에 두는 용어로 흔히 사용되어왔다.

둘째, 스타와 보커(Star & Bowker, 2006)의 하부구조 개념에서 단서를 얻어(아울러 Bowker & Star, 1999도 보라.) 매체 및 정보기술이라는 용어는 특정한 인공물들이 이와 관련되었지만 종종 주목받지 못하거나 눈에 띄지 않는 물질적 사물들(예컨대 서류 정리용 캐비닛, 자기 테이프, 광디스크, 전신주, 도서관의 서가, 무선 대역 등)의 좀 더 폭넓은 지형도 내에 개념적으로 위치해야 함을 시사할 때 사용된다. 다시 말해 설사 연구대상이 새로운 기술인 경우에도, 이를 기존에 설치돼 있는 관련된 사물들의 기반과의 관계 속에서 항상 보아야 한다는 것이다. 반면 뉴미디어, ICT, IT 같은 용어들은 종종 특정한 장치의 새로움과 독특함을 강조하며, 그것이 작동하기 위해 의존하는 다른 폭넓은 인공물 세계와의 관계를 가려버린다.

셋째, 하부구조에 관한 지적과 연관해, 매체 및 정보기술은 근본적으로 물질적이다. 다시 말해 사람들은 다른 인공물과 마찬가지로 이러한 기술들을 시공간 속에서 체현되고 상황화된 존재로 경험한다는 것이다. 일견 "가상적인" 매체 시스템과 "마찰 없는" 사이버공간조차 그 본질은 케이블에서 부호에 이르는 "단단한" 물리적 요소들의 복잡한 배치이다.

넷째, 실버스톤과 그 동료들의 작업(Silverstone & Hadden, 1996; Silverstone & Hirsch, 1992; Silverstone et al., 1992)으로부터 시사점을 얻어, 우리는 내용의 중심성과 그것을 구성하는 물질성과의 접합을 강조하고자 한다. 매체 및 정보기술은 단지 물질적 의미의 인공물에 그치는 것이 아니라 의미를 창출하고, 유통시키고, 전유하는 수단이기도 하다. 이 기술이 엔터테인먼트, 예술, 상호작용, 조직, 데이터 그 어떤 것을 매개하건 간에, 물질적 형태와 상징적 배열이 이처럼 긴밀하게 묶여서 상호 구성되는 경우는 다른 부류의 기술들—자전거, 미사일, 다리, 전력망 등—에서 결코 찾아볼 수 없는 일이다. 매체 및 정보기술은 문화자료(cultural material)이면서 동시에 물질문화(material culture)이기도 하다고 말할 수 있을 것이다. 다시 말해 한편으로 이 기술은 그 자체로 문화적 산물이며, 그 속에서 문자적, 청각적, 시각적 상징들의 배열이 중요한 역할을 한다. 다른 한편으로 이 기술은 매개된 커뮤니케이션의 물질문화에서 핵심적인 일부를 이루며, 그 속에서 기술들의 총체는 매개되지 않은 커뮤니케이션에서보다 훨씬 더 높은 가시성을 획득한다. 이러한 독특한 성질은 이 기술이 STS와 커뮤니케이션 학자들 모두에게 중요하게 여겨지는 이유를 상당 부분 설명해주고 있다.

STS와 커뮤니케이션 연구에서 끌어낸 정의에서 리브루와 리빙스턴(Lievrouw & Livingstone, 2006b)은 매체 및 정보기술이 물질적 시스템 그 자체와 그것의 사회적 맥락(정보를 매개하고, 소통하고, 전달하는 데 쓰이는 **인공물**이나 **장치** 포함), 사람들이 정보를 소통하고 공유하면서 관여하는 **활동**과 **실천**, 그리고 장치와 실천 주위에 발전하는 **사회질서** 내지 **조직 형태**로 구성된다고 주장했다. 앞선 논의에 비춰보면, 상징적 내용과 의미가 인공물, 실천, 그와 연관된 사회질서와 상호작용하는 것을 강조할 수 있도록 매체 및 정보기술의 정의를 정교화해야 한다. 우리는 이 장의 결론에서 이 점으로 다시 돌아갈 것이다.

세 가지 가교

이 장의 서두에서 언급한 것처럼, 지난 수십 년 동안 매체 및 정보기술에 대한 연구는 커뮤니케이션학에서 이뤄졌건, STS에서 이뤄졌건 간에 특정한 근본적 질문 내지 문제들을 중심으로 이뤄져 왔고, 그런 질문들은 보통 두 개의 경합하는 개념들 간의 이항대립—양측에 일단의 지지자들이 진영을 이루고 있는—으로 틀지어졌다. 우리가 보기에는 특히 세 가지 중요한 쟁점들이 두 분야 사이의 "가교" 역할을 해왔다. 기술-사회 관계에서의 인과성, 기술발전의 과정, 기술변화의 사회적 결과가 그것이다. 이 절에서 우리는 이러한 가교들을 하나씩 다루면서 그 속에 내포된 서로 대립하는 개념들을 살펴보고, 두 분야의 문헌에서 뽑아낸 관련된 사례들을 통해 논의에 적절한 예시를 제공할 것이다.

인과성

매체 및 정보기술에 대한 학술연구는 기술과 사회의 관계에서 인과성에 관한 중요한 질문들을 제기해왔다. 이 쟁점에 대해 STS 연구와 커뮤니케이션학은 종종 서로 다른 시각을 지지해왔는데, 이는 부분적으로 두 분야가 서로 다른 지적 전통과 지향을 갖고 있기 때문에 빚어진 결과이다. 먼저 행동과 문화에 대한 이론화의 역사를 갖고 있는 커뮤니케이션 연구는 기술을 볼 때 그 자체로 사회적 설명을 할 만한 가치가 있는 탐구대상으로 보기보다는, 독특한 사회적 영향을 발생시킬(혹은 그것에 일조할) 수 있는 하나의 요인으로 보는 경향을 보여왔다. 반면, 맥락주의적 역사와 구성주의 기술사회학에 뿌리를 두고 있는 STS 기술연구는 종종 기술의 발전과—그보다 관심은 덜했지만—기술의 사용을 형성하는 사회적 요인들을 탐구의 주된 초점으로 여겨왔고 기술이 대규모로 사회에 미치는 영향에 대해서는 많은 얘기를 하는 것을 꺼려왔다.

이처럼 서로 다른 인과성 관념, 그리고 이와 연관된 개념적, 방법론적 선호는 인쇄기술을 다루어 대단히 높은 평가를 받은 두 권의 책을 대비시켜봄으로써 더 잘 이해할 수 있다. 아이젠슈타인의 『변화의 동인으로서의 인쇄기(*Printing Press as an Agent of Change*)』(Eisenstein, 1979)와 존스의 『책의 본질: 인쇄술과 지식의 형성(*Nature of the Book: Print and Knowledge in the Making*)』(Johns, 1998), 그리고 《미국역사리뷰(*American Historical Review*)》 최근호에 게재된 두 저자 간의 논쟁이 그것이다.(Eisenstein, 2002a, b; Johns, 2002)[4)]

『변화의 동인으로서의 인쇄기』는 커뮤니케이션 기술에 대한 학술연구와 많은 다른 분야에 엄청난 영향을 미친 책이다. 이 책은 인쇄기의 도래가 필경사의 필사본 제작과 대조를 이루는 하나의 기술시스템으로서 인쇄기의 독특한 속성을 반영한 "인쇄문화"의 출현으로 이어졌다고 주장했다. 그리고 이러한 인쇄문화는 다시 "서구문명"의 거의 모든 측면을 바꿔놓은 일련의 혁명적 변화들을 낳았다. 아이젠슈타인이 보기에 인쇄술의 핵심을 이루는 속성은 "식자 고정성(typographical fixity)"에 있다. 즉, 인쇄된 텍스트의 내용과 형태가 인쇄물에 보존되어 그것의 사용과는 독립적인 것이 되었다는 말이다. 기계적 인쇄술 이전에는 "정보가 부유하는 텍스트와 소멸해가는 필사본에 의해 전달되어야 했다."(Eisenstein, 1979: 114) 아이젠슈타인에 따르면(1979: 113),

> 인쇄술의 보존력이 아울러 작용하지 않았다면, 오늘날 ["근대 초기의 다양한 지적 '혁명'"의] "이정표"로 간주되는 위대한 대작, 해도, 지도들은 대수롭지 않은 것이 되어버렸을 것이다. 식자 고정성은 학문의 빠른 진보를 위해 기본적인 전제조건이다. 이는 지난 5세기의 역사를 그 이전 시기 전체와 구분시켜주는 듯 보이는 그 외의 많은 것을 설명하는 데도 도움을 준다.

4) 이 두 권의 책은 기술-사회 관계에서 인과성에 대한 두 가지 상이한 접근법을 보여줄 뿐 아니라, 이 장의 도입부 절에서 논의했던, 기술을 탐구대상으로 개념화하는 두 가지 방법의 사례를 제공하고 있기도 하다. 매체 이론가인 이니스와 매클루언의 작업에서 영향을 받은 아이젠슈타인의 책은 기술을 그것의 기술적 특징이라는 측면에서 특징짓는 학술연구의 전통 내에 포함돼 있다. 반면 섀핀과 매켄지 같은 구성주의 학자들에 의지한 존스의 책은 기술시스템의 의미, 실천, 그리고 폭넓은 문화적 연결의 문제를 강조하는 경향을 보이는 탐구양식의 일부를 이룬다.

아이젠슈타인에게 있어 "식자 고정성이 갖는 함의는 … 근대적 '지식산업' 전체[뿐 아니라] … 지정학적인 … 쟁점들까지도 포괄한다."(1979: 116-117) 그것의 함의는 "유럽의 언어 지도"(1979: 117)—"집에서 '자연스럽게' 배우는 '모국어'는 읽기를 배울 때 … 숙달된, 균질화된 인쇄술이 만든 언어의 주입을 통해 강화되었다."(1979: 118)—에서부터 법률적 하부구조—"사용허가와 특권에 관한 법률들은 … 식자 고정성의 부산물로서 아직 제대로 된 탐구가 이뤄지지 못했다."(1979: 120)—까지 폭넓게 걸쳐 있다.

존스의 『책의 본질』(Johns, 1998)은 『변화의 동인으로서의 인쇄기』와 결정적 측면에서 대립하면서 아이젠슈타인의 이론적, 방법론적 접근에 반기를 들었다. 존스에 따르면 아이젠슈타인의 설명에서 "인쇄술 그 자체는 역사의 바깥에 위치해 있다."(1998: 19) 따라서 "그것의 '문화'는 … 인쇄된 텍스트가 어떤 핵심적인 특징을 **소유하고** 있기 때문에 존재하는 것으로 간주된다 … 이러한 성질의 기원은 분석되지 않는다."(1998: 19) 그가 생각하는 이러한 접근의 한계를 해결하기 위해 존스는 이렇게 제안한다.(1998: 19-20)

> 우리는 고정성을 **본래의** 성질이 아닌 **과도적** 성질로 생각할 수 있다 … 우리는 사람들이 고정성을 인식하고 그것에 따라 행동하는 한에서만 고정성이 존재하며, 그렇지 않을 경우에는 아니라는 원칙을 받아들일 수 있다. 이러한 시각 변화의 결과는 인쇄문화 그 자체가 즉각 분석에 개방된다는 것이다. 이는 우리에게 종종 제시되는 단일한 **원인**에 그치는 것이 아니라 여러 겹의 재현, 실천, 갈등이 빚어낸 **결과**로 탈바꿈한다. 인류에게 강제되는 "인쇄 논리"를 말하는 것과는 반대로, 이러한 접근은 우리가 서로 다른 인쇄문화들, 특히 서로 다른 역사적 상황들의 구성을 복원할 수 있게 해준다.

존스와 아이젠슈타인의 인과성 관념의 차이는 탐구과정을 인도하는 지식 선택과 뒤얽혀 있다. 예를 들어 《미국역사리뷰》에 수록된 아이젠슈타인과의 논쟁에서 존스는 이렇게 언급하고 있다.(Johns, 2002) "아이젠슈타인이 인쇄문화 그 자체는 어떤 것인가라는 질문을 던지는 곳에서 나는 인쇄술의 역사적 역할이 어떻게 형성되었는가 하는 질문을 던진다. 그녀는 문화에 힘을 부여하지만, 나는 사람들의 공동체에 힘을 부여한다. 좀 더 일반적으로 말해 그녀가 특징에 관심이 있다면, 나는 과정에 대해 알고 싶다."

그들 각각의 지식 선택에 대한 존스의 설명에서 눈에 띄는 대목은 존스의 논평에 대한 아이젠슈타인의 반박(Eisenstein, 2002b)에도 어느 정도 반향돼 있는 바와 같이, 그가 자신들의 선택을 대립적 용어로 틀짓고 있다는 것이다. 이러한 대립적 용어의 사용은 커뮤니케이션학과 STS 모두에서 인과성에 관한 토론의 지속적 특징이 되어왔다. 이는 주로 사회결정론 대 기술결정론 사이의 논쟁의 형태를 띠었다.[5] 그러나 자신의 주장을 반대쪽 극단에 맞서는 것으로 제시할 때 갖는 수사적 이점에도 불구하고, 이러한 전략은 상호 배제적으로 그려진 특징들이 진화하는 결합양상을 보이는 현상을 이해하는 데는 한계를 노출할 수 있다.

이러한 단점을 극복하기 위해 리브루(Lievrouw, 2002: 192)는 이러한 유형의 대립을 "결정과 우연성 사이의 역동적 관계"로 다시 이해할 것을 제안했다. 그녀의 인식틀에서는 "결정과 우연성이 상호의존적이고 반복적이

5) 이 문제에 대한 확장된 논의는 이 책의 7장을 보라. 이 문제 일반에 관한 추가적인 논의로는 Bijker(1995b), Brey(2003), MacKenzie(1984), Staudenmaier(1989), Williams & Edge(1996)를 보라. 매체 및 정보기술에 초점을 맞춘 논의로는 Dutton(2005), Edwards(1995), Kling(1994), Pfaffenberger(1988), Slack & Wise(2002), Winner(1986)를 보라.

며, … 이러한 관계는 매체의 발전과 사용 … 에서 핵심적인 결절점 내지 '계기'로 간주될 수 있다."(2002: 183) 인과성을 이런 식으로 생각하면 매체 및 정보기술이 발전하는 과정의 서로 다른 시점에서 서로 다른 요인들은 결정적일 수도 있고 우연적일 수도 있다. 따라서 이러한 접근은 기술발전과 사용의 사회적 형성과 광범하고 지속적인 사회적 영향의 출현을 모두 포착하는 좀 더 폭넓은 개념망을 제공해준다.

그러한 인과적 인식틀은 STS 내에서 기술을 하나의 탐구대상으로 이해하는 쪽으로 개념적 변화가 일어난 것과도 부합한다. 즉 결정과 우연성의 역동적 결합이 서로 다른 사회물질적 배치를 생성하는 사회적, 물질적 요소들의 총체로 기술을 이해하는 것이다.(Bijker, 1995a; Callon, Law, & Rip, 1986; Jasanoff, 2004; Latour, 1996; Pickering, 1995) 이러한 관점을 매체 및 정보기술 연구에 적용한 최근의 사례에서 보츠코스키(Boczkowski, 2004: 11)는 온라인 신문의 발전을 이해하기 위해 다음과 같은 렌즈를 사용했다.

> 매체의 혁신은 기술, 커뮤니케이션, 조직에서 나타나는 서로 연관된 돌연변이들을 통해 전개된다. 나는 세 가지 요소 각각을 그것이 다른 요소들과 맺고 있는 연계라는 맥락 속에서 이해한다. 이는 마치 삼각형에서 어느 하나의 변이 갖는 기능과 의미가 다른 두 개의 변과 관련해서만 이해될 수 있는 것과 마찬가지이다.

학자들은 인과성에 관한 이러한 기본적 입장과 기술을 사회물질적 총체로 보는 견해를 공유하면서도 결정과 우연성의 관계에서 제각기 다른 차원들을 강조해왔다. 이러한 차원들 중 세 가지—담론, 실천, 화용론—는 인과성에 대해 좀 더 포괄적이고 복잡한 시각을 취하는 것이 갖는 가치를 보여준다. 이는 동시에 서로 다른 개념적 초점을 가능케 해주기도 한다.

냉전기 미국에서 정치, 기술, 대중문화의 상호침투를 연구한 에드워즈의 책(Edwards, 1996)은 담론 차원을 부각시킨 분석의 강력한 예시를 제공한다.[6] 에드워즈에 따르면(Edwards, 1996: 120), 이 시기는 컴퓨터화된 기술들이 동시에 상징이자 도구이자 체현이자 도관이었고, 언제나 군사적 절차, 문화생활, 주체적 경험과 깊숙이 통합돼 있었던 "닫힌 세계 담론"으로 특징지어졌다.

> 냉전은 기술, 전략, 문화를 연결해주는 **담론**의 측면에서 가장 잘 이해될 수 있다. 냉전은 문자 그대로 그 본질상 기호학적인 공간 내부에서 치르는 전쟁이었고, 모델, 언어, 도상학, 은유 속에 존재했으며 이러한 기호학적 차원에 무거운 관성 질량을 부여하는 기술 속에 체현되었다. 이러한 기술적 체현은 다시 닫힌 세계 담론이 분기(分岐)하고, 증식하고, 새로운 가닥과 뒤얽힐 수 있도록 해주었다.

에드워즈가 담론이라는 관념을 사용한 것은 컴퓨터화된 기술들이 사회에 미친 담론적 "충격"을 부각시키기 위해서도 아니었고, 강력한 행위자 집단들이 내린 담론적 "선택"이 이러한 기술을 형성했음을 강조하기 위해서도 아니었다. 그는 "충격, 선택, 경험, 은유, 환경 모두가 역할을 하는 **사**

6) 에드워즈가 담론의 관념을 다루는 방식이 부분적으로 담론의 배열에서 상징성과 물질성 사이의 연계를 강조하는 푸코 이론으로부터 유래했음을 기억해둘 필요가 있다. 우리가 담론 차원에 대한 강력한 예시로서 에드워즈의 책을 포함시킨 이유는 바로 상징성에 대한 그의 다층적 주목—미시 수준의 은유적 언어에서 거시 수준의 대중문화 구성까지—이 물질성과 대립하는 것이 아니라 그것과 떼려야 뗄 수 없이 얽혀 있기 때문이다. 매체 및 정보기술의 담론적 측면에 대한 추가적인 연구로는 예컨대 Bazerman(1999), Carey(1989), Gillespie(2006), Wyatt(2000)를 보라.

회적 과정의 한 초점으로 기술을 바라보았다."(1996: 41) 이러한 사회적 과정은 그 본질상 시간의 흐름에 따라 전개되는 역동적인 것이며, 그 속에서 서로 다른 물질적, 비물질적 요소들은 좀 더 결정론적인 쪽에서 좀 더 우연적인 쪽으로—혹은 그 반대로—이동한다.

실천의 역할은 음향 재생기술의 생산과 소비에 대한 스턴의 연구에서 예시되고 있다.(Sterne, 2003) 이 책에서 그는 다른 무엇보다도 실천을 "청각기법(audile technique)"이라는 이름하에 탐구하고 있다.[7] 음향 재생기술의 조작과 관련된 행동을 이해하기 위해 "실천" 대신 "기법"이라는 용어를 선택함으로써 저자는 물질적인 것과 비물질적인 것을 뒤섞고 있다. 그의 분석에서 일단의 청각기법들이 출현한 것은 한 무리의 신체적, 문화적, 물질적, 경제적 요인들이 우연하게 작용한 결과이다. 그러나 일단 사람들이 흔히 가져다 쓸 수 있는 사회물질적 목록의 일부로 안정화되면, 기법들은 새로운 기술 및 그와 연관된 느낌, 상징, 시장의 출현에서 결정적인 역할을 할 수 있었다. 결국 매체 및 정보기술은 인간의 감각과 감각 실천의 연장을 유발하거나 그것을 구성한다는 매클루언(McLuhan, 1964), 옹(One, 1982), 스톤(Stone, 1991) 등의 주장과는 반대로, 스턴은 다음과 같은 사실을 보여주었다.(Sterne, 2003: 92)

> 내가 논의한 모든 청취의 **기술들**은 청취의 **기법들**로부터 출현했다. 많은 저자들은 매체 및 커뮤니케이션 기술을 보철의 의미로 개념화해왔다. 만약 매체가 우리의

7) 사회이론과 문화이론에서 "실천으로의 전환"을 다룬 좀 더 폭넓은 논의로는 Schatzki et al.(2001)을 보라. 매체 및 정보기술 연구에서 실천의 문제를 다룬 추가적인 연구는 예컨대 Boczkowski & Orlikowski(2004), Foot et al.(2005), Heath & Luff(2000), Orlikowski(2000)를 보라.

감각을 실제로 연장한다면, 이는 사람들이 자신의 감각을 사용하는 이전의 실천들 내지 기법들을 결정화한 버전이나 정교화한 것으로 그렇게 하는 것이다.

마지막으로 하부구조에 체현된 분류 시스템과 표준에 관한 연구에서 보커와 스타(Bowker & Star, 1999)는 정보 및 매체기술의 발전과 사용을 설명하기 위해 화용론으로의 전환을 제안한다. 보커와 스타(1999: 289)는 W. I. 토머스와 도로시 토머스의 전례(Thomas & Thomas, [1917] 1970)를 따라 학자들이 "상황의 정의"에 초점을 맞추도록 권고한다. 왜냐하면 "그러한 정의는 … 사람들이 앞으로 나아가는 자신의 행동을 형성하는 것"이기 때문이다. 인과성에 대한 그들의 접근은 결과를 결정된 것에서 결정하는 것으로 바꿔놓으며, 결과의 출현에 영향을 미치는 사회적, 물질적 요인들에 대해 개방적인 자세를 취한다.

[이러한 접근은] 상황의 정의가 어디서 나온 것인지—인간인지 비인간인지, 구조인지 과정인지, 집단인지 개인인지—에 대해서는 아무런 언급도 하지 않는다. 이는 어떤 것의 물질성이 … 그것을 둘러싼 상황이 낳은 결과에서 유래한다는 사실에 강력하게 주목한다.(Bowker & Star, 1999: 289-290)

요약하자면, STS와 커뮤니케이션학의 접점에 놓인 매체 및 정보기술에 관한 학술연구는 역사적으로 기술적 요인이나 사회적 요인 어느 한쪽의 행위능력에 초점을 맞추는 방식으로 인과성을 다뤄왔다. 최근 들어 점점 널리 받아들여지고 있는 대안적 접근법은 기술을 사회물질적 배치로 특징짓고 그 속에서 서로 다른 요소들이 그들 간의 관계가 전개되는 서로 다른 순간에 서로 다른 정도의 결정과 우연성을 나타내는 것으로 본다.

과정

생산과 소비는 사회와 문화에 대한 이론화에서 주요한 개념쌍 중 하나를 이루며, 이는 STS와 커뮤니케이션학에서도 마찬가지이다. 인과성 관념에서와 마찬가지로 두 분야의 전반적 이론화는 기술발전 과정에서 생산과 소비의 관계에 대해 서로 다른 지향점을 지지해왔다.

먼저 STS에서는 기술에 대한 초창기 학술연구 대부분이 기술결정론에 대한 대안을 명료화하는 데 중심을 두었기 때문에 이 시기의 연구는 새로운 인공물의 소비보다 생산에 좀 더 초점을 맞추는 경향을 띠었다. 기술의 사회적 구성 모델에 대한 개설에서 바이커가 지적했듯이(Bijker, 2001: 15524), 1990년대 중반까지 "기술이 사회에 미치는 충격의 문제는 … 기술결정론과의 싸움을 위해 괄호 안에 넣어져 있었다."

반면 커뮤니케이션학에서 기술을 다룰 때는 종종 정치경제에 초점을 맞춘 생산의 동역학을 중심에 놓거나(Gandy, 1993; Mosco, 1989; Robins & Webster, 1999; Schiller, 1999) 소비 측면을 중심에 놓았고(Meyrowitz, 1985; Katz & Rice, 2002; Reeves & Nass, 1996; Walther, 1996), 생산영역과 소비영역 사이의 연결에 대해서는 상대적으로 관심을 덜 쏟았다. 예를 들어 커뮤니케이션학에서 기술을 다룰 때 대단히 인기가 있었던 혁신의 확산이라는 인식틀은 일단 인공물이 개발된 시점부터 탐구과정을 시작하는 일이 흔했다. 로저스(Rogers, 1995: 159)가 이러한 인식틀에 대한 개설에서 썼듯이, "과거 확산 연구자들은 혁신의 최초 수용자로부터 연구를 시작하는 것이 보통이었고 … 그 시점 이전에 일어난 사건이나 결정[에 대해서는 다루지 않았다]."

STS와 커뮤니케이션학의 접점에 놓인 매체 및 정보기술에 관한 학술연구의 주요 목표는 이러한 탐구의 전통들에 근거해 이를 더욱 확장시키면서, 생산과 소비 사이의 연결을 탐구하고 이러한 두 영역을 연결하는 서로 다른 과정들을 조명하는 개념을 개발하는 것이 되어왔다.

1990년대 초에 STS 연구자들은 소비를 조명할 수 있는 방식으로 생산의 "암흑상자"를 열어젖히기 시작했다. 예를 들어 울가(Woolgar, 1991)는 소프트웨어 생산과정이 "사용자를 설정한다"는 것을 보여주었다. 다시 말해 소비자와 소비관행에 대한 생산자의 전망이 기술의 설계 속에 배태돼 있어 기술의 채택에 영향을 미친다는 것이다. 이러한 관념, 그리고 이와 연관된 애크리치(Akrich, 1992, 1995)의 "기입" 개념[8]으로부터, STS와 커뮤니케이션학을 잇는 한 가지 연구 방향이 점차 모습을 드러냈다. 이러한 연구들은 기술발전 과정에서 기술적 선택이 이뤄지고, 인공물이 상징적으로 틀지어지며, 규제 환경이 촉진되는 방식이 모두 소비에 영향을 미친다고 주장했다. 매체 및 정보기술에 대한 두 가지 최근 연구는 사회적 경험의 양쪽 극단에서 이러한 접근법을 잘 보여준다. 개인적이고 규모가 작은 몸의 영역, 그리고 익명적이고 규모가 큰 시장의 영역이 그것이다.

바디니(Bardini, 2000)는 마우스와 같은 컴퓨터 인터페이스 기술의 발전에서 더글러스 엥겔바트가 했던 역할을 설명하면서, 엥겔바트와 그 동료들이 사용자의 몸에 대한 생각을 기술설계의 선택에 통합시켰고 이것이 다시 소비에 영향을 주었음을 보여주었다. "엥겔바트는 단지 개인용 컴퓨터를 만드는 데 관심이 있었던 것이 아니었다. 그는 점증하는 복잡성을 효율적으로 관리하는 일에 컴퓨터를 사용할 수 있는 사람을 만드는 데 관심이

8) 애크리치에 따르면(Akrich, 1992: 208), 생산자들은 "특정한 취향, 능력, 동기, 야망, 정치적 편견 등등을 가진 행위자를 정의하며, 도덕성, 기술, 과학, 경제가 특정한 방식으로 진화할 거라고 가정한다. 혁신가들의 작업 중 많은 부분은 세상에 대한 이러한 전망 내지 예측을 새로운 사물의 기술적 내용 속에 **'기입하는'** 데 있다."

있었다."(Bardini, 2000: 55) 엥겔바트와 그 동료들은 인간 신체의 능력을 좀 더 많이 활용하는 인터페이스 대안이 성공할 가능성이 높다고, 다시 말해 사용자의 인지를 "강화시킬" 가능성이 높다고 생각했다. 이러한 관념은 마우스와 같은 도구의 설계를 이끌었고, 그러한 도구들은 손의 동작과 손과 눈의 협응력의 동역학을 보완해주었다.

> 사용자의 손과 눈은 인간-컴퓨터 인터페이스에서 제약이 많은 입출력 장치들이었다. 1960년대 초에 마우스와 코드 키보드(chord keyset, 문자나 명령어를 입력하는 데 쓰이는 컴퓨터 입력장치의 일종으로, 여러 개의 자판을 동시에 누르는 다양한 방식을 조합해 상대적으로 적은 수의 자판을 가지고도 많은 글자들을 입력할 수 있다—옮긴이)를 개발하는 과정에서, [스탠퍼드연구소에 있던] 엥겔바트 연구팀은 인간-컴퓨터 상호작용에서 양자적 도약을 이뤄냈다. 인간의 몸 전체를 일단의 상호연결된 기본적 감각-운동 능력으로 이해한 것이다.(Bardini, 2000: 102)

시장은 생산과 소비 사이의 연결을 탐색하는 또 다른 중요한 차원이다. 새로운 인공물의 상업적 성공은 그것이 가진 기술적 기능뿐 아니라 사용자들에 의한 전유에도 의존한다. 시장을 오직 수요공급의 경제법칙만을 따르는 비사회적 실체로 보는 대신, 매체 및 정보기술의 상업적 운명을 연구하는 학자들은 시장 형성이 어떻게 생산과 소비에 동시에 영향을 주는지에 초점을 맞추었고, 상품의 사회적 구성과 상품의 소비문화에도 아울러 주목했다.(Douglas, 1987; Millard, 1995; Smulyan, 1994; Yates, 2005) 예를 들어 전자 음악 신시사이저 기술의 역사를 연구한 핀치와 트로코(Pinch & Trocco, 2002)는 악기시장의 창출과 성장에 관여하는 실천들을 탐구했다. 그들은 판촉 전략이 서로 다른 종류의 신시사이저의 생산과 소비 모두에 영향을 주었음을 발견했고, 판촉사원들은 "생산과 소비의 세계 사이의 결정적 연결고리"라고 주장했다. "사용자들과의 상호작용을 통해서건, 아니면 사용에서 판매로의 이동에 의해서건 간에, 판촉사원들은 사용의 세계를 설계와 제조의 세계와 연결시켜준다."(Pinch & Trocco, 2002: 313)

생산의 암흑상자를 여는 것과 아울러, 매체와 정보기술에 관한 학술연구는 소비 관행과 생산의 동역학 사이의 연계를 조명하는 방식으로 소비 관행을 분석하는 것을 목표로 해왔다.[9] 이와 같은 노력은 부분적으로 이러한 기술들에 대한 분석이 역사적 환경(Douglas, 1987; Fischer, 1992; Martin, 1991; Marvin, 1988)과 동시대의 환경(Ang, 1991, 1996; Lull, 1990; Morley, 1992; Silverstone, 1994) 모두에서 사용자의 행위능력을 설명하려 애써온 데서 유래했다.[10] 이러한 연구 방향은 특히 세 가지 지점에서 이러한 행위능력에 대한 개념적 이해를 향상시키는 쪽으로 상당한 진보를 이루었다. 새로운 인공물의 교화, 기술변화의 동인으로서 사용자의 역할, 새로운 기술에 대한 저항이 그것이다.

실버스톤과 허시(Silverstone & Hirsch, 1992)는 수용자 연구에서 도출된 의미에 대한 집중과 사회구성주의 기술연구에서 영감을 얻은 물질성에 대

9) 매케이 등(Mackay et al., 2000: 737)은 이러한 움직임이 사회적, 문화적 이론화에서 나타나는 더 큰 변화의 일부라고 주장했다. "'사용자'로의 전환은 단지 기술사회학뿐 아니라 사회과학 담론을 포함하는 좀 더 광범한 담론의 특징을 이룬다." STS에서 이 문제에 대한 추가적인 설명은 Oudshoorn & Pinch(2003)와 이 책의 22장을 보라.

10) 이러한 방향의 연구에서 또 다른 초기 사례는 라이스와 로저스가 제시한 혁신의 확산에서의 "재발명" 개념이다. 이 개념은 "혁신이 최초의 개발 이후 수용되고 실행되는 과정에서 수용자에 의해 변화되는 정도"로 정의된다.(Rice & Rogers, 1980: 500-501) 재발명에 관한 후속 연구는 상당한 경험적 세부사항을 보태었지만, 사용자 행위능력의 동역학에 관한 개념적 정교화는 별로 제공하지 못했다.

한 접근을 결합시켰다. 그들은 사용자들이 새로운 인공물을 익숙한 가정 환경에 도입할 때 그것에 의미를 부여하고 또 이를 물질적 환경 속에 위치시킴으로써—이러한 두 가지 과정은 모두 국지적 우연성을 갖는다—인공물을 "교화"시킨다고 주장했다. 다시 말해 교화의 과정에서 "새로운 기술은 … 가정의 사용자에 의해, 또 그들을 위해 통제를 받게(혹은 그렇지 못하게) 된다. 가족 내지 가정의 문화 속에서, 또 일상생활의 일과 속에서 소유되고 또 전유되면서, 새로운 기술은 동시에 계발된다. 새로운 기술은 익숙해지는 과정을 겪지만 동시에 발전하고 또 변화하기도 한다."(Silverstone & Haddon, 1996: 60) 교화는 네 단계—전유, 대상화, 통합, 전환—로 전개되며, 그 속에서 새로운 커뮤니케이션 기회들이 행위자와 인공물 모두에게 열리게 된다.(Aune, 1996; Laegran, 2003; Silverstone & Haddon, 1996)

교화의 관념이 사용자의 해석적 행위능력을 강조한다면, 기술변화의 동인으로서 사용자의 역할에 대한 연구는 예상치 못한 사용자의 실천이 인공물의 물질적 변형을 촉발하는 상황과 제작자가 그러한 변화를 이후 버전의 설계에 통합하는 메커니즘을 탐구한다.(Boczkowski, 1999; Feenberg, 1992; Fischer, 1992; Orlikowski et al., 1995; Suchman, 2000)[11] 예를 들어 더글러스(Douglas, 1987: 301-302)는 초기 라디오 방송 장비의 사용자들이 애

11) "사용자"가 꼭 개인이어야 하는 것은 아니다. 생명보험 산업에서 사용자와 기술의 공진화를 연구한 예이츠(Yates, 2005)는 이전까지 간과되어온 분석의 수준, 즉—개인 사용자와 반대되는 의미에서—집단 사용자의 수준에 초점을 맞추는 것이 갖는 가치를 보여주었다. 저자에 따르면, "개별 행위주체들은 분명 결정적인 역할을 하지만, 그런 기술을 획득해 적용하기 위해서는 그들이 혼자서 활동할 수는 없고, 자신의 동료뿐 아니라 회사의 위계에서 자신의 위아래에 있는 이들도 동원해야만 한다 … 이처럼 회사와 산업에 초점을 맞추면 지금까지 생산자 측면에서 연구되었고 사용자 측면에서는 거의 연구되지 못한 하나의 수준을 조명할 수 있게 된다."(2005: 259)

초 두 지점 간의 커뮤니케이션 시스템이었던 것을 대중 커뮤니케이션 매체로 전환시키는 데 도움을 주었음을 보여주었다.

> 아마추어 무선사들과 그로 인해 라디오에 열광하게 된 사람들은 방송 네트워크와 청취자의 시발점을 만들어냈다. 그들은 RCA 사무소들을 지배하던 것과 크게 다른 일단의 실천과 의미들 속에 라디오를 집어넣었다. 이에 따라 라디오 트러스트는 제조 우선순위, 기업전략, 그리고 자신들이 통제하고 있는 기술에 관한 사고방식 전부를 재조정해야만 했다.

사용자의 행위능력을 부각시키는 세 번째 연구흐름은 새로운 기술에 대한 저항을 탐구한다. 특히 기술변화에 대한 의도적 반대와 그것이 생산의 동역학에 갖는 함의가 연구대상이다.(Bauer, 1997; Kline, 2000, 2003; Wyatt et al., 2002) 20세기 초 미국 농촌에서의 전화 보급을 연구한 클라인(Kline, 2000)은 남의 대화를 엿듣거나 다른 집을 방문하는 것 같은 시골생활의 기존 전통이 농촌지역 사람들의 전화 사용 방식에 영향을 주었다고 썼다. 그들은 공동회선을 통해 다른 사람들의 대화를 듣고 다자간 통화에 참여했다. 전화회사들은 이러한 관행을 억제하려 애썼지만, 사용자들은 전화회사들의 노력에 적극적으로 저항했다. "서로 멀리 떨어져 살고 다분히 독립적 성향을 지닌 수천 명의 소비자들에게 사회적 규율을 강제하는 것이 갖는 어려움을 깨달은 … 상업적 회사들은 이러한 '부류'의 고객들의 사회적 관행에 부합하도록 전화 네트워크를 다시 설계했다."(2000: 48) 결국 "일상생활의 사회적 패턴에 부합하도록 새로운 기술을 적응시킨 것은 소비자가 아니라 생산자였다."고 클라인은 주장한다.(2000: 48)

요컨대 매체 및 정보기술에 관한 학술연구에서 기술발전 과정에 대한 탐구는 생산과 소비의 영역 사이의 엄격한 구분에 도전장을 내밀었고, 아울러 이러한 두 개의 영역을 연결하는 다양한 형태와 메커니즘을 조명할 수 있는 이론적 자원을 만들어냈다고 할 수 있다.

결과

매체 및 정보기술이 가져온 사회적 결과에 대해서도 커뮤니케이션학과 STS 모두에서 논쟁이 계속돼왔다. 역사가들은 지금까지 등장한 거의 모든 새로운 통신장치나 정보 서비스를 둘러싸고 유토피아적 주장과 디스토피아적 주장이 제기되었다고 썼다.(Lubar, 1993) 그러나 마빈이 지적했듯이(Marvin, 1988), 기술에 대한 예측이 항상 실제 결과에 의해 뒷받침이 되는 것은 아니다. STS와 커뮤니케이션학에서는 매체 및 정보기술이 가져온 결과를 보는 두 가지 주요 관점이 나타났다.

먼저 기술을 “혁명적”인 것으로 생각하는 관점이 있다. 즉, 기술은 기존의 매체 및 정보 시스템에 대한 도전이자 그로부터의 근본적인 이탈로서 새로운 실천과 제도적 질서를 강제한다는 것이다. 위에서 논의한 아이젠슈타인의 연구는 인쇄기의 도래에 관해 이처럼 강한 혁명적 관점을 취하고 있다. 그보다 좀 더 최신의 기술들에 대해, 혁명적 시각의 옹호자들은 그러한 기술들이 통상적인 대중매체나 정보 시스템과 다른 방식으로 설계, 건설, 조직, 유통, 사용되기 때문에, 산업화 시대의 통신 및 정보기술이 창출하고 촉진한 사회관계, 노동 패턴, 문화관행, 경제적, 정치적 질서 등을 전복시킬 잠재력을 갖고 있다고 주장한다.(Beniger, 1986; Castells, 2001; Harvey, 1989; Pool, 1983; Zuboff, 1988) 이러한 입장은 “불연속성” 시각이라는 이름으로 불려왔다.(Schement & Curtis, 1995; Schement & Lievrouw, 1987; Shields & Samarajiva, 1993; Webster, 2002)

제2차 세계대전 이후 불연속성 시각을 촉진했던 이들은 수많은 기술들을 처음 개발해낸 국방 프로젝트, 대학연구실, 산업체 등에서 일했던 발명가, 엔지니어, 설계자, 계획가들이었다.(Light, 2003) 그들은 방송과 신문이 컴퓨터와 원격통신에 기반한 시스템과 통합되어 쌍방향 서비스와 주문형 정보 전달이 가능해질 거라고 내다보았다. 이 시기에 새로운 컴퓨팅과 매체기술의 극적인 성장은 수많은 저명한 지식인과 사회과학자들이 서구사회와 문화에서 그에 상응하는 변화를 찾도록 부추겼다.(가령 Drucker, 1968; McLuhan, 1964; Mumford, 1963) 몇몇 학자들은 이러한 새로운 기술들이 18~19세기에 유럽과 미국에서 있었던 농업사회에서 산업사회로의 전환에 필적할 만한 변화를 추동하면서 20세기 말의 "탈산업사회" 내지 "정보사회"의 도래를 예고하고 있는 것이 아닌가 하는 질문을 던졌다.(Bell, 1973; Machlup, 1962; Porat & Rubin, 1977; 아울러 Schement & Lievrouw, 1987도 보라.) 일각에서는 "커뮤니케이션 혁명"이 바로 눈앞에 닥쳤는지도 모른다고 추측하기도 했다.(Gordon, 1977; Williams, 1983; 아울러 Cairncross, 2001도 보라.)

이와 대립하는 연속성 관점은 혁명이라는 수사를 거부하고 기술변화의 사회적 결과는 좀 더 점진적으로 커지는 경향을 갖는다고 단언했다. 그러한 사회적 결과들은 필연적으로 이미 확립된 기술, 실천, 제도라는 맥락 속에 위치하기 때문이다. STS의 학술연구는 대체로 연속성 관점을 취해왔는데, 이는 STS의 역사적, 민족지학적 뿌리, 그리고 실천과 의미에 대한 강조와 부분적으로 연관돼 있다. 예를 들어 존스는 앞서 논의한 "인쇄술과 지식의 형성"에 대한 설명에서 인쇄기가 가져온 결과에 대해 이러한 점진주의적 접근을 취했다.

커뮤니케이션학 내에서 1970년대와 1980년대에 연속성 시각을 먼저 표현한 것은 정치경제학과 비판이론에서 훈련받은 학자들이었다. 그들이 보기에 최신의 매체 및 정보기술은 이전의 대중매체 시스템과 마찬가지로 대량생산, 자본주의, 상품화, 시장경제의 논리에 따라 구상되고, 조직되고, 운용되는 것이었다. 이 기술은 불공평한 사회적, 경제적 조직 및 통제 시스템을 강화했고 그러한 시스템을 이전까지 합리화와 산업적 생산 모델에 저항해온 영역(가령 교육, 보건의료, 법률, 문화 생산)까지 확장하는 데 일조했다. 이러한 관점에 따르면, 물질적 재화가 아닌 정보가 새로운 상품인 경우에도 상품 시스템 그 자체는 여전히 지배력을 행사했고 그것의 부정적 결과도 계속 유지되었다.(Garnham, 1990; Mosco, 1996; Robins & Webster, 1999; Schiller, 1981; Slack & Fejes, 1987; Traber, 1986)

1990년대 초가 되자 연속성과 불연속성 시각들은 중도적 관점을 협상하거나(Schement & Curtis, 1995; Schement & Lievrouw, 1987) 매체 및 정보기술과 사회변화에 관한 다양한 관점들을 파악해내려는(Shields & Samarajiva, 1993) 노력에도 불구하고 막다른 골목에 도달했다. 매체의 정치경제학, 앞서 언급한 비판적/문화적 전환, 그리고 STS에서 나온 기술결정론 비판 등에서 영향을 받은 커뮤니케이션학과 STS 분야의 젊은 연구자들은 점차 정보사회 연구에서 혁명적인 "새로운 기술, 새로운 사회" 담론을 거부하는 경향을 보였고, 새로운 커뮤니케이션 기술에서 미시 규모의 일상적인 사회적, 문화적 맥락, 사용, 의미에 초점을 맞추었다. 1990년대 이후 연속성은 매체 및 정보기술과 사회변화에 대한 사회과학적 연구에서 지배적인 시각이 되었다.(Lievrouw & Livingstone, 2006b)

그러나 불연속성 관점이 죽은 것은 아니었다. 1990년대 초에 네트워크 컴퓨팅을 처음 접한 미술가, 창의적 작가, 역사가, 비평가들은 기술결정론의 위험에 대해 잘 알고 있었지만, 그럼에도 이들 중 상당수는 이 기술의 새로운 기술적 특징들을 새로운 종류의 디지털 매체 상품을 구상하는 출발점으로 활용했다.(Bolter & Grusin, 1999; Hayles, 1999; Manovich, 2001; Murray, 1998; Poster, 1990; Stone, 1995) 이러한 학술연구는 연속성-불연속성 문제에 대해 다른 입장을 제시했는데, 이는 새로 나타난 디지털 인공물의 인식된 새로움에 관한 주장과 그러한 인공물이 이전에 개발된 매체 및 정보기술, 그리고 그것과 연관돼 있는 상징적, 사회적 과정과 연결돼 있다는 이해 사이에서 균형을 잡음으로써 가능했다.

지난 10년 동안 매체 및 정보기술이 흔히 볼 수 있는 것이 되면서 STS와 커뮤니케이션학의 몇몇 학자들은 새로운 기술이 가져온 결과를 하부구조로 사고하기 시작했다. 즉, 기존의 기술적 기반 속에 묻혀 투명해짐으로써 오직 그것이 망가질 때만 눈에 보이게 된다는 말이다.(Star & Bowker, 2006; Star & Ruhleder, 1996) 에드워즈가 말한 것처럼(Edwards, 2003: 185), "근대세계—산업사회와 탈산업사회—의 기술이 갖는 가장 두드러진 특징은 기술이 대부분의 사람들에게 대부분의 시간 동안 얼마나 두드러지지 **않게** 보이는가에 있다." 예를 들어 매체 및 정보기술이 기존 시스템과 관행 속에 점진적으로 통합되면서 가용성이 높아지고 좀 더 편리해지고 신뢰성이 커졌지만, 그와 함께 적발되지 않은 감시와 프라이버시 침해의 엄청난 가능성이 새로 열리게 되었다.(Agre & Rotenberg, 1997) 아울러 이는 개인들이 그러한 침해에 저항할 수 있게 하는 도구도 만들어냈다.(Brook & Boal, 1995; Phillips, 2004)

매체 및 정보기술이 점차 일상적 성질을 갖게 된 현상은 "진부화(banalization)"라는 이름으로 불리기도 했다.(Lievrouw, 2004) 예를 들어 최근 나온 《뉴미디어와 사회(*New Media & Society*)》의 특집호 기고자들은 20세기 말의 정보기술 "혁명"은 끝났으며, 안정성, 보안, 신뢰성, 편재성, 사용 편의에서의 점진적 향상으로 대체되었다고 주장한다. 현재의 감각은 "일상을 향한 어슬렁거림"(Herring, 2004: 26)이나 "새로움 없는 새로움과 향상"(Lunenfeld, 2004: 65)으로 특징지어진다. 기술적 불연속성, 혁명, "초월" 담론의 비판자 중 하나인 스티븐 그레이엄(Graham, 2004)은 일상화가 대체로 연속성 시각을 확인해주고 있다고 본다. 캘러브리스(Calabrese, 2004)는 전통적인 매체 및 콘텐츠 산업이 익숙한 대중매체 "도관" 방식의 판촉과 유통을 온라인에서 재구축하면서 낡은 것과 매우 흡사해 보이는 새로운 매체 장르들을 만들어냈다고 주장한다.

매체 및 정보기술이 "진부한" 것이 되었는지, 그렇다면 얼마나 그렇게 되었는지는 여전히 열려 있는 문제이다. 하지만 분명한 것은, 이 기술이 더 널리 보급되어 익숙해지고 일상적 실천과 더 큰 규모의 사회적, 문화적, 제도적 질서와 구조 속에 통합되고 나면, 매체 및 정보기술이 가져온 결과를 연속성과 불연속성의 **양자택일의** 문제로 보는 것은 더 이상 가능하지 않게 된다는 사실이다. 커뮤니케이션학과 STS의 접점에 위치한 최근 연구들은 매체 및 정보기술과 그 영향에 대해 연속성과 불연속성, 진화적이고 혁명적인 성질과 특징을 모두 포괄하는 사회변화에 대한 관점을 받아들이고 있다.(Boczkowski, 2004; Thompson, 2002; Turner, 2005)

결론적 언급: 새로운 연구를 위한 함의와 방향

앞선 절들에서 우리는 매체 및 정보기술 연구—특히 지난 20년 동안 커뮤니케이션학과 STS에서 이뤄진—의 지도를 세 가지 주된 개념적 가교를 중심으로 그려낼 수 있다고 제안했다. 결정과 우연성 사이의 긴장을 포함하는 **인과성**, 생산과 소비 사이의 다중적 관계로 인식된 **과정**, 사회변화에 대해 연속성 관점과 불연속성 관점을 대비시키는 **결과**가 그것이다. 이러한 세 가지 개념들은 종종 이항대립의 용어로 제시되어왔다. 그러나 우리는 그러한 이항대립을 상호 결정하는 변증법적 쌍으로 더 잘 이해할 수 있으며, 여기서 쌍을 이루는 각각의 절반은 다른 쪽 절반을 가정하며 또 그것에 의지한다고 주장했다.

여기서 제시한 지도는 두 가지 광범하고 상이한 연구들을 공통의 관심사, 문제설정, 상호 간의 지적 영향이라는 측면에서 조직하고 있다는 점에서 묘사적이다. 그러나 지도는 단지 묘사적 도구에서 그치는 것이 아니라, 수행적 기능도 갖고 있다. 지도는 사람들이 영토를 가로질러 여행하고, 공간에서 이정표를 찾고, 알려진 목적지에 도달하고, 이전까지 알려지지 않았던 장소들을 찾고, 예전의 장소와 새로운 장소 사이에 새로운 연계를 만들 수 있도록 돕는다. 여기서 제시된 인식틀은 마치 지도처럼, 커뮤니케이션학과 STS라는 분야 내에서, 또 그것을 넘어서 매체 및 정보기술에 대한 사회적 연구라는 “문제 공간”을 가로질러 여행하는 도구를 제공한다. 아울러 이는 이러한 시스템에 대한 연구와 관련된 서로 다른 분야들의 지적 전통 사이에 새로운 연계를 제시해줄 수 있다.

이러한 연계는 매체 및 정보기술이 급격히 증가해 어디에서나 볼 수 있게 되고, 지난 한 세기 동안 매개가 사회생활의 중심을 이루는 특징이 되면서 없어서는 안 되는 것이 되었다. 이 기술은 엄청나게 다양한 인공물, 실천, 사회질서 속으로 통합되었는데, 그중에는 전통적으로 “매체”나 “정보기술”로 간주되어온 것의 바깥에 위치한 많은 것들—금융, 운송, 보건의료 같은—이 포함되었다. STS와 커뮤니케이션학의 접점에 위치한 최근의 경험연구는 시간이 흐르면서 다양한 사회적, 문화적 맥락에서 매개의 편재성과 중심성이 더욱 커지고 있음을 보여주었다.(Bowker & Star, 1999;

Boczkowski, 2004; Downey, 2002; Light, 2003; Sterne, 2003; Thompson, 2002; Turner, 2005) 동시에 이처럼 급격한 증가와 편재성은 최근 들어 이 주제를 오랫동안 주변적인 것으로 간주해왔던 경제학(Hamilton, 2004), 인류학(Ginsburg et al., 2002), 사회학(Starr, 2004) 같은 분야들에서 매체 및 정보기술에 대한 관심이 다시 커지는 데 도움을 주어왔다.

오늘날 매체 및 정보기술의 광범한 보급, 그리고 이러한 기술과 그것의 사회적/문화적 맥락 및 함의에 대한 관심의 극적인 증가를 잘 이용하고 여기서 제시된 개념적 인식틀에 의지해서, 우리는 STS와 커뮤니케이션학의 접점에서 학술연구를 계속할 수 있는 세 가지 가능한 길을 제시하고자 한다. 우리의 인식틀과 맞춰보면 이 세 가지 길은 넓은 의미에서 기술과 사회의 관계, 기술발전 과정, 사회기술적 변화의 결과를 각각 다루고 있다.

첫째, 기술과 사회 간의 인과관계, 그리고 결정과 우연성 사이의 긴장과 관련해 "상호형성" 내지 "공동구성" 접근법으로 점차 전환이 이뤄지고 있음을 감안해, 앞으로의 연구는 이러한 균형을 결정이나 우연성 어느 한쪽으로 쏠리게 만드는 특정한 조건을 다룰 수 있을 것이다. 아울러 앞으로의 연구는 특정한 조건하에서 사회기술적 배치를 "강화"시키거나 다른 조건하에서 이를 좀 더 유연하게 만드는 구체적인 메커니즘과 과정을 다룰 수도 있을 것이다. 역사적 시각이나 비교적 시각을 취하는 학술연구는 양자 모두에서 특히 유용할 수 있다. 예를 들어 앞으로의 연구는 환경적 시각을 취하면서 기술시스템, 사회구조 및 관계, 행동을 함께 분석하는 새로운 일군의 연구들을 출발점으로 삼을 수 있다. 이러한 연구들은 한편으로 그러한 환경들을 좀 더 결정론적 내지 "닫힌" 것으로 만들 수 있는 요인들을 찾고, 다른 한편으로 그것을 좀 더 우연적이고 열린 것으로 만들 수 있는 요인들을 찾는 것을 목표로 한다.(Davenport, 1997; Lievrouw, 2002; Nardi &

O'Day, 1999; Verhulst, 2005)

둘째, 기술발전 과정에서 생산과 소비의 역할과 관련해 앞으로의 연구를 위한 두 가지 상보적인 방향은 생산과 소비 사이의 경계가 흐려지거나 심지어 아예 사라진 사례들을 생산과 소비가 명확하게 분리되어 서로에 미치는 영향이 최소한에 그친 사례들과 대비시키는 것이다. 예를 들어 이른바 "시민언론"의 영역에서는, 수천 명의 시민 기자들의 참여로 대중적이고 정치적 영향력을 가진 온라인 뉴스 사이트로 탈바꿈한 한국의 《오마이뉴스》의 성공과 위키 도구들을 활용해 사설을 사용자 주도적으로 만들고자 했던 《로스앤젤레스 타임스》의 실패한 시도를 대비시킬 수 있다. 포럼은 개설된 지 며칠 만에 폐쇄됐는데, 일부 게시물들이 지나치게 공격적인 성향을 띤다는 편집자들의 생각 때문이었다. 첫 번째 사례는 매체 및 정보기술에 대한 사람들의 관여가 생산자나 소비자의 역할 중 **어느 하나로** 손쉽게 환원되지 않음을 입증한 반면,[12] 두 번째 사례는 많은 매체 및 정보 맥락에서 생산-소비 분할이 여전히 중요한 동역학임을 보여주었다. 이를 통합과 분리의 동역학으로 제시하는 것은 아마도 추단법적 구성물로서 생산과 소비를 좀 더 조명하는 계기가 될 수 있을 것이다.

셋째, 사회기술적 변화의 결과와 관련해 매체 및 정보기술은 일상적이고 진부한 것이라는 느낌이 커지면서, 앞으로의 연구에서 관찰된 연속성과

12) 커뮤니케이션학에서는 매체 및 정보기술에 대한 관여와 소비를 동등하게 보는 "수용자(audience)" 관념에 대한 재평가가 10여 년 동안 진행되고 있다.(Abercrombie & Longhurst, 1998; Ang, 1991; Gray, 1999; Livingstone, 2004) 생산-소비 관계를 들여다보는 또 다른 풍부한 창인 상호작용성은 Suchman(1987)의 선구적 작업 이후 STS 학술연구의 장소가 되어왔다. 커뮤니케이션학에서는 상호작용성이나 이와 관련된 개념들—텔레프레즌스(telepresence)나 근접성(propinquity) 같은—이 1970년대 이래로 탐구의 대상이 되어왔다.(Rafaeli, 1988; McMillan, 2006을 보라.)

관찰된 불연속성을 화해시키거나 이 둘의 관계를 적어도 재구축할 수 있는 길이 열렸다. 일상적 생활, 실천, 특정한 발명, 의미 같은 미시 규모에서건 대규모의 사회관계와 변화 같은 거시 규모에서건 간에 말이다.[13] 연속성과 불연속성은 모두 여러 분석의 수준에서 관찰가능한데, 이론가들은 이를 통합시키거나 서로 간의 관계 속에서 틀짓는 노력을 거의 기울이지 않았다.

여기서 제안한 세 가지 연구의 길 모두에 관해 한 가지 중요한 점을 덧붙여야 할 것 같다. 앞으로의 연구는 물질적인 것과 상징적인 것 사이에 단단하게 엮인 관계를 해명해야만 한다는 것이다. 앞서 언급했듯이, 이러한 관계는 매체 및 정보기술을 다른 유형의 사회기술적 하부구조들로부터 구분시켜주는 요소이다. 매체 및 정보기술의 이러한 두 가지 차원을 별개의 현상으로 분류하고 분석하려는 유혹이 있을지 모르지만, 이 둘은 사실 서로 떼려야 뗄 수 없이 묶여 있다. 앞으로의 연구는 의미와 내용의 형태가 물질적 대안에 영향을 미치는 데 기여하는 방식을 다뤄야 할 것이고, 아울러 특정한 기술적 장치나 시스템의 물리적 물질성, 내구성, 형태가 내용과 의미를 형성하는 데 어떻게 일조하는지도 설명해야 할 것이다. 이러한 근본적 변증법은 결정과 우연성, 생산과 소비, 연속성과 불연속성의 상호작용의 심장부에 위치해 있다.

결론적으로 우리는 인과성, 과정, 결과에 대한 관심이 STS와 커뮤니케이션학 모두에서 매체 및 정보기술 영역을 특징지어왔다고 주장했다. 우리의

13) 이는 Marvin(1988) 같은 초기 학술연구나 Boczkowski(2004), Yates(2005) 같은 최근의 학술연구에서 볼 수 있듯, 커뮤니케이션학이나 STS에서 새롭게 제기된 기술연구의 쟁점은 아니다. 그러나 불연속성이 연속성에서 도출되는 좀 더 일반적인 메커니즘을 상술하기 위해서는 더 많은 연구가 이뤄져야 한다.

목표는 빠르게 성장하고 있는 이 연구영역에서 공유된 개념, 문제, 관심사를 명확하게 표현하는 폭넓은 인식틀을 제안하는 것이었다. 인과성, 과정, 결과는 문제가 되는 특정한 맥락, 환경 혹은 응용과 무관하게 이러한 기술과 그 외 다른 기술들을 이해하는 데 있어 기본적인 관심사이다. 지금까지의 연구와 학술적 성과를 특징지어온 이항대립에 의지하면서 이를 넘어서는 것은 이러한 두 가지 탐구 전통과 제도적 경계 사이의 대화와 협력을 구축하는 데 도움이 될 수 있을 것이다.

참고문헌

Abbate, J. (1999) *Inventing the Internet* (Cambridge, MA: MIT Press).

Abercrombie, N. & B. Longhurst (1998) *Audiences: A Sociological Theory of Performance and Imagination* (Thousand Oaks, CA: Sage).

Agre, P. E. & M. Rotenberg (eds) (1997) *Technology and Privacy: The New Landscape* (Cambridge, MA: MIT Press).

Akrich, M. (1992) "The De-Scription of Technical Objects," in W. Bijker & J. Law (eds), *Shaping Technology/Building Society: Studies in Sociotechnical Change* (Cambridge: MIT Press): 205–224.

Akrich, M. (1995) "User Representations: Practices, Methods and Sociology," in A. Rip, T. Misa, & J. Schot (eds), *Managing Technology in Society* (London: Pinter): 167–184.

Ang, I. (1991) *Desperately Seeking the Audience* (New York: Routledge).

Ang, I. (1996) *Living Room Wars: Rethinking Media Audiences for a Postmodern World* (London: Routledge).

Aune, M. (1996) "The Computer in Everyday Life: Patterns of Domestication of a New Technology," in M. Lie & K. Sorensen (eds), *Making Technology Our Own? Domesticating Technology into Everyday Life* (Stockholm: Scandinavian University Press): 91–120.

Bardini, T. (2000) *Bootstrapping: Douglas Engelbart, Coevolution, and the Origins of Personal Computing* (Stanford, CA: Stanford University Press).

Bauer, M. (1997) "Resistance to New Technology and Its Effects on Nuclear Power, Information Technology and Biotechnology," in M. Bauer (ed), *Resistance to New Technology: Nuclear Power, Information Technology and Biotechnology* (Cambridge: Cambridge University Press): 1–41.

Bazerman, C. (1999) *The Languages of Edison's Light* (Cambridge, MA: MIT Press).

Bell, D. (1973) *The Coming of Post-Industrial Society: A Venture in Social Forecasting* (New York: Basic Books).

Beniger, J. (1986) *The Control Revolution: Technological and Economic Origins of the Information Society* (Cambridge, MA: Harvard University Press).

Bijker, W. (1995a) *Of Bicycles, Bakelites, and Bulbs: Toward a Theory of*

Sociotechnical Change (Cambridge, MA: MIT Press).

Bijker, W. (1995b) "Sociohistorical Technology Studies," in S. Jasanoff, G. Markle, J. Petersen, & T. Pinch (eds), *Handbook of Science and Technology Studies* (Thousand Oaks, CA: Sage): 229-256.

Bijker, W. (2001) "Social Construction of Technology," in N. J. Smelser & P. B. Baltes (eds), *International Encyclopedia of the Social and Behavioral Sciences*, vol. 23 (Oxford: Elsevier): 15522-15527.

Bijker, W. E. & J. Law (eds) (1992) *Shaping Technology/Building Society: Studies in Sociotechnical Change* (Cambridge, MA: MIT Press).

Bijker, W. E., T. P. Hughes, & T. Pinch (eds) (1987) *The Social Construction of Technological Systems: New Directions in the Sociology and History of Technology* (Cambridge, MA: MIT Press).

Boczkowski, P. (1999) "Mutual Shaping of Users and Technologies in a National Virtual Community," *Journal of Communication* 49: 86-108.

Boczkowski, P. (2004) *Digitizing the News: Innovation in Online Newspapers* (Cambridge, MA: MIT Press).

Boczkowski, P. & W. Orlikowski (2004) "Organizational Discourse and New Media: A Practice Perspective," in D. Grant, C. Hardy, C. Oswick, N. Philips, & L. Putnam (eds), *The Handbook of Organizational Discourse* (London: Sage): 359-377.

Bolter, J. D. & R. Grusin (1999) *Remediation: Understanding New Media* (Cambridge, MA: MIT Press).

Bowker, G. & S. Star (1999) *Sorting Things Out: Classification and Its Consequences* (Cambridge, MA: MIT Press).

Brey, P. (2003) "Theorizing Modernity and Technology," in T. Misa, P. Brey, & A. Feenberg (eds), *Modernity and Technology* (Cambridge, MA: MIT Press): 33-71.

Brook, J. & I. A. Boal (eds) (1995) *Resisting the Virtual Life: The Culture and Politics of Information* (San Francisco: City Lights).

Cairncross, F. (2001) *The Death of Distance: How the Communications Revolution Is Changing Our Lives* (Boston: Harvard Business School Press).

Calabrese, A. (2004) "Stealth Regulation: Moral Meltdown and Political Radicalism at the Federal Communications Commission," *New Media and Society* 6(1): 106-113.

Callon, M., J. Law, & A. Rip (eds) (1986) *Mapping the Dynamics of Science and Technology: Sociology of Science in the Real World* (Basingstoke, U.K.: Macmillan).

Carey, J. (1989) *Communication as Culture: Essays on Media and Society* (Boston: Unwin Hyman).

Castells, M. (2001) *The Internet Galaxy: Reflections on the Internet, Business and Society* (Oxford: Oxford University Press).

Davenport, T. H. (1997) *Information Ecology: Mastering the Information and Knowledge Environment* (New York: Oxford University Press).

Douglas, S. (1987) *Inventing American Broadcasting, 1899–1922* (Baltimore, MD: Johns Hopkins University Press).

Downey, G. (2002) *Telegraph Messenger Boys: Labor, Technology and Geography, 1850–1950* (New York: Routledge).

Drucker, P. (1969) *The Age of Discontinuity: Guidelines to Our Changing Society* (New York: Harper & Row).

Dutton, W. (2005) "Continuity or Transformation? Social and Technical Perspectives on Information and Communication Technologies," in W. Dutton, B. Kahin, R. O'Callaghan, & A. Wyckoff (eds), *Transforming Enterprise: The Economic and Social Implications of Information Technology* (Cambridge, MA: MIT Press): 13–24.

Edwards, P. (1995) "From 'Impact' to Social Process: Computers in Society and Culture," in S. Jasanoff, G. Markle, J. Petersen, & T. Pinch (eds), *Handbook of Science and Technology Studies* (Thousand Oaks, CA: Sage): 257–285.

Edwards, P. (1996) *The Closed World: Computers and the Politics of Discourse in Cold War America* (Cambridge, MA: MIT Press).

Edwards, P. (2003) "Infrastructure and Modernity: Force, Time, and Social Organization in the History of Sociotechnical Systems," in T. Misa, P. Brey, & A. Feenberg (eds), *Modernity and Technology* (Cambridge, MA: MIT Press): 185–225.

Eisenstein, E. (1979) *The Printing Press as an Agent of Change: Communications and Cultural Transformations in Early Modern Europe* (Cambridge: Cambridge University Press).

Eisenstein, E. (2002a) "An Unacknowledged Revolution Revisited," *American Historical Review* 107(1): 87–105.

Eisenstein, E. (2002b) "Reply," *American Historical Review* 107(1): 126.

Ettema, J. & T. Glasser (1998) *Custodians of Conscience: Investigative Journalism and Public Virtue* (New York: Columbia University Press).

Feenberg, A. (1992) "From Information to Communication: The French Experience with Videotex," in M. Lea (ed), *Contexts of Computer-Mediated Communication* (London: Harvester-Wheatsheaf): 168–187.

Fischer, C. S. (1992) *America Calling: A Social History of the Telephone to 1940* (Berkeley and Los Angeles: University of California Press).

Foot, K., B. Warnick, & S. Schneider (2005) "Web-Based Memorializing After September 11: Toward a Conceptual Framework," *Journal of Computer-Mediated Communication* 11(1) Available at: http://jcmc.indiana.edu/vol11/issue1/foot.html.

Forsythe, D. (1993) "Engineering Knowledge: The Construction of Knowledge in Artificial Intelligence," *Social Studies of Science* 23: 445–447.

Fulk, J. (1993) "Social Construction of Communication Technology," *Academy of Management Journal* 36: 921–950.

Galambos, L. (1988) "Looking for the Boundaries of Technological Determinism: A Brief History of the U.S. Telephone System," in R. Mayntz & T. P. Hughes (eds), *The Development of Large Technical Systems* (Frankfurt and Boulder, CO: Campus and Westview): 135–153.

Gandy, O. (1993) *The Panoptic Sort: A Political Economy of Personal Information* (Boulder, CO: Westview).

Garnham, N. (1990) *Capitalism and Communication: Global Culture and the Economics of Information* (London: Sage).

Gerbner, G. (1983) *Ferment in the Field*. Special issue of *Journal of Communication* 33(3) Summer.

Gillespie, T. (2006) "Engineering a Principle: 'End-to-End' in the Design of the Internet," *Social Studies of Science* 36(3): 427–457.

Ginsburg, F., L. Abu-Lughod, & B. Larkin (eds) (2002) *Media Worlds: Anthropology on New Terrain* (Berkeley and Los Angeles: University of California Press).

Goody, J. (1981) "Alphabets and Writing," in R. Williams (ed), *Contact: Human Communication and Its History* (New York: Thames and Hudson): 105–126.

Gordon, G. N. (1977) *The Communications Revolution: A History of Mass Media in the United States* (New York: Hastings House).

Graham, S. (2004) "Beyond the 'Dazzling Light': From Dreams of Transcendence to the 'Remediation' of Urban Life: A Research Manifesto," *New Media and Society* 6(1): 16–25.

Gray, A. (1999) "Audience and Reception Research in Retrospect: The Trouble with Audiences," in P. Alasuutari (ed), *Rethinking the Media Audience: The New Agenda* (Thousand Oaks, CA: Sage): 22-37.

Hamilton, J. (2004) *All the News That's Fit to Sell: How the Market Transforms Information into News* (Princeton, NJ: Princeton University Press).

Harvey, D. (1989) *The Condition of Postmodernity: An Enquiry into the Origins of Cultural Change* (Cambridge, MA: Blackwell).

Hayles, K. (1999) *How We Became Posthuman: Virtual Bodies in Cybernetics, Literature, and Informatics* (Chicago: University of Chicago Press).

Heath, C. & P. Luff (2000) *Technology in Action* (Cambridge: Cambridge University Press).

Herring, S. C. (2004) "Slouching Toward the Ordinary: Current Trends in Computer-Mediated Communication," *New Media and Society* 6(1): 26-36.

Innis, H. A. (1972) *Empire and Communications* (Toronto: University of Toronto Press).

Jackson, M. (1996) "The Meaning of 'Communication Technology': The Technology-Context Scheme," in B. Burleson (ed), *Communication Yearbook* 19 (Thousand Oaks, CA: Sage): 229-267.

Jackson, M., M. S. Poole, & T. Kuhn (2002) "The Social Construction of Technology in Studies of the Workplace," in L. Lievrouw & S. Livingstone (eds), *The Handbook of New Media* (London: Sage): 236-253.

Jasanoff, S. (ed) (2004) *States of Knowledge: The Co-Production of Science and Social Order* (London: Routledge).

Johns, A. (1998) *The Nature of the Book: Print and Knowledge in the Making* (Chicago: University of Chicago Press).

Johns, A. (2002) "How to Acknowledge a Revolution," *American Historical Review* 107(1): 106-125.

Katz, J. & R. Rice (2002) *Social Consequences of Internet Use: Access, Involvement and Interaction* (Cambridge, MA: MIT Press).

Kline, R. (2000) *Consumers in the Country: Technology and Social Change in Rural America* (Baltimore, MD: Johns Hopkins University Press).

Kline, R. (2003) "Resisting Consumer Technology in Rural America: The Telephone and Electrification," in N. Oudshoorn & T. Pinch (eds), *How Users Matter: The Co-*

Construction of Users and Technology (Cambridge, MA: MIT Press): 51–66.
Kling, R. (1994) "Reading 'All About' Computerization: How Genre Conventions Shape Nonfiction Social Analysis," *Information Society* 10: 147–172.
Kling, R. & S. Iacono (1989) "The Institutional Character of Computerized Information Systems," *Office: Technology and People* 5(1): 7–28.
Laegran, A. (2003) "Escape Vehicles? The Internet and the Automobile in a Local-Global Intersection," in N. Oudshoorn & T. Pinch (eds), *How Users Matter: The Co-Construction of Users and Technology* (Cambridge, MA: MIT Press): 81–100.
Latour, B. (1996) *Aramis: Or the Love of Technology* (Cambridge, MA: Harvard University Press).
Lazarsfeld, P. F. (1941) "Remarks on Administrative and Critical Communications Research," *Studies in Philosophy and Social Science* 9: 3–16.
Lievrouw, L. A. (2002) "Determination and Contingency in New Media Development: Diffusion of Innovations and Social Shaping of Technology Perspectives," in L. A. Lievrouw & S. Livingstone (eds), *The Handbook of New Media: Social Shaping and Consequences of ICTs* (London: Sage): 183–199.
Lievrouw, L. A. (2004) "What's Changed About New Media?" Introduction to the fifth anniversary issue of *New Media and Society* 6(1) (February): 9–15.
Lievrouw, L. A. & S. Livingstone (eds) (2006a) *The Handbook of New Media*, updated student ed. (London: Sage).
Lievrouw, L. A. & S. Livingstone (2006b) "Introduction to the Updated Student Edition," in L. A. Lievrouw & S. Livingstone (eds), *The Handbook of New Media*, updated student ed. (London: Sage): 1–14.
Light, J. S. (2003) *From Warfare to Welfare: Defense Intellectuals and Urban Problems in Cold War America* (Baltimore, MD: Johns Hopkins University Press).
Livingstone, S. (2004) "The Challenge of Changing Audiences: Or, What Is the Researcher To Do in the Age of the Internet?" *European Journal of Communication* 19: 75–86.
Lubar, S. (1993) *Infoculture: The Smithsonian Book of Information Age Inventions* (Washington, DC: Smithsonian).
Lull, J. (1990) *Inside Family Viewing: Ethnographic Research on Television's Audience* (London: Routledge).
Lunenfeld, P. (2004) "Media Design: New and Improved Without the New," *New*

Media and Society 6(1): 65–70.
Machlup, F. (1962) *The Production and Distribution of Knowledge in the United States* (Princeton, NJ: Princeton University Press).
Mackay, H., C. Carne, P. Beynon-Davies, & D. Tudhope (2000) "Reconfiguring the User: Using Rapid Application Development," *Social Studies of Science* 30(5): 737–757.
MacKenzie, D. (1984) "Marx and the Machine," *Technology and Culture* 25: 473–502.
Manovich, L. (2001) *The Language of New Media* (Cambridge, MA: MIT Press).
Martin, M. (1991) *"Hello Central?" Gender, Technology and Culture in the Formation of Telephone Systems* (Montreal: McGill-Queen's University Press).
Marvin, C. (1988) *When Old Technologies Were New: Thinking About Electric Communication in the Late Nineteenth Century* (New York and Oxford: Oxford University Press).
Mayntz, R. & V. Schneider (1988) "The Dynamics of System Development in a Comparative Perspective: Interactive Videotex in Germany, France, and Britain," in R. Mayntz & T. P. Hughes (eds), *The Development of Large Technical Systems* (Boulder, CO: Westview Press): 263–298.
McLuhan, M. (1964) *Understanding Media: The Extensions of Man* (New York: McGraw-Hill).
McMillan, S. (2006) "Exploring Models of Interactivity from Multiple Research Traditions: Users, Documents and Systems," in L. A. Lievrouw & S. Livingstone (eds), *The Handbook of New Media,* updated student ed. (London: Sage): 205–229.
Meyrowitz, J. (1985) *No Sense of Place: The Impact of Electronic Media on Social Behavior* (New York: Oxford University Press).
Millard, A. (1995) *America on Record: A History of Recorded Sound* (Cambridge: Cambridge University Press).
Morley, D. (1992) *Television, Audiences, and Cultural Studies* (London: Routledge).
Mosco, V. (1989) *The Pay-Per Society: Computers and Communication in the Information Age: Essays in Critical Theory and Public Policy* (Norwood, NJ: Ablex).
Mosco, V. (1996) *The Political Economy of Communication: Rethinking and Renewal* (London: Sage).

Mumford, L. (1963) *Technics and Civilization* (New York: Harcourt, Brace & World).

Murray, J. (1998) *Hamlet on the Holodeck: The Future of Narrative in Cyberspace* (Cambridge, MA: MIT Press).

Nardi, B. & V. L. O'Day (1999) *Information Ecologies: Using Technologies with Heart* (Cambridge, MA: MIT Press).

Ong, W. (1982) *Orality and Literacy: The Technologizing of the Word* (London: Methuen).

Orlikowski, W. J. (2000) "Using Technology and Constituting Structures: A Practice Lens for Studying Technology in Organizations," *Organization Science* 11: 404-428.

Orlikowski, W. & D. Gash (1994) "Technological Frames: Making Sense of Information Technology in Organizations," *ACM Transactions on Information Systems* 12: 174-207.

Orlikowski, W., J. Yates, K. Okamura, & M. Fujimoto (1995) "Shaping Electronic Communication: The Metastructuring of Technology in the Context of Use," *Organization Science* 6: 423-444.

Oudshoorn, N. & T. Pinch (2003) "Introduction: How Users and Non-Users Matter," in N. Oudshoorn & T. Pinch (eds), *How Users Matter: The Co-Construction of Users and Technology* (Cambridge, MA: MIT Press): 1-25.

Parker, E. (1970) "The New Communication Media," in C. S. Wallia (ed), *Toward Century 21: Technology, Society and Human Values* (New York: Basic Books): 97-106.

Pfaffenberger, B. (1988) "The Social Meaning of the Personal Computer: Or, Why the Personal Computer Revolution Was No Revolution," *Anthropological Quarterly* 61: 39-47.

Phillips, D. J. (2004) "Privacy Policy and PETs: The Influence of Policy Regimes on the Development and Social Implications of Privacy Enhancing Technologies," *New Media and Society* 6(6): 691-706.

Pickering, A. (1995) *The Mangle of Practice: Time, Agency, and Science* (Chicago: University of Chicago Press).

Pinch, T. & F. Trocco (2002) *Analog Days: The Invention and Impact of the Moog Synthesizer* (Cambridge, MA: Harvard University Press).

Pool, I. de S. (ed) (1977) *The Social Impact of the Telephone* (Cambridge, MA: MIT Press).

Pool, I. de S. (1983) *Technologies of Freedom* (Cambridge, MA: Belknap/Harvard University Press).

Pool, I. de S. & E. M. Noam (eds) (1990) *Technologies of Boundaries: On Telecommunications in a Global Age* (Cambridge, MA: Harvard University Press).

Porat, M. U. & M. R. Rubin (1977) *The Information Economy*, OT Special Publication 77-12, 9 vols. (Washington, DC: U.S. Department of Commerce, Office of Telecommunications).

Poster, M. (1990) *The Mode of Information: Poststructuralism and Social Context* (Chicago: University of Chicago Press).

Postman, N. (1985) *Amusing Ourselves to Death: Public Discourse in the Age of Show Business* (New York: Viking-Penguin).

Rafaeli, S. (1988) "Interactivity: From New Media to Communication," in R. P. Hawkins, J. M. Wiemann, & S. Pingree (eds), *Advancing Communication Science: Merging Mass and Interpersonal Processes* (Newbury Park, CA: Sage): 110-134.

Reeves, B. & C. Nass (1996) *The Media Equation: How People Treat Computers, Television and New Media Like Real People and Places* (Stanford, CA: CSLI Publications; Cambridge: Cambridge University Press).

Rice, R. E. & Associates (eds) (1984) *The New Media: Communication, Research and Technology* (Beverly Hills, CA: Sage).

Rice, R. E. & E. M. Rogers (1980) "Reinvention in the Innovation Process," *Knowledge: Creation, Diffusion, Utilization* 1(4): 499-514.

Robins, K. & E. Webster (1999) *Times of the Technoculture: From the Information Society to the Virtual Life* (London: Routledge).

Rogers, E. M. (1986) *Communication Technology: The New Media in Society* (New York: Free Press).

Rogers, E. (1995) *Diffusion of Innovations*, 4th ed. (New York: Free Press).

Schatzki T. R., K. Knorr Cetina, & E. von Savigny (eds) (2001) *The Practice Turn in Contemporary Theory* (London: Routledge).

Schement, J. R. & T. Curtis (1995) *Tendencies and Tensions of the Information Age: The Production and Distribution of Information in the United States* (New Brunswick, NJ: Transaction).

Schement, J. R. & L. A. Lievrouw (1987) *Competing Visions, Complex Realities: Social Aspects of the Information Society* (Norwood, NJ: Ablex).

Schiller, D. (1999) *Digital Capitalism: Networking the Global Market System* (Cambridge, MA: MIT Press).

Schiller, H. I. (1981) *Who Knows: Information in the Age of the Fortune 500* (Norwood, NJ: Ablex).

Schneider, V., T. Charon, J. M. Graham, I. Miles, & T. Vedel (1991) "The Dynamics of Videotex Development in Britain, France, and Germany: A Cross-National Comparison," *European Journal of Communication* 6: 187-212.

Schramm, W. (1977) *Big Media, Little Media: Tools and Technologies for Instruction* (Beverly Hills, CA: Sage).

Shields, P. & R. Samarajiva (1993) "Competing Frameworks for Research on Information-Communication Technologies and Society: Toward a Synthesis," in S. A. Deetz (ed), *Communication Yearbook 16* (Newbury Park, CA: Sage): 349-380.

Silverstone, R. (1994) *Television and Everyday Life* (London: Routledge). Silverstone, R. & L. Haddon (1996) "Design and Domestication of Information and Communication Technologies: Technical Change and Everyday Life," in R. Silverstone & L. Haddon (eds), *Communication by Design: The Politics of Information and Communication Technologies* (New York: Oxford University Press): 44-74.

Silverstone, R. & E. Hirsch (1992) *Consuming Technologies: Media and Information in Domestic Spaces* (London and New York: Routledge).

Silverstone, R., E. Hirsch, & D. Morley (1992) "Information and Communication Technologies and the Moral Economy of the Household," in R. Silverstone & E. Hirsch (eds), *Consuming Technologies: Media and Information in Domestic Spaces* (London: Routledge): 15-31.

Slack, J. D. & F. Fejes (eds) (1987) *The Ideology of the Information Age* (Norwood, NJ: Ablex).

Slack, J. D. & J. M. Wise (2002) "Cultural Studies and Technology," in L. A. Lievrouw & S. Livingstone (eds), *The Handbook of New Media: Social Shaping and Consequences of ICTs* (London: Sage): 485-501.

Smulyan, S. (1994) *Selling Radio: The Commercialization of American Broadcasting, 1920–1934* (Washington, DC: Smithsonian Institution Press).

Star, S. L. (ed) (1995) *The Cultures of Computing* (Oxford: Blackwell).

Star, S. L. & G. Bowker (2006) "How to Infrastructure," in L. A. Lievrouw & S. Livingstone (eds), *The Handbook of New Media*, updated student ed. (London:

Sage): 230–245.
Star, S. L. & K. Ruhleder (1996) "Steps Toward an Ecology of Infrastructure: Design and Access for Large Information Spaces," *Information Systems Research* 7: 111–134.
Starr, P. (2004) *The Creation of the Media: Political Origins of Modern Communications* (New York: Basic Books).
Staudenmaier, J. (1989) *Technology's Storytellers: Reweaving the Human Fabric* (Cambridge, MA: MIT Press).
Sterne, J. (2003) *The Audible Past: Cultural Origins of Sound Reproduction* (Durham, NC: Duke University Press).
Stone, A. R. (1991) "Will the Real Body Please Stand Up? Boundary Stories About Virtual Cultures," in M. Benedikt (ed), *Cyberspace: First Steps* (Cambridge, MA: MIT Press): 81–118.
Stone, A. R. (1995) *The War of Desire and Technology at the Close of the Mechanical Age* (Cambridge, MA: MIT Press).
Suchman, L. (1987) *Plans and Situated Actions: The Problem of Human-Machine Communication* (Cambridge: Cambridge University Press).
Suchman, L. (2000) *Working Relations of Technology Production and Use*, paper presented at the Heterarchies Seminar, Columbia University, New York, February.
Thomas, W. & D. Thomas ([1917]1970) "Situations Defined as Real Are Real in Their Consequences," in G. Stone & H. Farberman (eds), *Social Psychology Through Symbolic Interaction* (Waltham, MA: Xerox): 54–155.
Thompson, E. (2002) *The Soundscape of Modernity: Architectural Acoustics and the Culture of Listening in America, 1900–1933* (Cambridge, MA: MIT Press).
Traber, M. (ed) (1986) *The Myth of the Information Revolution: Social and Ethical Implications of Communication Technology* (London: Sage).
Turkle, S. (1984) *The Second Self: Computers and the Human Spirit* (New York: Simon and Schuster).
Turner, F. (2005) "Where the Counterculture Met the New Economy: Revisiting the WELL and the Origins of Virtual Community," *Technology and Culture* 46(3): 485–512.
Verhulst, S. (2005) *Analysis into the Social Implication of Mediation by Emerging Technologies*, position paper for the MIT-OII Joint Workshop, "New Approaches

to Research on the Social Implications of Emerging Technologies" (Oxford: Oxford Internet Institute, Oxford University), April 15–16. Available at: http://www.oii.ox.ac.uk.

Walther, J. B. (1996) "Computer-Mediated Communication: Impersonal, Interpersonal, and Hyperpersonal Interaction," *Communication Research* 23: 3–43.

Webster, R. (2002) *Theories of the Information Society*, 2nd ed. (London: Routledge).

Williams, F. (1983) *The Communications Revolution* (rev. ed.) (New York: New American Library).

Williams, F., R. E. Rice, & E. M. Rogers (1988) *Research Methods and the New Media* (New York: Free Press).

Williams, R. (1975) *Television: Technology and Cultural Form* (New York: Schocken Books).

Williams, R. (ed) (1981) *Contact: Human Communication and Its History* (New York: Thames and Hudson).

Williams, R. & D. Edge (1996) "The Social Shaping of Technology," *Research Policy* 25: 865–899.

Winner, L. (1986) "Mythinformation," in L. Winner (ed), *The Whale and the Reactor: A Search for Limits in an Age of High Technology* (Chicago: University of Chicago Press): 98–117.

Woolgar, S. (1991) "Configuring the User: The Case of Usability Trials," in J. Law (ed), *A Sociology of Monsters: Essays on Power, Technology and Domination* (London: Routledge): 57–99.

Wyatt, S. (2000) "Talking About the Future: Metaphors of the Internet," in N. Brown, B. Rappert, & A. Webster (eds), *Contested Futures: A Sociology of Prospective Techno-Science* (Aldershot: Ashgate Press): 109–126.

Wyatt, S., G. Thomas, & T. Terranova (2002) "They Came, They Surfed, They Went Back to the Beach: Conceptualising Use and Non-Use of the Internet," in S. Woolgar (ed), *Virtual Society? Technology, Cyberpole, Reality* (Oxford: Oxford University Press): 23–40.

Yates, J. (2005) *Structuring the Information Age: Life Insurance and Technology in the Twentieth Century* (Baltimore, MD: Johns Hopkins University Press).

Zuboff, S. (1988) *In the Age of the Smart Machine: The Future of Work and Power* (New York: Basic Books).

38.
나노기술의 예측적 거버넌스: 포사이트, 참여, 통합*

대니얼 바번, 에릭 피셔, 신시아 셀린, 데이비드 H. 거스턴

I. 도입

나노기술이 사회적, 경제적, 기술적 지형도를 변화시킬 집합적 역량을 갖춘 일단의 새로운 과학기반 기술을 구성한다는 널리 퍼진 이해(가령 Crow & Sarewitz, 2001)는 그 자체로 가시적인 결과를 만들어내고 있다. 새 천년을 맞은 처음 몇 년 동안 전 세계 각국의 정부들은 수십억 달러를 소요하는 국가 나노기술 프로그램을 출범시키고(Roco, 2003), 제도적 질서를 재정비하고, 새로운 연구개발(R&D)의 장소를 만들어냈다. 대규모의 초국

* 저자들의 순서는 마지막 저자만 제외하면 알파벳 순서이다. 이 논문은 협력 계약 #0531194 하에서 국립과학재단으로부터 지원받은 연구에 바탕을 두고 있다. 이 논문에서 표현된 모든 견해, 발견, 결론 내지 권고들은 저자들의 것이며, 국립과학재단의 관점을 반드시 반영하는 것은 아니다.

적 기업들도 마찬가지로 나노규모 R&D에 상당한 투자를 해왔고, 벤처자본가들은 넓은 범위에 걸치는 나노기술들에 특화한 창업기업—종종 대학 연구자에 의해 설립된—에 자금을 지원해왔다.(Lux Research, 2006) 이러한 많은 행위자들은 나노기술이 사회를 바꿔놓을 다른 혁신들을 가능케 하는 기반이며, 생명공학, 정보기술, 인지과학과의 "수렴"을 통해 좀 더 강력해질 것이라고 보고 있다. 그러한 변화의 규모와 속도는 사회 속에서 기술의 역할과 바람직한 미래의 구도에 대한 비판적 성찰을 요구한다. 나노기술은 아직 발생 초기단계이기 때문에 비판적 성찰이 다른 형태의 반응들과 결합하면 그러한 결과에 실질적으로 기여할 수 있을 가능성이 있다. 결국 나노기술은 과학기술학(STS) 연구자들이 안전하고 비군사적이고 공평한 나노기술 발전의 구성에 참여할 결정적인 기회를 제공한다.

나노기술, 즉 나노규모 과학 및 공학(nanoscale science and engineering, NSE)의 미래 전망은 근본적으로 불확실하다. 나노기술은 그것이 지닌 참신성, 복잡성, 불확실성, 대중의 관심 등의 측면에서 "탈정상과학(postnormal science)"을 대표하고 있다.(Funtowicz & Ravetz, 1993) 이에 따라 나노기술은 다양한 잠재적 사용자와 이해당사자들을 지식생산에 참여시킬 것을 요구하는 연구 사정 및 평가 수행의 새로운 접근을 야기했고(Gibbons et al., 1994), 지식생산과 공공활동 사이의 경계에 걸치는 새로운 조직을 낳기도 했다.(Guston, 2000) 이론적으로 존재하는 수많은 과학기술적 잠재력 중 어느 것이 실제로 실현될지도 분명치 않으며, 종국에 나타날 사회기술적 결과가 어떤 모습을 띠며 과연 바람직한 것일지 여부 역시 부분적으로 이러한 새로운 상호작용과 접근에 달려 있을 가능성이 높다. 나노기술은 또한 다른 새로운 기술들의 앞에 놓인 좀 더 불완전한 잠재적 미래, 기술 출현의 역사, 사회 시스템을 불안정하게—좋은 쪽으로건 나쁜 쪽으로건—만드는 테크노사이언스의 역할 등에 대한 일종의 은유로 생각할 수도 있다.

따라서 나노기술의 사례는 폭넓은 응용가능성을 가지고 있다. 그처럼 근본적인 불확실성은 민간과 공공부문에서의 과학기술 관련 의사결정뿐 아니라 STS 학술연구에도 도전을 제기하기 때문이다. STS에 대한 도전에는 STS 학술연구의 위치를 계속해서 숙고해보는 것이 포함된다. 특히—아래에서 다뤄지겠지만—정책결정자들과 그 외 다른 사람들이 과학기술의 추구와 발전에서 일정한 역할을 해줄 것을 STS 학자들에게 요청해왔을 때 그렇다. 이 장에서 논의되겠지만, 이러한 요청을 받아들이는 것은 아직 미발달된 연구영역에 주목하는 것뿐 아니라, STS 연구의 새로운 범위, 규모, 조직을 창출하려 시도하는 것을 의미할 수도 있다.

특히 나노기술의 사회적 측면들에 대한 많은 연구는 참신성의 수사에 열중하고 있다. 이를 염두에 두고 이 장에서는 중요 행위자들이 나노기술을 어떻게 정의하고 그와 연관된 사회적 쟁점들 중 일부를 어떻게 틀짓는지를 간략히 개관해볼 것이다. NSE 그 자체의 참신성 여부와 그에 수반된 사회적 쟁점이라는 논쟁적 맥락을 배경으로 제시한 후, 이 장에서는 여러 나라들에서 등장한 일단의 독특한 정책들을 개관해볼 것이다. 일반적으로 이러한 정책들은 NSE 연구에서 자동적으로 사회적 재화가 공급된다고 가정하지 않는다. 대신 정책의 명령은 나노규모 R&D를 좀 더 폭넓은 사회적 과정 속에 위치시킬 것을 요구한다. 다음으로 이 장에서는 STS 연구자, 정책결정자, 과학자, 대중 사이에 나타나는 몇몇 독특한 상호작용—부분적으로는 그러한 정책들에 의해 촉발된—을 생각해본다. 이를 위해 이러한 노력을 특징짓는 미래연구(foresight), 참여, 통합의 몇몇 핵심적 특징들을 검토하고 분석해볼 것이다. 마지막으로 이 장에서는 이러한 STS 연구 중 상당수가 지닌 범위, 규모, 적용영역, 맥락의 참신성을 강조한다. 특히 저자들은 나노기술에 대한 이처럼 대체로 전례가 없고 다면적이며 대규모인 STS 접근의 주된 기여가 "예측적 거버넌스(anticipatory governance)"를 위한 폭넓은 역량의 창출에 있다고 믿고 있다.(Guston & Sarewitz, 2002)

II. 나노기술과 그 쟁점들에 대한 정의

어떤 정의도 나노기술이 의미하는 복잡한 연구와 정책영역을 모두 포괄할 수는 없다.(Woodhouse, 2004) 그럼에도 불구하고 다양한 과학적, 관료적 이해관심은 구체적인 정의를 추구한다. 미국에서는 국가나노기술계획(National Nanotechnology Initiative, NNI)이 최초의 정의를 고안해내었는데, 가장 최근의 문서에서는 나노기술을 "독특한 현상으로 인해 새로운 응용이 가능해지는 대략 1에서 100나노미터의 차원에서 물질을 이해하고 통제하는 것"으로 폭넓게 정의하고 있다.(NNI, 2007) 비정부 표준제정 기구인 ASTM 인터내셔널(ASTM International)도 비슷하게 나노기술을 이렇게 정의하고 있다. "적어도 하나의 차원이 대략 1~100나노미터 사이에 들어가는 재료 내지 형상을 측정, 조작, 통합하는 넓은 범위에 걸치는 기술. 그러한 응용은 벌크/거시적 시스템과는 다른 나노규모 요소들의 성질을 활용한다."(Active Standard E2456-06)

그러한 정의는 "주류 나노기술"(Keiper, 2003)의 개념에 들어간다. 이는 원래대로라면 그다지 많은 정치적 주목이나 자금지원을 받지 못했을 화학이나 재료과학의 직접적인 연장을 주로 가리키는 말이다. 유도 자기조립 기법에 장기적으로 초점을 맞추는 "분자 나노기술"(Drexler, 2004)은 여기서 확실하게 배제된다. 비판자들은 분자 나노기술을 과학소설(SF)의 영역으로 간주하지만 이것이 초기 나노기술 진흥에 대단한 활력을 불어넣은 것도 사실이다. NNI는 나노기술을 주류 개념과 분자 개념의 중간쯤에 위치시킴으로써, 1990년대에 부분적으로는 생의학 분야의 연구자금 폭발에 대한 물리과학의 대응으로 구상되었던 나노기술 투자에 생물학도 포괄될 수 있게 했다. 이전의 유전공학과 마찬가지로 이렇게 정의된 나노기술은 기술 분야들 사이의 경계뿐 아니라 과학과 공학, 연구와 생산 사이의 경계까지도 흐려놓는다. 연구 초기단계부터 경제적 보상의 약속이 탑재된 셈이다. 분야 간의 연결과 사회에 대한 과장된 약속은 나노기술을 "새로운 프런티어"로 특징짓고 있다.

폭넓은 정의가 연구 프로그램을 촉진하는 데는 기여를 톡톡히 했는지 모르지만, 사회과학자들이 이런 정의를 활용하는 것은 쉽지 않다. 계량서지학 연구는 나노기술의 지적, 지리적 동역학을 추적하기 위해 나노기술을 정의하는 데 애를 먹고 있다. 그러한 연구(가령 Porter, Youtie & Shapira 2006)는 네 개의 광범하고 서로 겹치는 탐구영역을 파악해냈다. 나노소자와 전자공학, 나노구조 화학과 나노재료, 나노의학과 나노생물학, 계측학과 나노공정이 그것이다. 이러한 범주화는 왕립학회와 왕립공학원이 제시한 분류(Royal Society & Royal Academy of Engineering, 2004)를 거의 그대로 따르고 있다. 나노기술의 정의는 시간이 지나면서 좀 더 변화할 것으로 예상된다. 예를 들어 유명한 나노기술 "로드맵"은 나노재료에서 수동적 나노시스템으로, 다시 능동적 나노시스템으로의 진화를 예견하고 있다.(Roco & Renn, 2006) 따라서 복수의 나노기술들이 있다고 말하는 것이 좀 더 정확할 것이다. 추상적인 단수 용어가 두각을 나타내며 끈질기게 존속하는 것은 기구들과 연구공동체의 발전(Mody, 2006)이 정치적 의제 및 동맹(McCray, 2005)과 결합해 나타난 결과이다.

나노기술의 편에 선 노골적이고 요란한 낙관주의—심지어 분자 나노기술의 전망을 삼가는 정부 후원기관조차 이를 "다음번 산업혁명"이라고 찬양하고 있다—는 나노기술의 의도하지 않은 결과에 관해 그에 못지않게 설득력이 있는 주장과 대조를 이루면서(Sarewitz & Woodhouse, 2003), 공평성, 윤리, 참여의 문제를 시급히 다루어야 할 필요성을 제기한다. 그러나 나노기술의 변화무쌍한 형태와 넓은 시간 지평이 결합하면서, 연관된 문화적, 윤리적, 법률적, 교육적, 경제적, 환경적(이하 "사회적"으로 약칭) 쟁점들을 인지하고 비판하는 일은 더욱 복잡해진다. 어떤 쟁점이 반드시 새로워야 고려의 대상이 되는 것은 아니지만, 나노기술에 대한 사회적 논쟁에는 참신성에 대한 특별한 탐색이 따라붙는다. 긴급한 사회적 쟁점을 야기하고 있는 나노기술의 새로운 점은 어떤 것인가?

위에서 인용한 정의들에서 암시하고 있듯이, 참신성에 대한 표준적인 기술적 설명은 나노규모에서 발현되는 물질의 성질들을 강조한다. 나노기술은 마이크로기술과 나노기술의 잠재적 비가시성, 배태성, 편재성을 가능케 한 지속적인 소형화를 더욱 강화한 것이지만, 입자들의 작은 크기, 숫자, 집괴에 적용되는 표면적 대 체적 비율, 양자역학, 그 외 다른 규칙들로부터 나타나는 새로운 전기적, 광학적, 자기적, 역학적 성질들도 존재한다. 이처럼 독특한 성질은 가령 일부 나노입자들이 이전까지 불침투성인 것으로 알려져 있었던 경계, 가령 혈액뇌장벽(blood-brain barrier)으로 스며들 수 있음을 의미한다. 그래서 나노기술이 대중적 주목을 끄는 많은 부분이 일련의 가공된 나노입자들(가령 탄소, 은, 이산화티타늄)이 지닌 독성학적 특성—나노보다 큰 규모에서는 나타나지 않는—에 초점을 맞춘 위험평가의 활발한 논의에 기인하고 있다.

많은 관찰자들은 새롭게 등장한 나노기술이 제기할 수 있는 사회적 쟁점들의 목록을 만들었다. 예컨대 로코와 베인브리지의 초기 논의(Roco & Bainbridge, 2001)에는 경제적, 정치적, 교육적, 의료적, 환경적, 국가안보적 중요성을 가진 "함의"들뿐 아니라, 프라이버시와 전 지구적 형평성에 미칠 수 있는 결과("나노격차")와 나노로 가능해진 기능강화의 가능성을 통해 인간적이라는 것의 의미가 현저하게 변화하는 것 등이 포함되었다. 무어(Moore, 2002)는 나노기술의 "함의"들을 사회적(환경, 보건, 교육, 경제 포함), 윤리적(대학-산업체 관계, 기술 남용, 사회적 격차, 생명의 개념 등 포함), 법률적(재산의 개념, 지적 재산권, 프라이버시, 규제 등 포함)인 것의 세 가지 범주로 나누었다.

르웬스타인(Lewenstein, 2005b)이 주장했듯이, 그런 목록들은 사려 깊고 상대적 완결성을 갖추고 있긴 하지만 나노기술을 결정론적인 방식으로 틀짓는다. 즉, 사회에 대해 "함의"를 갖지만 그 자체는 사회로부터 영향을 받지는 않는 사물로 그리는 것이다. 베어드와 보그트(Baird & Vogt, 2004)도 비슷한 논의를 했다. 그들은 이러한 쟁점들 대부분을 "상호작용"의 측면에서 재조명했고, 그들이 "과잉기술(hypertechnology)"이라고 부른 것—너무나 빠른 혁신의 속도—을 목록에 추가했다. 그룬발트(Grunwald, 2005)도 이러한 쟁점들 중 많은 수를 다시 요약했지만, 이것이 "나노윤리(nanoethics)"라는 이름을 정당화해줄 정도로 충분히 새롭지는 않다고 주장했다. 현재 나노윤리는 2006년 스프링어 출판사가 창간한 학술지의 제목이기도 하며 맥밀란 출판사에서 발행한 『과학 · 기술 · 윤리 백과사전』에도 항목으로 포함돼 있다.(Berne, 2006a)

나노기술을 둘러싼 사회적 쟁점들의 참신성이 나노규모의 몇몇 성질들이 지닌 참신성만큼 분명하지는 않을지 모르지만, 나노기술이 많은 주목을 끌었던 것은 분명하다. 다음 절에서는 각국의 정부들이 사회과학자들에게 나노기술 계획에 대한 참여를 요청하면서 나노기술의 발전에서 STS가 하게 된 역할의 참신성이라는 주제를 다뤄보도록 하자.

III. 정책의 명령

1990년대 후반부터 공공부문과 민간부문의 정책결정자들은 경제적 부를 창출하고 수많은 사회문제를 해결하기 위한 핵심으로 NSE의 진흥에 나섰다. 이에 따라 전 세계의 정부들은 NSE에 엄청난 투자를 했고, "산업체, 정부, 대학의 삼중나선"(Etzkowitz & Leydesdorff, 2000)을 한데 묶음으로써 국제적으로 경쟁력 있는 NSE R&D의 국가적 하부구조를 만들어내려고 시도했다.

나노기술의 경제적 이득과 사회를 변화시키는 능력에 대한 강조는 NSE의 R&D와 상업화 프로그램의 빠른 성장에 촉매역할을 했다. 그러나 이는 빌 조이(Joy, 2000), 영국의 찰스 왕세자(Prince of Wales, 2004) 같은 저명한 개인들이나 그린피스(Arnall, 2003), ETC 그룹(ETC Group, 2003) 같은 활동가 단체들이 발전시킨 경고성 담론을 배경으로 이뤄진 것이기도 했다. NNI가 출범한 지 몇 달 후, 조이는 자기복제하는 "나노봇(nanobot)"이 등장하는 대재앙의 전망을 내놓으면서 그처럼 비참한 운명을 피하는 전략으로 "포기"에 대해 숙고했다.(Joy, 2000) 조이의 "회색 점액질(grey goo)" 시나리오보다는 덜 극적이지만 생명공학 역시 나노기술과 연관되기 시작했고, 특히 농업 및 식품 생명공학과 배아줄기세포 연구 분야에 널리 퍼진 회의주의, 비판, 적대의 경험이 나노기술로 유입되었다. 농업 생명공학 및 그것과 연관된 지적 재산권에 반대하는 운동에서 선진국과 개발도상국 활동가들 사이의 연대를 일궈냈던 ETC 그룹(이전 명칭은 국제농촌진흥

협회[Rural Advancement Foundation International, RAFI]였다.)은 환경보건과 안전의 우려를 들어 특정한 형태의 NSE R&D에 대해 반복해서 일시중지(moratorium)를 요구해왔다.

이러한 활동가들의 반응에 예민해진 정책결정자들은 디스토피아적인 파멸의 날 시나리오(Bennett & Sarewitz, 2006)와 유럽의 유전자변형식품 논쟁(NRC, 2002)을 보면서 "나노공포증에 대한 공포증(nanophobia-phobia)" (Rip, 2006)에 감염된 것처럼 보인다. 그들은 사회적 쟁점들에 대해 좀 더 선제적인 접근을 후원하는 식으로 대응했고, 윤리적, 법적, 사회적 쟁점들을 연구하는 데서 그치지 않고 사회과학연구와 대중의 개입을 R&D 과정에 통합시키는 것을 강조했다.(Fisher & Mahajan, 2006a) 생명공학 연구를 촉진했던 정책과는 달리, 나노기술 정책은 R&D가 자동적으로 가장 바람직한 결과를 가져올 것처럼 접근하지 않았다. 대신 정책결정자들은 이제 공공선에 봉사하고 정책결정을 뒷받침하기 위해 좀 더 폭넓은 사회적 고려들의 통합을 필요로 하는 R&D의 개념을 받아들이고 있다.

"책임 있는 혁신"의 기치하에 특히 미국과 유럽연합의 정부기구들은 사회과학연구를 초기단계부터 NSE 프로그램에 통합시킬 것을 제안해왔다.(Commission of the European Communities, 2004; NSTC, 2004) NSE가 사회적으로 바람직한 결과를 낳도록 촉진하려는 노력의 일환으로, 나노기술 정책은 사회적 우려와 시각들을 통합시키는 좀 더 폭넓은 지침들을 처방했고, 그럼으로써 STS 연구가 나노기술 발전의 사회기술적 맥락에서 이를 형성하는 역할을 하도록 요청해왔다.

이러한 움직임에서는 특히 미국의 사례를 주목할 만하다. 왜냐하면 의회 산하의 기술영향평가국(Office of Technology Assessment)이 폐쇄된 이래로 기술영향평가에는 거의 관심을 기울이지 않았던 정치적 맥락에서 나타난 변화이기 때문이다. 몇몇 유럽 국가들과 EU 기구들도 HIV 오염 혈액, "광우"병, GMO 등 대규모의 테크노사이언스 논쟁을 겪고 나서 대중 참여에 좀 더 수용적인 자세를 취하게 되었다. 미국 의회가 2003년에 21세기 나노기술 연구개발법(공법 108-153)을 통과시키기 전에, STS 학자인 랭든 위너와 데이비스 베어드는 STS 연구를 NSE에 통합시키는 것에 관해 의회에서 증언을 했다. 위너(Winner, 2003)는 "기술 선택에 관한 개방된 숙의"를 초기의 시장 이전 단계에서 실행하도록 권고했지만, 생명윤리 모델에 근거해 "나노윤리" 분야를 창출하자는 생각에 대해서는 부정적인 입장을 밝혔다. 사회과학 · 윤리학 연구자들의 입장에서 "도덕적, 정치적으로 하찮은 문제들로 표류하는 것"을 막기 위해 그는 일반 시민에서 실험실연구자에 걸치는 폭넓은 대중들을 참여시킬 것을 제안했다. 이와 유사하게 베어드(Baird, 2003)도 윤리 연구자들과 나노기술 연구자들이 실험실에서 협력하는 것을 제도화하자는 제안을 했다. 초기의 개입이 결정적으로 중요하다는 사실은 기술의 발생과 형성에 대한 수십 년간의 연구에서 끌어낸 것이다.(예컨대 Collingridge, 1980; Dierkes & Hoffman, 1992; Sørensen & Williams, 2002)

그 결과 제정된 법률은 "평가를 넘어선" 것이었고(Fisher, 2005), 성찰성을 제도화하려는 이전 시기의 노력, 가령 인간 유전체 프로젝트의 윤리적, 법적, 사회적 함의(ELSI) 프로그램 같은 것과도 차별성을 보였다. 중요한 것은 법률 제정—그리고 전 세계의 이와 유사한 다른 정책들—이 사회에 관한 연구와 대중의 견해를 NSE R&D와 정책에 "통합시킨다"는 관념에 명시적으로 호소했다는 점이다. 이는 또한 그런 노력이 NSE에 영향을 미쳐야 한다고 암시함으로써(House Committee on Science, 2003), STS 연구자들에게 실천적 도전을 제시하고 사회과학을 위한 새롭고 좀 더 적극적인 역할을 만들어냈다.

다른 국가와 정체(政體)들도 과학자, 엔지니어, 사회과학자, 관심 있는 대중 사이의 협력을 촉진하려는 유사한 노력을 지원해왔다. 유럽연합(Commission of the European Communities, 2004), 네덜란드(De Witte & Schuddeboom, 2006), 벨기에의 플랑드르 지역정부(Flemish Institute for Science and Technology, 2006), 브라질과 콜롬비아(Foladori, 2006)는 모두 사회과학연구를 나노기술 속에 제도화시켰을 뿐 아니라 그러한 연구를 정책결정과 통합적 방식으로 연결시켜 주목을 받았다.

학문문화들을 가로질러 구상된 협력은 두 가지 측면에서 나노기술의 사회적 형성에 기여하는 압력을 제공한다. (1) 사회과학자들은 NSE 연구자들에게 과학, 기술, 사회 간의 상호의존성에 대한 맥락적 인식을 제공해줌으로써 더 폭넓은 사회적 시각들이 R&D의 설계 및 수행과 그것의 결과에 더 큰 영향을 미칠 수 있게 해줄 것으로 기대된다. (2) 사회과학자들은 나노기술의 세부사항과 그것이 출현하게 된 조건을 학습하면서 사회적 영향에 대한 정교한 평가를 개선하고 그에 따라 대중과 상호작용을 할 수 있게 될 것으로 기대된다. 이러한 두 가지 동기부여를 떠받치는 근거들—나노기술 개발의 질과 사회과학자의 역할부여—은 서로 다른 방향을 가리키며, 이는 상이한 기대들 사이의 긴장을 말해준다. 자연과학자와 사회과학자 간의 새로운 협력은 앞으로 점차 중요한 활동이자 탐구의 장소가 될 것이다.

IV. 미래연구, 참여, 통합

STS 연구자들을 소환해 권한을 부여한 것이 위에서 설명한 정책기획이건, 지역의 대중집단이건, 아니면 개별 연구소들이건 간에, 그들이 복수의 방식과 다양한 환경에서 NSE에 관여해줄 것을 "요청받은"(Rip, 2006) 것은 분명하다. 전체적으로 보면, 그러한 노력들은 적어도 세 가지 일반적인 도전에 직면하고 있다. 아직도 모습을 드러내는 과정에 있는 나노기술의 앞날을 예측하고 평가하는 것, 대부분 여전히 잠재상태인 대중들을 참여시키는 것, 지금껏 대체로 자율적이었던 R&D 맥락에 폭넓은 고려들을 통합시키는 것이 그것이다. 이 절에서는 그러한 고려들에 의해 촉발된 몇몇 STS 연구를 개관하면서 STS와 이 분야의 연구자들에게 제기되는 몇몇 도전들—분석적인 동시에 실천적인—을 지적하고자 한다.

미래연구

한 집계에 따르면 2007년 초에 시장에는 350가지가 넘는 NSE 제품들이 나와 있다.(WWIC, 2007) 그러나 이런 제품들만으로 나노기술이 약속한 사회적 변화와 유사한 어떤 것이 생겨나지는 않는다. 이제 모습을 드러내고 있는 나노기술의 성격을 감안해보면 많은 논의들은 잠재력에 관한 것이며—이는 종종 과장광고의 경계에 아슬아슬하게 걸쳐 있다.(Berube, 2006)—따라서 많은 사회과학적 개입들 역시 분석적으로 미래에 맞추어져 있다.

미래는 사용에 관한 시나리오, 좀 더 폭넓은 포괄적 전망, 사회기술적 시나리오, 은유-상징적 기대, 기술경제적 잠재력에 관한 기대 등으로 다양하게 나타난다.(Borup & Konrad, 2004) 나노기술에 관한 두드러진 기대는 두 가지 방향으로 작동한다. 자연, 즉각적이고 오염을 배출하지 않는 생산, 전례를 찾아볼 수 없는 부와 건강 사이의 이음새 없는 상호작용을 통해 후기산업사회의 병폐들을 해결하는 만병통치약에 대한 기대가 그중 하나이고(Drexler, 1986; Anton, Silberglitt & Schneider, 2001; Wood, Jones, & Geldart, 2003), 자기복제하는 나노봇이 빚어낸 대재앙(Joy, 2000), 혹은 좀 더 현실적으로 환경적 위해, 의도하지 않은 결과(Tenner, 2001), 프라이버시와 보안의 변화(MacDonald, 2004), 경제적 불평등의 증가(Meridian Institute, 2005)를 내다보는 시각이 다른 하나이다. 스스로를 단기적 혹은 장기적 전망에, 일상적 혹은 이색적인 전망에 결부시키는 행동은 종종 "진지한" 과학 혹은 과학소설과 연관되는 행동이 된다.(Selin, 2007) 만병통치약이나 대재앙 어느 쪽으로건, 나노기술의 미래는 대중언론, 정부 프로그램, 산업적 분석의 초점이 되어왔다.

미래연구에 대한 STS의 탐구는 제각기 서로 다른 이론적, 경험적 접근을 취하면서, 기대(Selin, 2007; Van Lente, 1993; Brown & Michael, 2003), 전망(Grunwald, 2004) 내지 "앞날을 안내하는 전망"(Meyer & Kuusi, 2004), 미래에 대한 상상력(Fujimura, 2003), 이제 모습을 드러내고 있는 비가역성(van Merkerk & van Lente, 2005)에 대한 사회학적 관심에 초점을 맞추었다. 기대 연구는 종종 행위자 연결망 이론(ANT)을 이용하는 반면, 립의 시나리오 연구는 공진화 이론에 기대고 있다.(Rip, 2005) 나노기술의 미래주의적 전망에 대한 뢰쉬의 연구(Lösch, 2006)는 커뮤니케이션 수단으로서 "미래"의 분산된 성격을 확고하게 하는 담론이론(가령 Luhmann, 1995)을 주장한다. 또한 문학이론에 의지해 나노기술 발전에서 과학소설의 역할을 다루거나(Milburn, 2004), 나노기술 연구자들의 도덕적 전망을 다룬 연구(Berne, 2006b)도 있다. 이러한 시각들 각각은 미래에 대해 분석적으로 무엇을 할 것인가를 놓고 제 나름의 처방을 제공한다.(가령 행위주체를 추적한다, 커뮤니케이션 경로를 파악한다, 문화적 비판을 활용한다 등)

나노기술의 장기적 함의를 예측하는 몇몇 서로 구분되는 접근법들이 있다. 포캐스팅(forecasting), 대중 숙의, 시나리오 개발, 미래연구, 전망 평가 등이 그것이다. 이 중 포캐스팅은 정확한 예상과 기술결정론에 대한 충실함을 지향한다는 점에서 다른 접근법들과 구분할 수 있다. 그러나 포캐스팅과 예측 모델링(predictive modeling)의 방법은 로드맵을 만드는 활동에서 중요하게 부각되며 아울러 불확실성을 제한하려는 힘 있는 산업계 및 정부 행위자들의 필요에도 부응한다.(Bunger, forthcoming) 반면 다른 접근법들은 복수의 미래와 본질적인 불확실성을 제시하는 좀 더 다원적인 인식론을 공유한다. 이는 부분적으로 기술과 사회의 혼종적 생산에 기인한다.

대중 숙의의 활동은 종종 미래를 언어적 효과, 즉 미래에 대한 담화로 간주한다. 2005년에 EU는 나노대화(Nanologue, 2007)라는 이름의 6차 프레임워크 프로젝트를 발족시켰다. 이는 "공통의 이해를 확립하고 … 유럽 차원에서 과학, 기업, 시민사회 간에 나노기술의 이득과 잠재적 영향에 관한 대화를 촉진하기" 위해 마련되었다. 매핑(mapping)과 여론조사 활동을 마친 후, 이 연구는 역시 참여적 방법을 통해 세 가지 시나리오를 만들어냈고 뒤이어 책임 있는 혁신에 관한 논쟁의 구조화를 돕기 위해 시나리오를 배포했다. 애리조나 주립대학에 있는 사회 속의 나노기술 센터(Center for Nanotechnology in Society, 약칭 CNS-ASU)에서도 시나리오를 이용해 새로운 기술의 사회적 함의에 관한 논쟁의 틀을 짜는 것을 돕고 있다. 나노대화의 시나리오와 달리 CNS-ASU의 시나리오는 복수의 위키 사이트를 통해 대규모의 가상 포맷으로 공동구성된다. 이러한 시나리오들은 대중참여뿐 아니라 사회과학적 분석을 위한 자료로서의 구실도 한다.

시나리오가 종종 미래연구와 동의어로 쓰이긴 하지만, 미래연구에는 생애주기 평가, 델파이 연구, 교차영향평가, 미래지향적 계량서지학, 그리고 기술영향평가를 수행하는 새로운 방법 등 다양한 방법론들이 포함된다.

이러한 종류의 개입들은 흔히 기술혁신과 강하게 연결되며, 일상적 의사결정과 성찰을 통합시키려 노력한다. 결국 미래연구는 시스템 내부에 성찰성을 장려하고 발전시킴으로써 만들어지고 있는 미래를 풍부하게 하는 것을 목표로 한다.

혁신 시스템 내부에 성찰성을 담는 것은 나노기술 미래연구의 핵심적인 특징인 의사결정 및 거버넌스와의 연결을 부각시킨다. 확실한 것과 불확실한 것을 가려내고 실현가능한 선택지를 판단하는 것이 반드시 한가한 억측인 것은 아니며, 신중한 행동을 위한 수단이 될 수도 있다. 예를 들어 덴마크 정부는 정책의 우선순위 설정을 뒷받침하기 위해 녹색기술 미래연구(Green Technology Foresight) 프로젝트를 후원했다.(Joergensen et al., 2006) 이 프로젝트는 NSE에서 일하는 다양한 선별된 행위자들을 인터뷰하고 참여시키는 미증유의 노력이었다. 영국의 경제사회연구재단(Economic and Social Research Council, ESRC)에서도 수렴하는 기술들에 관한 시나리오 작성을 제임스 마틴 과학과 문명연구소(James Martin Institute for Science and Civilization)에 의뢰했다. 이 시나리오는 나노기술 발전에 대한 대안적 궤적들을 묘사해 ESRC의 연구 전략에 도움을 주려는 의도를 담고 있었다. 우드로 윌슨 국제센터(Woodrow Wilson International Center) 역시 나노기술의 출현에 초점을 맞춘 미래연구 및 거버넌스 프로젝트를 진행하고 있다. 그들은 시나리오, 대중 숙의, 위험 분석 등을 이용해 정책에 영향을 미치려는 특정한 의도를 가지고 있다.

이러한 프로젝트들은 초기의 개입에 초점을 맞추고, 미래와 미묘하게 연관된 방법론을 사용하며, NSE 연구자들이 자신들의 지식생산 결과를 규정할 수 있게 허용한다는 점에서 새롭다. 이와 같은 개입은 미래연구를 통해 성찰성을 담아내려 함으로써 탈정상과학의 요구에 대처하는 독특한 실험들이다.

참여

NSE가 새로운 학제적, 간부문적 분야로 널리 알려지게 된 것은 최근의 일이다. 그러나 대중의 과학기술 이해(PUST)—지난 40년 동안 핵발전을 시발점으로 해서 논쟁이 되는 기술의 맥락에서 발전해온 분야—에 대한 분석을 전문으로 해온 사회과학자들은 이미 대중의 과학기술 인식과 수용에 관한 폭넓은 연구도구들을 NSE 관련 쟁점들에 끌어들였다. 그럼에도 이런 연구는 대중들을 나노기술에 대해 막연한 생각만 가진 존재로 그려내는 것이 고작이었다.(Bainbridge, 2002) 그래서 일반대중은 대체로 나노기술에 우호적이라는 발견도 그리 많은 통찰을 담고 있는 것은 아니며, 나노기술의 추가적인 발전이나 사회적 사건들과 함께 바뀔 가능성이 높다.(Currall et al., 2006) 대중의 위험 인식과 규제 시스템에 대한 신뢰 사이의 상관관계에 대해서도 마찬가지 얘기를 할 수 있다.(Cobb & Macoubrie, 2004)

앞서 설명했듯이, 대중의 나노기술 참여라는 정책의 명령은 여론조사를 넘어 좀 더 실질적인 참여에 도달했다. 이는 몇몇 문헌들에서 언급된 과학기술에 대한 대중이해에서 대중참여로의 전환과도 맥을 같이한다.(Lewenstein, 2005a) 그 결과 사회과학자를 위한 새로운 역할이 창출되었다. 이 역할은 대중의 인식과 이해에 대해 일견 독립적이면서 외부적인 분석을 하는 것을 넘어 새로운 종류의 대중참여에까지 연장되었다.

지난 20년 동안 과학박물관은 과학기술 쟁점들을 대중에게 전달하는 중개 행위자로서 점점 두각을 나타내고 있다. 예컨대 런던 과학박물관은 다양한 수집품들을 전시하는 전통적인 역할과 PUST 연구—대중참여의 실험도 포함해서—를 후원하고 수행하는 새로운 역할(가령 Durant, 1992; Durant, Bauer & Gaskell, 1998)을 모범적으로 결합시킨 것으로 유명해졌다. NSE의 도래와 함께 과학박물관은 대중을 교육하고 참여시키는 중요한 노력의 일부가 되었다. 미국 국립과학재단은 나노규모 비공식 과학교육 네트워크(Nanoscale Informal Science Education Network, 약칭 NISE net)의 후원을 받아 5년간 2000만 달러의 예산을 과학박물관에 투입했다. 이 네트워크는 박물관 종사자, 연구자, 비공식 과학교육자들의 힘을 모아 전통적인 박물관 전시와 덜 전통적인 대중 포럼 및 인터넷 사이트를 통해 대중에게 NSE에 관해 정보를 제공하고 참여시키는 일을 한다.

NSE는 또한 좀 더 직접적인 형태의 대중참여와 만남의 장소가 되어왔다. 2005년 영국에서 개최된 합의회의 내지 시민 패널 형식의 나노배심원(Nanojury UK)은 나노기술에 대한 초기단계 참여에 의지를 내비쳤다. 여기서 "초기단계(upstream)"란 대중이 해당 쟁점에 대한 내용적 지식을 거의 갖고 있지 않은 시점에서 구체적인 활동에 참여시키는 것을 의미한다.(Rogers-Hayden & Pidgeon, 2006)

프랑스에서는 NGO에 의해 대중논쟁이 조직되었고, 일부 사례들에서는 나노기술 반대운동에 직면한 지역관리들이 행사를 후원하기도 했다. 예를 들어 환경을 위하는 회사들(Entreprises Pour l'Environnement)은 2006년 10월에 일명 "시민자문"을 후원했다.

미국에서는 나노기술에 초점을 맞춘 합의회의들이 위스콘신(Powell & Kleinman, forthcoming)과 노스캐롤라이나(Hamlett & Cobb, 2006)의 대학 공동체에서 개최되었고, CNS-ASU는 전미시민기술포럼(National Citizens' Technology Forum)에서 6차례의 합의회의를 한 묶음으로 진행하고 있다. 캘리포니아대학 샌타바버라 캠퍼스에 있는 사회 속의 나노기술 센터(CNS-

UCSB)는 사우스캐롤라이나대학처럼 참여 행사를 진행하고 있으며, 몇몇 사회 속의 나노(nano-in-society) 그룹들은 NISE net과 협력해 대중 포럼을 주관했다. 미국 나노기술법의 대중참여 의무조항에도 불구하고 대중참여 접근법과 대중참여의 경험에 대한 사회과학적 성찰은 유럽에서 좀 더 앞서 있다.(Joss & Durant, 1995; Abels & Bora, 2004) 유럽에서 그런 활동들은 의회 기술영향평가에서 활용하는 도구 모음의 일부이며, 특히 생명공학의 맥락에서 지속적으로 개척되어왔다.(가령 영국에서 대규모로 열린 'GM 국가' 행사를 예로 들 수 있다.[Steering Board, 2003])

통합

앞서 설명한 예측과 참여활동들은 진행 중인 사회기술적 과정에 투입해 종국에 나올 결과물을 형성하려는 의도를 담은 것이다. 과학기술 거버넌스가 이뤄지는 수많은 장소들에서 "사회기술적 통합"에 대해 관찰하고, 촉진하고, 영향을 주는 것이 가능해졌다.(Fisher, Mahajan & Mitcham, 2006) 그런가 하면 STS 학술연구의 고전적 장소 중 하나인 실험실에 대해 "재고하는"(Doubleday, forthcoming) 데 최근 관심이 커지고 있다. 신화로 점철된 과학지식의 원류인 이곳에서, 전통적인 실험실연구는 좀 더 상호작용적인 접근법 및 협력과 뒤섞인다. 여기서 연구정책을 실행에 옮기고 이것에 영향을 미치는 실험실연구자들의 중요하면서도 종종 인정받지 못했던 역할은 NSE와 그것의 기술적 궤적 및 사회기술적 결과를 형성하는 행위주체 연결망의 필수적인 일부로 제시되어왔다.(Macnaghten, Kearnes & Wynne, 2005)

앞서 언급했듯이, 사회과학자와 자연과학자가 "서로 대화하며 함께"(Baird, 2003) 작업할 것을 요청하는 것은 STS에 고유한 것도 아니고 나노기술의 전유물도 아니다. 좀 더 새로운 대목은 정부가 이 일에 자원을 제공했다는 점, 그리고 몇몇 사례에서 연구소장들이 사회과학자와 인문학자들에게까지 요청을 확대하면서 기회가 생겨났다는 점이다.(가령 Giles, 2003) 새롭게 나타나고 있는 기회에 발맞추어 몇몇 연구, 교육 및 참여 프로그램들은 "장래와 현재의 나노기술 연구자들이 자신들의 연구 노력의 필수적인 일부로 [사회적] 쟁점들에 사려 깊고 비판적인 방식으로 참여하는" 것을 장려해왔다.(Sweeney, 2006: 442) 이러한 프로그램들의 성격은 변화를 겪어왔고, 그중 일부는 대중참여, 미래연구, 상상력 프로그램이나 윤리적, 사회적 쟁점들을 파악하고 분석하는 프로그램과 중첩되어 있다. 이러한 많은 노력들을 특징짓는 가장 두드러진 점은 연구의 대상을 이루는 행위자들과 사회적 과정의 성찰성을 키우는 데 대한 관심이다.

NSE 연구소들에 대한 민족지연구들이 등장하기 시작하면서(Glimell, 2003; Kearnes, Macnaghten & Wilsdon, 2006), 몇몇 대학기반의 통합지향적 실험실연구 프로젝트가 나란히 진행되었다.(NSTC, 2004) 전반적으로 그러한 "새로운 민족지연구들"(Guston & Weil, 2006)은 "나노과학자들이 자신들의 연구가 지닌 폭넓은 사회적 차원에 대해 성찰하는 역량을 키우는" 것을 목표로 한다.(Doubleday, 2005) 이러한 프로젝트에서는 사회과학자들의 존재와 그들과의 상호작용을 통해 실험실의 실천에서 나타난 변화에 암묵적으로—일부 사례들에서는 명시적으로—초점이 맞춰진 것을 볼 수 있다. 한 연구는 연구 결정의 "조절(modulation)"을 위한 반복적인 프로토콜의 결과로 NSE 연구 실천에 구체적인 변화가 나타났다고 기록하고 있다.(Fisher & Mahajan, 2006b) 또 다른 연구는 NSE 연구의 착수 시점에 "교역지대"를 만들어 최종적인 프로젝트 선정에 도움이 된 사례를 묘사한다.(Gorman, Groves & Catalano, 2004) 결국 사회적, 인문학적 고려를 실험실과 여타의 테크노사이언스 결정과정에 통합하려는 시도는 경험적 과학학을 새로운 방향으로 몰고 간다. 실험실연구에서 참여관찰의 성찰적 요소를 강조하는 행위는 "민족지적 개입"으로 가는 움직임이다. 협력적으로 개발된 되먹임 메커니즘에 의해 사회연구를 테크노사이언스 연구에 통합시킴으로써 지식생산에 대한 좀 더 자기비판적인 접근을 촉진하는 것이다.(Fisher, forthcoming)

통합 프로젝트는 또한 민간부문과 비정부기구의 협력관계를 포괄한다.(Demos, 2007; Krupp & Holliday, 2005) 전반적으로 실험실 통합 프로젝트는 세 가지 서로 다소 중첩되는 경향들을 보여준다. 환경보건과 안전성 고려에 대처하려는 노력(Krupp & Holliday, 2005), "시민과학자"를 만들어 내거나(Kearnes, Macnaghten & Wilsdon, 2006) 윤리적 반성을 유발하는 것처럼(Berne, 2006b) 장기적으로 성찰적 역량 배양을 목표로 하는 노력, 좀 더 폭넓은 사회적 고려를 감안해 R&D 작업의 경로를 형성할 수 있는 노력(Fisher & Mahajan, 2006b; Gorman, Groves & Catalano, 2004)이 그것이다. 후자의 경향은 동시에 STS 연구자의 편에서 사회기술적 과정에 영향을 미칠 수 있는 새로운 역량을 제안하며 그러한 맹아단계의 역량의 한계를 이해하는 도전을 제기하고 있다.

V. 새롭게 등장하고 있는 프로그램

III절에서 논의한 정책의 명령에 비추어보면, IV절에서 묘사한 STS 연구와 참여활동은 STS에 잠재적으로 중요한 발전을 나타내는 새로우면서도 일관된 프로그램이라는 측면에서 생각해볼 수 있다. 그러한 프로그램은 나노기술의 연구수행, 정책결정, 대중교육, 집합적 예측의 기초를 이루는 핵심적 사회과정의 경계면에서 그것과 밀접한 상호작용을 하면서 개발된다. 이런 방식으로 그러한 프로그램은 STS 연구자들과 제도들이 연결망과 시스템의 넓은 최전선을 가로질러 행동할 수 있는 역량의 진화를 제시한다. 이러한 발전이 문화적, 정치적 구성물로서 나노기술의 부상과 시기적으로 대략 일치한다는 사실은 STS 공동체에 기회와 도전을 제기함과 동시에 아이러니도 던져주고 있다. 이 절에서 우리는 크고 작은 규모의 수많은 STS 연구 및 참여활동 내에서 볼 수 있는 특성을 그려낼 것이다. 이어 우리는 새롭게 등장하고 있는 프로그램의 성격을 예측적 거버넌스를 건설하는 역량 중 하나로 제시할 것이다. 마지막으로 우리는 이런 종류의 STS 프로그램이 미래에 새롭게 등장해 서로 수렴하는 다른 기술들과 공진화를 할 때 직면하게 될 가능성이 높은 몇몇 질문, 동기부여, 비판들을 생각해 볼 것이다.

"앙상블화(Ensemble-ization)"

나노기술에 대한 참여로 STS 내부에 야기된 이러한 변화들을 특징짓기 위해 우리는 "연구 앙상블(research ensemble)"의 개념을 도입했다. 이 용어는 해킷과 그 동료들이 대규모 핵융합 연구의 맥락에서 사용한 것이다. 해킷 등(Hackett et al., 2004: 748)에 따르면 연구 앙상블은 "물질, 방법, 기구, 확립된 실천 [···] 아이디어, 근간이 되는 이론"의 배치를 나타낸다. 그러한 연결은 연구자들과 정책결정자들에 의해 공동생산되어 연구 그룹을 자기 분야 내부나 그 너머에 있는 다른 연구 그룹들과 이어주며, "그룹의 실적이나 구성원들의 작업에 영향을 미친다." 그렇게 정의된 앙상블은 "다른 그룹들이나 정책결정자들과의 상호작용을 통해" 성취될 수 있는 연구를 조직하는 데 도움을 준다.(ibid.) 우리가 시스템, 연결망, 경계조직, 설정

등 다른 개념들을 제치고 이 개념을 택한 이유는 연구 그룹의 작업과 이러한 작업에 영향을 줄 수 있는 더 폭넓은 사회적, 정책적 과정 사이의 상호작용에 구체적으로 초점을 맞추고 있기 때문이다.

여기서 "앙상블화"의 과정을 완전하게 이론화할 수는 없지만, 우리는 STS의 나노기술 참여가 이를 향한 경향을 두 가지 중요한 측면에서 어느 정도 드러내고 있다고 주장한다. 첫 번째는 STS 연구 앙상블의 구성요소 간의 관계와 관련이 있고, 두 번째는 앙상블과 그 연구대상 간의 관계와 관련이 있다. 첫 번째의 경우 여러 대규모 STS 단위들에서 다수의 방법론과 행위자들이 존재하는 상황은 지금까지 STS 내에서 찾아볼 수 없었던 규모의 조정, 협력, 집중이 이뤄지는 연구 앙상블을 보여주고 있다. 복수의 연구기술들—미래연구, 참여, 통합—을 나노기술의 사회적 측면이라는 단일 문제에 실용적으로 동원하면서 조정, 응용, 관리를 필요로 하는 치밀하게 준비되고 자원이 갖춰진 단위가 만들어졌다. 앙상블화의 첫 번째 의미에서 나노기술에 초점을 맞춘 몇몇 대규모 STS 단위들은 2003년부터 모습을 드러내기 시작했다. 각각의 단위들은 예측과 미래연구, 대중참여, 사회기술적 통합에 초점을 맞춘 활동을 포함했다. 이러한 다방법적, 임무지향적, 행동지향적 연구는 잠재적으로 새로운 형태의 STS 연구를 특징짓는다.

주요 사례로는 미국 캘리포니아대학 샌타바버라 캠퍼스와 애리조나 주립대학에 있는 사회 속의 나노기술 센터들과 벨기에 플랑드르에 있는 나노사회(NanoSoc) 프로그램을 들 수 있다. 각각은 공식적인 정부의 과학정책에 긴밀하게 연관되어 있고, 그 속에는 일단의 조율된 예측, 참여, 통합 활동들이 포함된다. 네덜란드의 나노네드(NanoNed) 연구 컨소시엄 같은 다른 사례들은 의회의 법령에서 직접 나온 것은 아니지만 정부가 지원하는 과학 프로그램의 일부이다. 또 다른 사례, 가령 영국의 랭카스터대학과 비정부기구인 데모스(Demos)를 중심에 두고 있는 STS 학자와 활동가들의 연결망은 정책결정자들이 발표한 성명이라는 맥락 속에 자신들의 작업을 위치시키고 있다. 이 그룹은 "초기단계의 대중참여"라는 관념을 발전시켰고, 대중들과 함께 대안적인 미래 시나리오를 활용했으며, 실험실 환경에서 미래의 상상력을 연구했다.

그러한 연구 앙상블은 STS 연구자와 방법론의 대규모 결합과 조정을 나타낼 뿐 아니라 한결 커진 행동능력을 담고 있다. 그들은 기원과 목표 측면에서 진화하고 있으며, 이는 정책의 명령에서 직접 유래했거나 그것과 궤를 같이해 발전한 몇몇 단위들에서 특히 분명하게 나타난다. 뿐만 아니라 앞서 보였던 것처럼, 크고 작은 규모의 프로젝트들은 모두 나노기술의 발전 궤적과 관련된 대화, 의제, 기대, (그리고 특히) 의사결정을 틀짓고 공동구성하는 일을 도우면서 더 나아가 거기에 참여하는 것을 추구하고 있다. 이에 따라 나노기술에 대한 STS의 참여는 앙상블화로 향하는 두 번째 경향을 나타내 보이게 된다. STS 연구 앙상블이 과학, 기술, 정책결정의 기존 앙상블—지금까지는 더 넓은 사회적 영향으로부터 단절되어 있었던—중 일부와 상호작용을 추구함에 따른 결과이다.

예를 들어 영국에서 나노규모에 초점을 맞춘 초기단계의 참여활동은 "기술발전의 궤적을 형성하려는" 의도를 갖고 있다.(Wilsdon, 2005) 마찬가지로 나노네드 컨소시엄은 구성적 기술영향평가의 요소를 포함하고 있다. 이는 초기단계의 참여와 마찬가지로, "설계와 기술변화에 영향을 미치기" 위해서 좀 더 폭넓고 세밀하게 선별한 일련의 참가자들을 포함시키는 것을 오랫동안 추구해왔다.(Schot, 2005) CNS-ASU 앙상블의 핵심에 있는 "실시간 기술영향평가(real-time technology assessment)"는 "현재진행형의 분석과 담론에 대응해 혁신 경로와 결과의 조절을 가능케 하는 […] 성찰적 역량을 R&D 활동 그 자체에 집어넣으려는" 의도를 지닌 일군의 조율된 접근법들이다.(Guston & Sarewitz, 2002)

결국 다양한 대중들 사이에, 혹은 STS 연구자들과 다양한 대중들 사이에 상호작용을 용이하게 함으로써 이러한 STS 앙상블은 의사결정과정, 연구 실천, 대중적 신뢰의 수준, 정책과정의 투명성을 구성하고 형성하는 관념에 부합한다. 연구 앙상블은 연구 그룹들 간의 연계를 구체화하는 데 도움을 주고, 이는 다시 그런 그룹들의 실적과 작업에 영향을 미치기 때문에 결국 연구 앙상블은 과학과 사회 사이를 여러 가지 형태로 매개하게 된다. 이로써 연구 앙상블은 "정책과 지식생산 사이의 연결"을 지도로 그려낼 수 있을 뿐 아니라(Hackett et al., 2004: 751), 그것의 변화와 확장—STS의 개입을 통한—은 그러한 연결 그 자체를 형성할 수 있게 된다.

예측적 거버넌스

앞서 설명한 바와 같이 나노기술에 얽힌 미래주의적 담론과 나노기술의 근본적인 기술적, 사회적 불확실성은 사회적인 미래연구 역량의 배양을 요구한다. 여기서 미래연구 역량이란 단지 공식적인 방법론만을 의미하는 것이 아니라 현재와 미래 사이의 인지적 간극에 다리를 놓는 좀 더 일반적인 능력까지도 포함한다. 미래연구를 통해서건, 대중참여 행사를 통해서건, 민족지적 개입을 통해서건 간에, 전망과 그것에 대한 평가는 나노기술에 대한 재현과 STS 연구 모두에서 두드러진 역할을 담당해왔다. 미래를 내다보며 참여를 지향하고 결과를 추구하는 이런 STS 연구의 특징은 PUST, ELSI, 관찰적 실험실연구에서의 이전 작업들과 차별된다. STS의 앙상블화가 자기 자신에 대해, 또 그 연구대상에 대해 이룩한 행동 역량의 증가를

우리는 여기서 "예측적 거버넌스"로 정교화하려 한다.(Guston & Sarewitz, 2002)

예측적 거버넌스는 효과적인 행동이 견실한 분석 역량과 적절한 경험적 지식 이상의 것에 근거하고 있음을 암시한다. 이는 분산된 사회적, 인식론적 역량의 집합으로부터 나오는 것이기도 하며, 여기에는 집단적 자기비판, 상상력, 시행착오로부터 배우려는 성향 등이 포함된다. 왜냐하면 행동과 결과가 인간의 선택과 행위에서 나오는 성질들이긴 하지만, 그것이 확실성이나 예언에서 유래하는 일은 설사 있다 해도 드물고 개별 행위자나 정책의 단순한 의도에 근거를 두고 있는 것도 아니기 때문이다. 그보다는 "예측(anticipation)"의 개념이 말해주듯, 과학과 사회의 공진화는 예언적 확실성의 관념과 구분된다. 뿐만 아니라 예측적 접근은 지식기반 혁신의 생산에 뒤따르는—그와 함께 등장하는 것이 아니라—좀 더 반응적이고 후측적인 활동과도 구분된다. 예측은 사회기술적 지식의 공동생산과 그것의 사용에 영감을 줄 수 있는 사회기술적 대안들에 대한 풍부한 상상의 중요성을 인지하고 있음을 암시한다.

이와 함께 "거버넌스"의 관념은 상의하달적인 정부의 접근에서 벗어나 상세하고 구획화된 위로부터의 규제 없이 사람들과 제도들에 의한 관리가 가능해지는 접근으로 넘어가는 것을 일반적으로 가리킨다.(Lyall & Tait, 2005: 3) 거버넌스 개념에 관련된 활동들은 나노기술을 "다음번 산업혁명" (NSTC & IWGN, 2000)으로 보는 생각에 잠재된 기술결정론에서부터 일시중지 요청에 깃들인 급진적 기술 선택의 표현까지 다양하다. 그러나 다가오는 혁명에 적응하는 것과 발전을 중단시키는 것 사이에는 다양한 거버넌스 선택지들—사용허가, 민사책임, 보험, 배상, 검사, 규제, (지불능력이 아닌) 연령이나 기타 기준에 따른 제한, 표시제, 설계와 연구 실천에 대한 조절 등—이 존재한다. 표시제나 생애주기 분석 같은 일부 선택지들은 시장 효율성에 필요한 좀 더 완전한 정보를 제공함으로써 민간부문의 거버넌스를 보완한다. 민사책임과 배상 같은 일부 선택지들은 정의 실현이나 결정적으로 중요한 기술개발 같은 중대한 이유 때문에 시장을 왜곡한다. 예측적 거버넌스는 이러한 접근들이 효과적일 수 있도록 초기단계에서 시행하기 위한 지적 기반을 놓으려 한다.

위에서 설명한 STS 앙상블의 역할을 넘어, 우리는 예측적 거버넌스의 두 가지 추가적인—그러나 아직은 발생 초기인—사례들을 인용할 수 있다. 거시적 수준에서 "수용 정치(acceptance politics)"(Barben, 2006)는 나노기술처럼 논쟁적인 현상의 대중적 수용과 거버넌스 메커니즘의 선택에 영향을 미치는 것과 관계된 정치적 전략과 실천을 가리킨다. 예를 들어 NSE와 관련된 수많은 행위자들은 생명공학, 특히 유전자변형 생물체를 대중의 수용 내지 거부를 형성하는 전략적 배경으로 인식한다.(가령 Mehta, 2004; David & Thompson, forthcoming) 미시적 수준에서 "중간단계 조절(midstream modulation)"(Fisher, Mahajan & Mitcham, 2006)은 나노규모 공학연구 그룹이 "초기단계"와 "최종단계(downstream)"의 폭넓은 사회적 맥락에 맞춰 자체적인 실천을 조정하는 입증된 현상을 가리킨다. 이는 주로 의사결정 과정을 관찰하고 추가적인 기술적 대안들을 상상해본 결과였다.

예측적 거버넌스는 다양한 일반인 및 전문가 이해당사자들이 개인적으로, 또 일련의 되먹임 메커니즘을 통해 발휘하는 능력으로 이뤄져 있다. 이는 새롭게 등장하는 기술이 특정한 방식으로 물화되기 전에 그 기술이 제기하는 쟁점들을 집합적으로 상상하고, 비판하고, 그럼으로써 형성해나가는 능력이다. 예측적 거버넌스는 학습과 상호작용을 위한 분산된 역량을 이끌어내는데, 이런 역량은 상상에 의해 현재와 미래의 사회기술적 결과를 성찰해봄으로써 현재의 행동 속에서 촉진된다. STS 연구자, 프로젝트, 하위 분야들은 한데 묶여 그들이 연구하고자 하는 맥락에 연결되어 있다. 이는 앞으로 다가올 일들을 형성하는 데 좀 더 폭넓게 예측하고 참여하는 역량을 점진적으로 길러나간다는 목표를 갖고 있다.

기회, 도전, 아이러니

정책의 명령이 암암리에 STS의 교의와 전문성에 의존하는 한, 이는 STS 공동체가 미래연구, 참여, 통합의 형태들을—재발명까지는 아니더라도—재구상할 수 있는 분명한 기회를 제공한다.(Macnaghten, Kearnes & Wynne, 2005) 이와 동시에 기회는 STS 공동체에 도전장을 내민다. 사회기술적 변화를 형성하는 데 좀 더 직접적, 의도적으로 참여할 수 있는 능력이 커지는 문제를 제기하며, 아울러 어느 정도까지 변화에 영향을 미치는 것을 추구할 것인가 하는 딜레마와 예측에 대해 잘못 이해된 접근법을 취할 때의 함정도 빼놓을 수 없다.(Williams, 2006)

우리가 탐구한 각각의 영역—미래연구, 참여, 통합—은 연구자들에게 특정한 장애물을 설정한다. 가령 NSE의 미래지향적 담론을 따를 때는 논쟁의 중심을 미래에 위치시킴으로써 현재를 회피하거나 경시할 위험이 있다. 다시 말해 나노기술이 제기하는 수많은 사회적 쟁점들, 가령 평등, 프라이버시, 인간의 기능강화 같은 문제들은 현재에 대해서도 의미 있는 방식으로 제기해볼 수 있다. 당장의 실천이 아닌 미래의 시나리오에 초점을 맞추는 선택은 현재의 병폐에 대처하기보다는 "세상을 바꿔놓을" 연구에 자원을 투자하는 선택과 비슷한 윤리적 부담을 안게 된다. 뿐만 아니라 미래에 대해 얘기하는 것은 분석적 프로젝트, 참여 실험, 혹은 NSE 연구자들과의 협력을 통한 시나리오 작성, 그 어느 것과 연결되어 있건 간에 STS

연구자들이 가능한 미래의 구성에 명시적으로 참여할 것을 요구한다. 예측은 수행성을 갖기 때문에 이러한 책임은 비켜 갈 도리가 없다.(이는 훌륭한 구성주의자는 행동하기보다 관찰해야 한다는, 경계작업에 관한 기어린[Gieryn, 1995]의 처방과는 상반된다.)

참여 행사와 관련해 수용 정치의 개념은 나노기술을 정당화하고 대중들을 진정시키는 목적에 STS 연구가 포섭되는 우려스러운 상황을 떠올리게 한다. NSE의 미래에 대해 참여적 조사를 수행할 때 STS 연구자들은 관련된 이해당사자들과 건설적인 연계를 만들어내야 하는데, 이는 연구자들이 답해야 하는 질문을 제기한다. 나노기술의 미래에 대해 정당한 내지 공인된 전망의 담지자는 과연 누구인가?

마지막으로 통합은 학문적 목표, 실험실의 정치, 연구의제와 그로부터 예측되는 결과가 계속적으로 변화할 것이라는 전망 사이에 정교한 균형을 요구한다. 참여관찰자의 책임은 그가 "실험실기반 사회학자"건 "배태된 인문학자"건 간에, 연구의 맥락이 지리적, 문화적으로 동떨어진 환경이 아니라 더 큰 규모의 공동체, 대학, 정치 시스템, 문화를 공유하는 실험실 환경일 때는 달라질 가능성이 높다. 뿐만 아니라 상상된 "사회기술적 통합"의 일부를 반드시 이룬다고 볼 수 없는 일화들—예를 들어 동물이나 인간 연구 피험자에 대한 학대, 연구 부정행위, 지적 재산권 분쟁 등—이 참여관찰자를 놀라게 해서 공공선의 개념을 통합시킨 인식틀 내에서도 신념의 갈등을 일으킬 수 있다. 정책과 의사결정에 영향을 미치려 애쓰는 과정에서—설사 실험실처럼 무해한 환경 내에서도—STS 연구자들은 이전보다 커진 영향에 스스로를 노출시키게 된다.

STS 학술연구가 나노기술의 미래를 만드는 데 참여해달라는 정책결정자들의 다분히 정중한 요청에 응하면서도, 자신의 비판적 시각은 유지하고 학문적 거리두기에 대한 위너의 비판에 희생양이 되는 것을 피할 방도는 어떤 것이 있을까? STS는 그것이 묘사하려 애쓰는 규범적 부담이 큰 맥락에 어떤 목적을 위해 참여하는 것이며, 학문적 진실성과 신뢰성에는 어떤 대가를 치르게 되는가?

그러한 질문들은 주기적으로 자기비판적인 반성(가령 Fuller, 2005)과 명령(Jasanoff, 1999)을 촉발해왔다. 이는 위너가 의회 증언에서 발언한 내용, 즉 과거의 ELSI 연구는 후원자에 의해 포섭되었는지도 모른다는 우려를 상기시킨다. 중요한 것은 어떤 목적을 위해 행동하는가 하는 질문이 규범적 도전과 실용적 도전 모두를 제기한다는 점이다. "사회적으로 바람직한" 목표란 어떤 것인지 이해하고 현재의 질서가 바람직한 결과를 낳을 가능성이 높은지 평가하는 도전은 연구대상에 영향을 미치는 연구자의 역할에 관한 STS 공동체 내부의 오랜 논쟁을 다시금 수면 위로 끌어올린다. 이러한 우려들은 사회과학, 인문학 연구자들이 나노기술 프로그램에 "연루(entanglement)"되고 있다는 말로 표현되기도 했다. 그들은 나노기술에 대해 숙고해보도록 요청을 받아서, 특정한 일단의 의제들을 담고 있는 관념—그들의 참여가 없었다면 "유연하고 가변적이고 모호했을"—에 무게와 신뢰성을 실어주었다. "그것[나노기술]이 사회적 영향을 갖는다면, 그것은 틀림없이 진짜일 것이다."라는 식으로 말이다.(Nordmann, 2006)

아이러니한 것은, STS가 더 많은 자원을 갖게 되고, 더 고도로 조정되고, 혁신 시스템 속에 더 많이 연루되면서, 그것의 연구대상을 더 많이 닮아가고 있다는 것이다. 예측하고 참여하고 통합하는 능력을 가진 앙상블을 발전시키는 과정에서 STS 연구자들은 그 자체로 좀 더 눈에 띄는 중요한 참여자가 되었고—아마도 사상 처음으로—그들 자신이 거버넌스의 도구가 되었다.

참고문헌

Abels, G. & A. Bora (2004) *Demokratische Technikbewertung* (Bielefeld: transcript Verlag).

Anton, P. S., R. Silberglitt, & J. Schneider (2001) *The Global Technology Revolution: Bio/Nano/Materials Trends and Their Synergies with Information Technologies by 2015* (Santa Monica, CA: Rand).

Arnall, Alexander Huw (2003) *Future Technologies, Today's Choices: Nanotechnology, Artificial Intelligence and Robotics: A Technical, Political, and Institutional Map of Emerging Technologies* (London: Greenpeace Environmental Trust).

Bainbridge, William Sims (2002) "Public Attitudes Toward Nanotechnology," *Journal of Nanoparticle Research* 4: 561-570.

Baird, D. (2003) Testimony to the Senate Committee on Commerce, Science, and Transportation, May 1. Available at: commerce.senate.gov/hearings/testimony.cfm?id=745&wit_id=2012.

Baird, Davis & Tom Vogt (2004) "Societal and Ethical Interactions with Nanotechnology (SEIN): An Introduction," *Nanotechnology Law and Business Journal* 1(4): 391-396.

Barben, D. (2006) "Visions of Nanotechnology in a Divided World: The Acceptance Politics of a Future Key Technology." Paper presented at the Conference of the European Association for the Study of Science and Technology (EASST), Université de Lausanne: Panel "Nanosciences and Nanotechnologies: Visions Shaping a New World: Implications for Technology Assessment, Communication, and Regulation," August 23-26.

Bennett, I. & D. Sarewitz (2006) "Too Little, Too Late? Research Policies on the Societal Implications of Nanotechnology in the United States," *Science as Culture* 15(4): 309-326.

Berne, R. (2006a) "Nano-Ethics," in C. Mitcham (ed), *Encyclopedia of Science, Technology, and Ethics* (New York: MacMillan Reference USA): 1259-1262.

Berne, R. (2006b) *Nanotalk: Conversations with Scientists and Engineers About Ethics, Meaning, and Belief in the Development of Nanotechnology* (Mahwah, NJ: Lawrence Erlbaum).

Berube, D. (2006) *Nano-Hype: The Truth Behind the Nanotechnology Buzz* (Amherst, NY: Prometheus Books).

Borup, M. & K. Konrad (2004) "Expectations in Nanotechnology and in Energy: Foresight in the Sea of Expectations." Background Paper, Research Workshop on Expectations in Science and Technology, Risoe National Laboratory, Roskilde, Denmark, April 29–30.

Brown, N. & M. Michael (2003) "A Sociology of Expectations: Retrospecting Prospects and Prospecting Retrospects," *Technology Analysis and Strategic Management* 15(1): 3–18.

Bunger, M. (forthcoming) "Forecasting Science-Based Innovations," in J. Wetmore, E. Fisher, & C. Selin (eds), *Yearbook of Nanotechnology in Society. Volume 1:* Cobb, M. D. & J. Macoabrie (2004) "Public Perceptions about Nanotechnology: Risks, Benefits, and Trust," *Journal of Nanoparticle Research* 6: 395–405.

Collingridge, D. (1980) *The Social Control of Technology* (London: Frances Pinter).

Commission of the European Communities (2004) *Towards a European Strategy for Nanotechnology* (No. COM [2004]) (Brussels: Commission of the European Communities).

Crow, Michael M. & Daniel Sarewitz (2001) "Nanotechnology and Societal Transformation," in A. H. Teich, S. D. Nelson, C. McEnaney, & S. J. Lita (eds), *AAAS Science and Technology Policy Yearbook* (New York: American Association for the Advancement of Science).

Currall, S. C., E. B. King, N. King, N. Lane, J. Madera, & S. Turner (2006) "What Drives Public Acceptance of Nanotechnology?" *Nature Nanotechnology* 1 (December): 153–155.

David, Kenneth & Paul B. Thompson (eds) (forthcoming) *What Can Nano Learn from Bio? Lessons for Nanoscience from the Debate over Agricultural Biotechnology and GMOs* (New York: Academic Press).

De Witte, Pieter & Paul Schuddeboom (2006) *NanoNed Annual Report 2005* (Utrecht, the Netherlands: NanoNed) Available at: www.nanoned.nl.

Demos (2007) "The Nanodialogues." Available at: http://83.223.102.49/projects/thenanodialogues/overview.

Dierkes, M. & U. Hoffmann (eds) (1992) *New Technology at the Outset: Social Forces in the Shaping of Technological Innovations* (Frankfurt/New York: Campus/

Westview).
Doubleday, R. (2005) "Opening up the Research Agenda: Views from a Lab-Based Sociologist," Paper presented at *Research Training in Nanosciences and Nanotechnologies: Current Status and Future Needs*, European Commission Workshop, Brussels, Belgium, April 14–15.
Doubleday, R. (forthcoming) "The Laboratory Revisited: Academic Science and the Responsible Development of Nanotechnology," in T. Rogers-Hayden (ed), *Engaging with Nanotechnologies: Engaging Differently?*
Drexler, E. K. (1986) *Engines of Creation: The Coming Era of Nanotechnology* (New York: Doubleday).
Drexler, E. K. (2004) "Nanotechnology: From Feynman to Funding," *Bulletin of Science, Technology & Society* 24(1): 21–27.
Durant, John (1992) *Biotechnology in Public: A Review of Recent Research* (London: Science Museum for the European Federation of Biotechnology).
Durant, John, Martin Bauer, & George Gaskell (1998) *Biotechnology in the Public Sphere: A European Sourcebook* (London: Science Museum).
ETC Group (2003) *The Big Down: From Genomes to Atoms* (Winnipeg: Action Group on Erosion, Technology, and Concentration).
Etzkowitz, Henry & Loet Leydesdorff (2000) "The Dynamics of Innovation: From National Systems and 'Mode 2' to a Triple Helix of University-Industry-Government Relations," *Research Policy* 29(2): 109–123.
Fisher, E. (2005) "Lessons Learned from the ELSI Program: Planning Societal Implications Research for the National Nanotechnology Program," *Technology in Society* 27: 321–328.
Fisher, E. (forthcoming) "Ethnographic Intervention: Exploring the Negotiability of Laboratory Research," *Nanoethics*.
Fisher, E. & R. L. Mahajan (2006a) "Contradictory Intent? U.S. Federal Legislation on Integrating Societal Concerns into Nanotechnology Research and Development," *Science and Public Policy* 33(1): 5–16.
Fisher, E. & R. L. Mahajan (2006b) "Midstream Modulation of Nanotechnology Research in an Academic Laboratory." Paper presented at the American Society of Mechanical Engineers International Mechanical Engineering Congress and Exposition, Chicago, November 5–10.

Fisher, E., R. Mahajan, & C. Mitcham (2006) "Midstream Modulation: Governance from Within," *Bulletin of Science, Technology & Society* (26)6: 485-496.

Flemish Institute for Science and Technology (FIST) (2006) *NanoSoc: Nanotechnologies for Tomorrow's Society*. Project Description.

Foladori, G. (2006) "Nanotechnology in Latin America at the Crossroads," *Nanotechnology Law & Business* 3(2): 205-216.

Fujimura, J. (2003) "Future Imaginaries: Genome Scientists as Socio-Cultural Entrepreneurs," in A. Goodman, D. Heath, & S. Lindee (eds), *Genetic Nature/Culture: Anthropology and Science Beyond the Two-Culture Divide* (Berkeley: University of California Press): 176-199.

Fuller, S. (2005) "Is STS Truly Revolutionary or Merely Revolting?" *Science Studies* 18(1): 75-83.

Funtowicz, Silvio O. & Jerome R. Ravetz (1993) "The Emergence of Post-Normal Science," in René von Schomberg (ed), *Science, Politics and Morality: Scientific Uncertainty and Decision Making* (Dordrecht, Boston, London: Kluwer): 85-123.

Gibbons, Michael, Camille Limoges, Helga Nowotny, Simon Schwartzman, Peter Scott, & Martin Trow (1994) *The New Production of Knowledge: The Dynamics of Science and Research in Contemporary Societies* (London: Sage).

Gieryn, T. F. (1995) "Boundaries of Science," in S. Jasanoff, G. E. Markle, J. C. Petersen, & T. Pinch (eds), *Handbook of Science and Technology Studies* (Thousand Oaks, CA: Sage): 393-443.

Giles, J. (2003) "What Is There to Fear from Something so Small?" *Nature* 426 (December 18/25): 750.

Glimell, H. (2003) "Challenging Limits: Excerpts from an Emerging Ethnography of Nano Physicists," in Hans Fogelberg & Hans Glimell (eds), *Bringing Visibility to the Invisible: Towards a Social Understanding of Nanotechnology*, STS Research Reports No. 6 (Goteborg, Sweden: Goteborg Universitet).

Gorman, M. E., J. F. Groves, & R. K. Catalano (2004) "Societal Dimensions of Nanotechnology," *IEEE Technology and Society* 23(4): 55-62.

Grunwald, A. (2004) "Vision Assessment as a New Element of the FTA Toolbox," in F. Scapolo & E. Cahill (eds), *New Horizons and Challenges for Future-Oriented Technology Analysis*. Proceedings of the EUUS Scientific Seminar: New Technology Foresight, Forecasting, and Assessment Methods, Seville, Spain: 53-67.

Grunwald, Armin (2005) "Nanotechnology: A New Field of Ethical Inquiry?" *Science and Engineering Ethics* 11(2): 187–201.

Guston, D. (2000) *Between Politics and Science* (New York: Cambridge University Press).

Guston, D. H. & D. Sarewitz (2002) "Real-Time Technology Assessment," *Technology in Society* 24(1–2): 93–109.

Guston, D. & V. Weil (2006) "New Ethnographies of Nanotechnology," *Society for the Social Studies of Science*, Vancouver, British Columbia, Canada, November 1–5.

Hackett, E., D. Conz, J. Parker, J. Bashford, & S. DeLay (2004) "Tokamaks and Turbulence: Research Ensembles, Policy, and Technoscientific Work," *Research Policy* 33(5): 747–767.

Hamlett, Patrick W. & Michael D. Cobb (2006) "Potential Solutions to Public Deliberation Problems: Structured Deliberations and Polarization Cascades," *Policy Studies Journal* 34(4): 629–648.

House Committee on Science and Technology (2003) Report 108–089, United States House of Representatives, 108th Congress, 1st Session (Washington, DC: U.S. Government Printing Office): 1–24.

Jasanoff, S. (1999) "STS and Public Policy: Getting Beyond Deconstruction," *Science Technology & Society* 4: 59–72.

Joergensen, M. S. (2006) *Green Technology Foresight about Environmentally Friendly Products and Materials: The Challenges from Nanotechnology, Biotechnology, and ICT* (Copenhagen: Danish Environmental Protection Agency).

Joss, S. & J. Durant (eds) (1995) *Public Participation in Science: The Role of Consensus Conferences in Europe* (London: Science Museum).

Joy, Bill (2000) "Why the Future Doesn't Need Us," *Wired* 8(04) April. www.wired.com/wired/archive/8.04/joy.html/

Kearnes, M., P. Macnaghten, & J. Wilsdon (2006) *Governing at the Nanoscale: People, Policies, and Emerging Technologies* (London: Demos).

Keiper, A. (2003) "The Nanotechnology Revolution," *The New Atlantis: A Journal of Technology and Society* 1(2): 17–34.

Krupp, F. & C. Holliday (2005) "Let's Get Nanotech Right," *The Wall Street Journal*, June 15.

Lewenstein, B. V. (2005a) "Nanotechnology and the Public," *Science Communication*

27(2): 169 - 174.

Lewenstein, B. V. (2005b) "What Counts as a 'Social and Ethical Issue' in Nanotechnology?" *HYLE: International Journal for the Philosophy of Chemistry* 11(1): 5 - 18.

Lösch, A. (2006) "Means of Communicating Innovations: A Case Study for the Analysis and Assessment of Nanotechnology's Futuristic Visions," *Science, Technology and Innovation Studies* 2: 103 - 125.

Luhmann, N. (1995) *Social Systems* (Stanford, CA: Stanford University Press) (German original 1984: Suhrkamp).

Lux Research (2006) *The Nanotech Report: Investment Overview and Market Research for Nanotechnology*, 4th ed. (New York: Lux Research).

Lyall, C. & J. Tait (eds) (2005) *New Modes of Governance: Developing an Integrated Policy Approach to Science, Technology, Risk, and the Environment* (Aldershot, U.K.: Ashgate).

MacDonald, C. (2004) "Nanotechnology, Privacy and Shifting Social Conventions," *Health Law Review* 12(3): 37 - 40.

Macnaghten, P., M. Kearnes, & B. Wynne (2005) "Nanotechnology, Governance, and Public Deliberation: What Role for the Social Sciences?" *Science Communication* 27(2): 268 - 91.

McCray, W. P. (2005) "Will Small Be Beautiful? Making Policies for our Nanotech Future," *History and Technology* 21(2): 177 - 203.

Mehta, M. D. (2004) "From Biotechnology to Nanotechnology: What Can We Learn from Earlier Technologies?" *Bulletin of Science, Technology & Society* 24(1): 34 - 39.

Meridian Institute (2005) *Nanotechnology and the Poor: Opportunities and Risks*. Available at: http://www.meridian-nano.org/NanoandPoor-NoGraphics.pdf.

Meyer, M. & O. Kuusi (2004) "Nanotechnology: Generalizations in an Interdisciplinary Field of Science and Technology," *HYLE: International Journal for Philosophy and Chemistry* 10(2): 153 - 168.

Milburn, C. (2004) "Nanotechnology in the Age of Posthuman Engineering: Science Fiction as Science," in N. K. Hayles (ed), *Nanoculture: Implications of the New Technoscience* (Bristol: Intellect Books): 109 - 129.

Mody, C. (2006) "Corporations, Universities, and Instrumental Communities: Commercializing Probe Microscopy, 1981 - 1996," *Technology and Culture* 47(1):

56–80.

Moore, Fiona N. (2002) "Implications of Nanotechnology Applications: Using Genetics as a Lesson," *Health Law Review* 10(3): 9–15.

Nanologue (2007) "Europe-wide Dialogue on the Ethical, Social, and Legal Impacts of Nanotechnology." Available at: www http://www.nanologue.net/.

National Nanotechnology Initiative (2007) "What Is Nanotechnology?" Available at: http://www.nano.gov/html/facts/whatIsNano.html.

National Research Council (NRC), Division of Engineering and Physical Sciences, Committee for the Review of the National Nanotechnology Initiative (2002) *Small Wonders, Endless Frontier: A Review of the National Nanotechnology Initiative* (Washington, DC: National Academies Press).

National Science and Technology Council (NSTC) (2004) "National Nanotechnology Initiative: Strategic Plan" (Washington, DC: National Science and Technology Council, Committee on Technology, Subcommittee on Nanoscale Science, Engineering, and Technology).

National Science and Technology Council (NSTC), Committee on Technology & Interagency Working Group on Nanoscience, Engineering, and Technology (IWGN) (2000) "National Nanotechnology Initiative: Leading to the Next Industrial Revolution," Supplement to President's FY 2001 Budget (Washington, DC: NSTC).

Nordmann, A. (2006) "Entanglement and Disentanglement in the Nanoworld," Presentation at *TA NanoNed Day*, Utrecht, The Netherlands, July 14.

Porter, Alan, Jan Youtie, Philip Shapira (2006) "Refining Search Terms for Nanotechnology." Paper prepared for presentation at the National Science Foundation, Arlington, VA, August 24.

Powell, M. & D. Kleinman (forthcoming) "Building Citizen Capacities for Participation in Technoscientific Decision Making: The Democratic Virtues of the Consensus Conference Model," *Public Understanding of Science.*

Prince of Wales (2004) "Menace in the Minutiae," *The Independent on Sunday*, July 11.

Rip, A. (2005) A Sociology and Political Economy of Scientific-Technological Expectations Presentation for UNICES Seminar, Utrecht, the Netherlands, September 26.

Rip, A. (2006) "Folk Theories of Nanotechnologists," *Science as Culture* 15(4): 349–366.

Roco, Mihail C. (2003) "Broader Societal Issues of Nanotechnology," *Journal of Nanoparticle Research* 5(3-4) (August): 181-189.

Roco, M. C. & W. S. Bainbridge (eds) (2001) *Societal Implications of Nanoscience and Nanotechnology* (Dordrecht, the Netherlands, and Boston: Kluwer).

Roco, M. C. & O. Renn (2006) "Nanotechnology and the Need for Risk Governance," *Journal of Nanoparticle Research* 8(2): 153-191.

Rogers-Hayden, T. & N. Pidgeon (2006) "Reflecting upon the UK's Citizens' Jury on Nanotechnologies: Nano Jury UK," *Nanotechnology Law and Business* 2(3): 167-178.

Royal Society & Royal Academy of Engineering (2004) *Nanoscience and Nanotechnologies: Opportunities and Uncertainties* (London: Royal Society & Royal Academy of Engineering).

Sarewitz, D. & E. Woodhouse (2003) "Small Is Powerful," in A. Lightman, D. Sarewitz, & C. Desser (eds), *Living with the Genie: Essays on Technology and the Quest for Human Mastery* (Washington, DC: Island): 63-83.

Schot, J. (2005) "The Idea of Constructive Technology Assessment," in C. Mitcham (ed), *Encyclopedia of Science, Technology, and Ethics* (Detroit: Macmillan Reference USA).

Selin, C. (2007) "Expectations and the Emergence of Nanotechnology," *Science, Technology and Human Values* 32(2): 196-220.

Sørensen, K. H. & R. Williams (eds) (2002) *Shaping Technology, Guiding Policy: Concepts, Spaces and Tools* (Cheltenham and Northampton, MA: Edward Elgar).

Steering Board (2003) *GM Nation? The Findings of the Public Debate: Final Report* (London: Steering Board of the Public Debate on GM [Genetic Modification] and GM Crops).

Sweeney, A. E. (2006) "Social and Ethical Dimensions of Nanoscale Science and Engineering Research," *Science and Engineering Ethics* 12(3): 435-464.

Tenner, E. (2001) "Unintended Consequences and Nanotechnology," in M. C. Roco & W. S. Bainbridge (eds) *Social Implications of Nanoscience and Nanotechnology* (Arlington, VA: National Science Foundation): 241-245.

Van Lente, H. (1993) *Promising Technology: The Dynamics of Expectations in Technological Developments*. PhD Thesis (Twente, the Netherlands: Universitet Twente).

Van Merkerk, R. O. & H. van Lente (2005) "Tracing Emerging Irreversibilities in Emerging Technologies: The Case of Nanotubes," *Technological Forecasting & Social Change* 72: 1094–1111.

Williams, R. (2006) "Compressed Foresight and Narrative Bias: Pitfalls in Assessing High-Technology Futures," *Science as Culture* 15(4): 327–348.

Wilsdon, J. (2005) "Paddling Upstream: New Currents in European Technology Assessment," in M. Rodemeyer, D. Sarewitz, & J. Wilsdon (eds), *The Future of Technology Assessment* (Washington, DC: Woodrow Wilson International Center for Scholars): 22–29.

Wilsdon, J. & R. Willis (2004) "See-Through Science: Why Public Engagement Needs to Move Upstream" (Demos).

Winner, Langdon (2003) Testimony to the Committee on Science of the U.S. House of Representatives on the Societal Implications of Nanotechnology, April 9. Available at: gop.science.house.gov/hearings/full03/apr09/winner.htm.

Wood, S., R. Jones & A. Geldart (2003) *The Social and Economic Challenges of Nanotechnology* (Swindon: Economic and Social Research Council).

Woodhouse, E. J. (2004) "Nanotechnology Controversies," *Technology and Society Magazine, IEEE* 23(4): 6–8.

Woodrow Wilson International Center (WWIC) for Scholars (2007) "A Consumer Inventory of Nanotechnology Products." Available at: www.nanotechproject.org.

옮긴이 후기

과학기술학의 현재 지형도를 보여주는 백과사전적 안내서

과학기술학(science and technology studies, STS)은 과학기술의 기원과 동역학, 그것이 미치는 영향에 대한 통합적 이해를 추구하는 학제적 분야로서, 과학기술의 정치학, 사회학, 인류학 등 여러 분야에 걸친 관심사를 그 속에 포괄하고 있다. STS에 대한 학문적 추구는 비교적 근래에 와서야 시작됐지만, 과학기술의 중요성이 점점 커지고 과학기술을 포함하는 사회문제와 대중 논쟁, 정책적 쟁점들이 점점 더 큰 비중을 차지하게 되면서 STS는 빠른 속도로 발전해왔다. 지난 40여 년에 걸친 이러한 학문적 발전은 이 분야의 흐름을 개관하고, 핵심적인 이론적·방법론적 접근들을 평가하며, 새롭게 등장하고 있는 쟁점들을 소개하기 위한 포괄적 시도를 낳았고, 이는 여러 차례에 걸친 '편람(handbook)'의 발간으로 이어졌다. 이러한 '편람'들은 과학기술의 사회적 문제들에 대한 대응과 해결방안 모색에 중요한 함의를 갖는 STS의 최신 지식과 연구 동향을 총정리하고 풍부한 참고문헌과 질문들을 제시함으로써 앞으로의 연구 주제나 방향에 대한 길잡이 구실을 한다. 여기 번역해 내놓은 『과학기술학 편람』(3판)은 Edward J. Hackett, Olga Amsterdamska, Michael Lynch, and Judy Wajcman (eds.), Handbook of Science and Technology Studies, 3rd ed.(Cambridge, MA: The MIT Press, 2008)을 우리말로 옮긴 것이다.

이 책은 38개의 장들을 크게 5부로 나누어 수록하고 있는데, 그 주제가 매우 광범위하게 걸쳐 있는 것은 물론이고 저자들의 면면도 과학기술학의 '명사 인명록(who's who)'을 연상케 할 만큼 매우 화려하다. 먼저 '아이디어와 시각'이라는 제목을 달고 있는 1부(1-8장)에서는 과학기술학의 분석틀을 제공하는 여러 이론적 조류들—행위자 연결망 이론(ANT), 사회세계(social worlds) 학파, 페미니스트 과학학, 기술결정론 비판, 탈식민주의—을 전반적으로 개관하고 각각에 대해 좀 더 자세하게 소개하는 여러 편의 논문들로 이뤄져 있다. 이어 '실천, 사람들, 장소'라는 제목의 2부(9-17장)에서는 STS의 전통적 주제인 실험실 연구, 시각화, 과학적 훈련, 젠더 등의 문제들이 다루어진다. 3부 '정치와 대중들'(18-25장)에서는 과학기술과 관련된 다양한 '대중들'과 STS가 정책결정에 제공할 수 있는 함의에 대해 다룬다. 시민참여, 사회운동, 환자집단과 보건운동, 사용자-기술 관계, 공학윤리, 과학 거버넌스, 전문성 등 모든 장의 주제들이 매우 중요하면서도 오늘날의 과학기술에 시사적인 내용을 담고 있다. 4부 '제도와 경제학'(26-31장)은 제목 그대로 과학 주변의 여러 제도들과 과학의 경제적 측면을 다루는데, 군사기술, 법정에서의 과학, 제3세계 같은 전통적 주제들과 함께 과학의 상업화, 제약산업 같은 새로운 주제들도 비중 있게 다루어지고 있다. 마지막으로 5부 '새로 출현한 테크노사이언스'(32-38장)는 1990년대 이후 급부상한 새로운 테크노사이언스 분야들에서 나타난 쟁점들을 정리하고 있다. 역시 의료기술, 환경, 정보기술 같은 고전적 주제들과 함께 유전체학, 생명공학, 금융, 나노기술처럼 지난 10~20년 동안 연구가 활발해지고 있는 주제들이 망라되어 있다.

이 책의 전반적 문제의식과 각 부별 내용은 네 명의 편자들이 전체 서문과 각 부별 서문을 통해 친절하게 안내하고 있으므로, 여기서는 『과학기술학 편람』의 여러 판(edition)들의 역사를 간략히 살펴보면서 이 책이 위치한 맥락이나 의미를 간단히 짚어볼까 한다. 책의 전체 서문에서 편자들은 1977년에 출간된 이나 슈피겔-뢰싱과 데렉 드 솔라 프라이스의 편서를 '첫 번째 편람', 1995년에 출간된 실라 재서노프, 제럴드 마클, 제임스 피터슨, 트레버 핀치의 편서를 '두 번째 편람'으로 소개하며, 이 책을 그 둘의 뒤를 잇는 '3판'으로 내세우고 있다. 그러나 이러한 설명은 사후적으로 재구성되고 위치가 설정된 것으로, 『편람』의 역사에 대한 오해를 불러일으킬 여지가 있다. 편자들이 '첫 번째 편람'으로 소개한 책은 본래 국제과학정책학위원회(International Council for Science Policy Studies)의 후원하에 『과학기술과 사회—간분야적 시각』이라는 제목으로 출간되었던 것으로,[1] 이때까지만 해도 아직 '과학기술학'이라는 표현은 쓰이지 않았고—당시에는 STS가 '과학기술학'이 아니라 '과학기술과 사회'의 약어로 쓰였다—제목에 '편람'이 들어가지도 않았다. 따라서 과학의 사회적 연구학회(4S)의 후원하에 만들어진 최초의 '과학기술학 편람'은 재서노프 등이 편집해 1995년에 출간된 책(1판)으로 보아야 한다. 이후 1판의 본문을 그대로 두고 참고문헌만 부분적으로 업데이트한 판본이 2001년에 나왔다가 별다른 주목을 받

1) Ina Spiegel-Rösing and Derek de Solla Price(eds.), *Science, Technology and Society: A Cross-Disciplinary Perspective*(London: SAGE, 1977).

지 못하고 묻혔는데, 이것이 바로 2판이다.

그 뒤를 이어 2008년에 출간된 3판은 편집진, 부와 장의 구성과 내용, 장별 저자까지 모든 것이 바뀐, 1판(혹은 2판)과는 완전히 별개의 책이다. 보통 판올림을 할 때에는 같은 저자들이 기존의 내용을 대부분 그대로 둔 채 시간이 흘러 업데이트가 필요한 부분만 수정하거나 덧붙이는 식으로 작업하는 반면, 3판 이후 『과학기술학 편람』의 각 '판'들은 편의상 '판' 개념을 쓰고 있을 뿐 별도의 과정을 거쳐 기획되고 제작된 서로 독립된 책들임을 기억해둘 필요가 있다. 1판과 3판의 내용을 비교해보면 3판의 경우 STS의 개념이나 이론을 단순히 정리, 소개하는 데서 그치지 않고 그것이 인접한 다른 분야의 문제들을 해결하는 데 어떻게 쓰일 수 있을지를 곳곳에서 시사하고 있으며, 또한 상당히 많은 분량이 과학기술의 정치, 민주주의, 전문성, 윤리, 시민참여 등과 같은 실천적 주제들로 채워져 있음을 알 수 있다. 이는 원숙기에 접어들어 학문적 존중과 제도적 안정을 얻으면서 다양한 과학 관련 활동 영역이나 과학정책에 심대한 영향을 미치고 있는 STS의 현주소를 잘 보여준다.

이 자리를 빌려 최근 출간된 4판에 대해서도 간략하게 언급해두려 한다. 3판의 번역 과정이 길어지는 동안 4S의 새로운 기획하에 2017년에 4판이 출간되었다.[2] 앞선 3판이 그랬던 것처럼, 4판 역시 기존 판의 내용을 업데이트한 것이 아니라 완전히 다른 편집진과 저자들, 장별 주제들로 구성된 별개의 책이다. 개인적으로 3판과 4판을 비교해보면서 받은 인상은,

2) Ulrike Felt, Rayvon Fouché, Clark A. Miller, and Laurel Smith-Doerr(eds.), *The Handbook of Science and Technology Studies*, 4th ed.(Cambridge, MA: The MIT Press, 2017).

3판은 분량이나 내용에서 정해진 틀을 깨는 장들이 많았던 반면, 4판은 모든 장들의 분량이나 구성이 거의 동일하고 해당 주제의 역사, 쟁점, 전망을 '소개'하는 데 치중하는 느낌이 강했다. 가령 3판의 경우 공학윤리에 관한 장(23장)은 원서 기준으로 본문이 10쪽 정도에 불과하지만 상업화에 관한 장(26장)은 40쪽이 넘을 정도로 장별 편차가 크고, 브뤼노 라투르가 쓴 발랄한 장(4장)처럼 '편람'이라는 옷에 썩 어울리지 않는 장들도 있었지만, 4판을 읽어나갈 때는 그런 모습을 좀처럼 찾아볼 수 없다. 독자에 따라서는 '편람'의 취지에 좀 더 잘 부합하는 4판을 참고서적으로 선호하는 이도 있겠고, 4판의 구성이 너무 무미건조하고 천편일률적이라고 느끼고 이전 3판이 일관성은 좀 떨어지지만 훨씬 읽을거리가 많았다고 생각하는 이도 있을지 모르겠다. 이런 판단은 독자의 몫으로 남겨두기로 한다.

번역어의 선정과 관련해 몇 마디 첨언한다. 이 책은 대단히 방대하고 넓은 범위에 걸친 분야와 내용들을 다루고 있기 때문에 생소한 용어들도 곳곳에 많이 등장한다. 번역 과정에서 최대한 국내 학계에서 통용되는 용어들을 찾아 옮기려 애썼지만, 학문 분과별로 조금씩 다른 용어를 쓰거나 아직 국내에 표준적인 번역어가 확립되지 않은 경우도 심심찮게 나왔다. 이 경우 역자 나름대로 최선이라고 생각되는 번역어들을 택했으나 충분히 만족스러운 결과가 되었는지는 미지수다. 이 점은 앞으로 학계 내의 합의가 생겨나면서 차차 해결될 것으로 기대한다.

원서의 분량이 워낙 방대한 관계로 번역서는 총 5권으로 분책해 출간하게 되었다. 번역서의 각 권은 총 5부로 구성된 원서의 각 부에 해당한다. 이 중 1, 2권은 2019년 말에 이미 나왔고, 이번에 3, 4, 5권이 한꺼번에 나와 출간 작업이 마무리되었다. 원서의 권말에 있는 찾아보기는 5권에 모두 모아 놓았으며, 찾아보기 표기는 가령 1-27, 2-137, 3-65가 1권의 27쪽,

2권의 137쪽, 3권의 65쪽을 가리키는 식으로 정리했음을 밝혀둔다.

10년여에 걸친 번역과 교열, 출판 과정을 마무리하고 나니 고마움을 전해야 할 분들이 여럿 떠오른다. 이 책을 혼자서 번역해보겠다는 무모한 생각을 처음 품게 된 것은, 2008년 3판이 출간된 직후 몇몇 사람들과 시민과학센터 사무실에서 진행한 'STS 핸드북 독회모임'이 계기가 되었다. 당시 1년여에 걸쳐 1000쪽에 달하는 『편람』 3판을 같이 읽어나가면서 이 책을 국내에 번역해 소개하면 어떨까 생각을 하게 됐고, 2009년 한국연구재단의 명저번역지원사업에 선정되면서 번역을 본격적으로 시작할 수 있었다. 초역 원고를 만드는 데까지 생각보다 긴 6년여의 기간이 걸렸고, 그 이후 출판 과정을 담당해준 아카넷과 함께 다시 여러 해에 걸친 교열과 후반 작업을 진행해 출간에 이를 수 있었다. 이 자리를 빌려 2008년 핸드북 독회모임을 같이했던 여러 세미나 참가자들, 이 책의 가치를 인정해 명저번역지원사업 대상으로 선정해주신 연구재단 관계자와 심사위원 선생님들, 그리고 역자의 게으름을 참고 기다리며 지루하고 힘든 교열과 색인 작업을 마무리해준 아카넷 출판사에 감사의 말씀을 드리고 싶다. 마지막으로 2017년 『편람』 4판 출간 이후 새롭게 구성해 현재까지도 계속되고 있는 '핸드북 4판 독회(후속)모임'의 세미나 참가자들에게도 고마움을 전하고자 한다. 이처럼 많은 분들의 관심과 도움 속에 이 책의 번역을 무사히 마칠 수 있었다. 다시 한 번 감사드린다.

2021년 10월

김명진

찾아보기

인명

ㄱ

ㄴ

ㄷ

ㄹ

ㅁ

ㅂ

ㅅ

ㅇ

ㅈ

ㅊ

ㅋ

ㅌ

ㅍ

ㅎ

용어명

ㄱ

ㄴ

ㄷ

ㄹ

ㅁ

ㅂ

ㅅ

ㅇ

ㅈ

5권 필자 (수록순)

애덤 M. 헤지코 hedgecoeam@cardiff.ac.uk
카디프대학교의 사회과학대학 교수이며, 생의료과학(특히 유전학)과 이에 대한 규제에 관심을 갖고 있다. 유전자검사가 의료 실천에 미친 영향과 연구윤리위원회에서의 의사결정에 관해 폭넓게 저술을 해왔다. 저서로 *The Politics of Personalised Medicine: Pharmacogenetics in the Clinic*(2004), *Trust in the System: Research Ethics Committees and the Regulation of Biomedical Research*(2020)가 있다.

폴 A. 마틴 paul.martin@sheffield.ac.uk
셰필드대학교의 사회학 교수이며, 그 전에는 노팅엄대학교에 과학과 사회 연구소를 설립하고 2009년부터 2012년까지 소장을 지냈다. STS와 의료사회학의 접점에서 활동하고 있으며, 최근에는 후성유전학의 발전과 유전자편집 기술의 출현에 관한 연구를 하고 있다. 편서로 *Biosocial Matters: Rethinking the Sociology-Biology Relations in the Twenty-First Century*(2016, 공편)이 있다.

린다 F. 호글 lfhogle@wisc.edu
위스콘신-매디슨대학교의 의료사회과학 명예교수이며, 동 대학의 줄기세포·재생의학 센터에도 관여하고 있다. 주요 관심 주제는 줄기세포와 조직공학의 정책과 윤리, 새로 출현한 생의료 공학기술의 사회문화적, 정치적, 윤리적 쟁점, 신기술 거버넌스의 초국적 쟁점 등이다. 저서로 *Recovering the Nation's Body: Cultural Memory, Medicine, and the Politics of Redemption*(1999), 편서로 *Regenerative Medicine Ethics: Governing Research and Knowledge Practices*(2014)가 있다.

마거릿 록 margaret.lock@mcgill.ca
맥길대학교의 인류학자이며 마조리 브론프먼 의료사회과학 명예교수이다. 연구 주제는 체현, 의학지식의 비교인식론, 생의학기술의 전 지구적 영향 등이며, 동아시아 전통의학, 폐경이행기, 뇌사 개념, 유전자검사의 수용 등에 관해 주로 동서양 비교연구를 수행해왔다. 최근에는 후성유전학과 마이크로바이옴 분야에서 새로 출현한 지식의 사회적, 정치적 측면들을 연구하고 있다. 저서로 *Encounters with Aging: Mythologies of Menopause in Japan and North America*(1993), *Twice Dead: Organ Transplants and the Reinvention of Death*(2002), *The Alzheimer Conundrum: Entanglements of Dementia and Aging*(2013), *An Anthropology of Biomedicine*(2nd ed., 2018, 공저) 등이 있다.

알렉스 프레다 alexandru.preda@kcl.ac.uk
킹스칼리지 경영전문대학원의 회계, 책임, 재무관리 교수이다. 전 지구적 금융시장과 관련된 연구를 주로 수행하고 있으며, 관심 주제는 금융시장에서의 전략적 행동, 전자 익명 시장에서의 의사결정과 인지과정, 시장 자동화 및 거래 기술, 시장에서의 가치평가과정, 의사결정과정에서 커뮤니케이션의 역할, 대중의 금융 이해, 전 지구적 금융의 거버넌스 등이다. 저서로 *Framing Finance: The Boundaries of Markets and Modern Capitalism*(2009), *Noise: Living and Trading in Electronic Finance*(2017), 편서로 *The Oxford Handbook of the Sociology of Finance*(2012, 공편)가 있다.

스티븐 이얼리 steve.yearley@ed.ac.uk
에든버러대학의 과학지식사회학 교수이면서 동 대학 인문학고등연구소 소장을 맡고 있다. 과학의 사회적 연구와 환경사회학 분야에서 주로 활동했고, 두드러진 과학적 요소를 가진 환경논쟁과 환경영역의 기술적 의사결정에 대한 대중참여 촉진에 특히 관심이 있다. 저서로 *Sociology, Environmentalism, Globalization*(1996), *Cultures of Environmentalism*(2005), *Making Sense of Science*(2005, 국역: 『과학학이란 무엇인가』), *The SAGE Dictionary of Sociology*(2006, 공저) 등이 있다.

파블로 보츠코스키 pjb9@northwestern.edu
노스웨스턴대학교 커뮤니케이션학과의 하마드 빈 칼리파 알-타니 교수이자 동 대학의 라팅크스 디지털 미디어 센터의 창립자 겸 소장이다. 관심 주제는 디지털 문화의 동역학에 대한 비교연구이다. 저서로 *Digitizing the News: Innovation in Online Newspapers*(2004), *News at Work: Imitation in an Age of Information Abundance*(2010), *The News Gap: When the Information Preferences of the Media and the Public Diverge*(2013, 공저), 편서로 *Media Technologies: Essays on Communication, Materiality, and Society*(2014, 공편), *Trump and the Media*(2018, 공편) 등이 있다.

리 A. 리브루 llievrou@ucla.edu
캘리포니아대학교 로스앤젤레스 캠퍼스(UCLA)의 정보학과 교수이다. 연구 주제는 매체, 정보기술, 사회변화 사이의 관계와 정보통신기술의 사회적, 문화적 측면 등이다. 저서로 *Alternative and Activist New Media*(2011), 편서로 *Challenging Communication Research*(2014), *Routledge Handbook of Digital Media and Communication*(2021, 공편) 등이 있다.

대니얼 바벤 Daniel.Barben@aau.at
클라겐푸르트대학교의 과학기술과 사회학과 교수이다. 과학기술의 거버넌스 문제에 관심을 갖고 있으며, 주요 연구 주제는 혁신과 지적 재산권, 안보와 위험 규제, 윤리, 수용정책, 전 지구적 도전과 지속가능한 발전, 반성적·예측적 지식/거버넌스, 생명경제와 생명공학, 나노기술, 에너지 시스템 전환, 기후정책과 기후공학 등이다. 저서로 *Theorietechnik und Politik bei Niklas Luhmann. Grenzen einer universalen Theorie der modernen Gesellschaft*(1996), *Politische Ökonomie der Biotechnologie. Innovation und gesellschaftlicher Wandel im internationalen Vergleich*(2007)이 있다.

에릭 피셔 Erik.Fisher.1@asu.edu
애리조나주립대학교의 사회 속 혁신의 미래학부 부교수이며, 동 대학 사회-기술 통합연구 프로그램과 책임있는 혁신센터의 소장도 맡고 있다. 관심 주제는 새로 등장한 기술의 거버넌스, 거시적·미시적 수준의 사회기술적 통합, 과학정책의 철학 등이다. 편서로 *The Yearbook of Nanotechnology in Society: Volume I: Preventing Futures*(2008)이 있다.

신시아 셀린 Cynthia.Selin@asu.edu
애리조나주립대학교의 사회 속 혁신의 미래학부 부교수이며, 동 대학 미래연구센터 소장을 맡고 있다. 사회기술적 변화의 불확실성, 모호성, 복잡성을 이해하기 위한 개념적, 구체적 자원으로 미래가 어떤 역할을 하는지를 연구한다. 편서로 *The Yearbook of Nanotechnology in Society: Volume I: Preventing Futures*(2008), *A Year Without a Winter*(2019, 공편)가 있다.

데이비드 H. 거스턴 david.guston@asu.edu
애리조나주립대학교의 사회 속 혁신의 미래학부 교수이자 학부장이며, 동 대학 사회 속 나노기술센터의 책임 연구자 겸 소장을 맡고 있다. 연구개발정책, 기술영향평가, 과학기술에 대한 대중참여, 과학정책의 정치 등에 관해 폭넓게 저술을 해왔다. 저서로 *Between Politics and Science: Assuring the Integrity and Productivity of Research*(2000), 편서로 *The Fragile Contract: University Science and the Federal Government*(1994, 공편), *Shaping Science and Technology Policy: The Next Generation of Research*(2006, 공편)이 있다.

옮긴이

:: 김명진

서울대학교 대학원 과학사 및 과학철학 협동과정에서 미국 기술사를 공부했고, 현재는 동국대학교와 서울대학교에서 강의하면서 번역과 집필 활동을 하고 있다. 원래 전공인 과학기술사 외에 과학논쟁, 대중의 과학이해, 약과 질병의 역사, 과학자들의 사회운동 등에 관심이 많으며, 최근에는 냉전 시기와 '68 이후의 과학기술에 관해 공부하고 있다. 저서로 『야누스의 과학』, 『할리우드 사이언스』, 『20세기 기술의 문화사』, 역서로 『시민과학』(공역), 『과학 기술 민주주의』(공역), 『과학의 새로운 정치사회학을 향하여』(공역), 『과학학이란 무엇인가』 등이 있다.

한국연구재단총서 학술명저번역 서양편 623

과학기술학 편람 5

1판 1쇄 찍음 | 2021년 10월 5일
1판 1쇄 펴냄 | 2021년 10월 26일

엮은이 | 에드워드 J. 해킷 외
옮긴이 | 김명진
펴낸이 | 김정호

책임편집 | 이하심
디자인 | 이대웅

펴낸곳 | 아카넷
출판등록 2000년 1월 24일(제406-2000-000012호)
10881 경기도 파주시 회동길 445-3
전화 | 031-955-9510(편집)·031-955-9514(주문)
팩시밀리 | 031-955-9519
www.acanet.co.kr

Printed in Paju, Korea.

ISBN 978-89-5733-656-4 94400
ISBN 978-89-5733-214-6 (세트)